Fertigungsvorbereitung

als Grundlage der Arbeitsvorbereitung

Bearbeitet von

C. W. Drescher

Obmann des Ausschusses für Arbeitsvorbereitung beim Ausschuß
für wirtschaftliche Fertigung

in Gemeinschaft mit

K. Hoffmann, E. Rösner, G. Krause
F. Kreide, W. Schmidt, H. H. Exner

Mit 161 Abbildungen im Text

Berlin · Verlag von Julius Springer · 1932

AWF-Schrift 247

ISBN-13:978-3-642-89440-4 e-ISBN-13:978-3-642-91296-2
DOI: 10.1007/978-3-642-91296-2

Softcover reprint of the hardcover 1st edition 1932

Vorwort.

Die Voraussetzung für wirtschaftliche Fertigung ist eine wohldurchdachte und planmäßig durchgeführte Arbeitsvorbereitung. Planmäßige Arbeitsvorbereitung ist das Kennzeichen neuzeitlicher Betriebsführung. In welchem Ausmaße der Aufbau der Arbeitsvorbereitung zu erfolgen hat, damit die entstehenden Kosten in den Grenzen der Wirtschaftlichkeit bleiben, ist durch Art, Wert und Menge der Erzeugnisse bestimmt. Wo diese Grenze liegt, läßt sich jedoch nur von Fall zu Fall und nach genauer Prüfung der Betriebsverhältnisse sagen. Allgemeingültige Regeln lassen sich deshalb kaum geben. Es lassen sich andererseits aber gesetzmäßige Zusammenhänge erkennen, die auch für verschiedenartig gelagerte Industrien die Verwendung allgemeingültiger Leitsätze und Begriffsbestimmungen ermöglichen. Zur gegenseitigen Verständigung ist es deshalb wertvoll, wenn die einschlägigen Kreise gleiche Begriffe und Bezeichnungen für gleichartige organisatorische Hilfsmittel und Maßnahmen anwenden.

Der Ausschuß für wirtschaftliche Fertigung (AWF) beim RKW verfolgt bereits seit dem Jahre 1921 durch seinen Ausschuß für Maschinen- und Handarbeit gleichgerichtete Bestrebungen, indem er z. B. durch Veröffentlichungen über die Durchführung und Auswertung von Zeitstudien und durch die Schaffung von Begriffsbestimmungen auf dem Gebiete der Arbeitszeitermittlung dem Aufbau des ADB-Refa-Stückzeit-Verfahrens vorarbeitete und ferner für die spangebende Formung Richtwerte aufstellte. Im weiteren Verfolg dieser Arbeiten stellte sich die Notwendigkeit heraus, das Fachgebiet der Arbeitsvorbereitung in einem besonderen Ausschuß, der im Jahre 1925 gegründet wurde, planmäßig zu durchforschen. In einzelnen Arbeitsgruppen dieses Ausschusses wurden behandelt: Auftragsvorbereitung, Ausarbeitung und Verwaltung der konstruktiven Unterlagen, Terminwesen, Fertigungsvorbereitung.

Das vorliegende Buch „Fertigungsvorbereitung“ ist eine Zusammenfassung der Arbeiten des Ausschusses und bringt diese zu einen gewissen Abschluß. Durch Richtlinien, Begriffsbestimmungen und Anwendungsbeispiele will es dem Betriebsmann den derzeitigen Stand der durch

Gemeinschaftsarbeit geschaffenen Grundlagen der Arbeitsvorbereitung zur Kenntnis bringen und die Fachkreise zur Mitwirkung an dieser Gemeinschaftsarbeit veranlassen.

Es ist zu hoffen, daß die noch abseits stehenden Industrien durch das vorliegende Buch zur Vertiefung oder zur Verbesserung bereits bestehender Ansätze planmäßiger Arbeitsvorbereitung angeregt werden. Wenn es außerdem noch mithilft, die Betriebe zur allgemeinen Anwendung der vom Ausschuß geprägten Begriffe und Richtlinien anzuhalten und dadurch ihre Einführung in die Praxis zu fördern, so ist der vornehmste Zweck des Buches erfüllt.

Die Ausarbeitung des Buches ist von Herrn C. W. Drescher, als Obmann des Fachausschusses für Arbeitsvorbereitung beim AWF, in Gemeinschaftsarbeit mit den Mitgliedern dieses Ausschusses, den Herren Karl Hoffmann, Ernst Rösner, Georg Krause, Hans-Heinrich Exner, durchgeführt worden. Die Allgemeine Elektrizitäts-Gesellschaft, Berlin, die Deutsche Reichsbahngesellschaft, die Siemens & Halske A. G., Berlin, die Siemens-Schuckertwerke A. G., Berlin, insbesondere das SSW-Elmowerk, haben in entgegenkommender Weise einen Teil der Unterlagen und Abbildungen zur Verfügung gestellt und damit zum Gelingen der Arbeit beigetragen. Am Entstehen des Buches haben ferner die Herren Kreide und Schmidt von der Geschäftsstelle des AWF besonderen Anteil.

Allen Beteiligten sei an dieser Stelle für ihre wertvolle Mitarbeit gedankt. Auch der Verlagsbuchhandlung Julius Springer gebührt volle Anerkennung, die trotz der schwierigen Zeiten durch gute Ausstattung des Buches ihr Bestes zum Gelingen des Werkes beigetragen hat.

Berlin, im September 1932.

Ausschuß für wirtschaftliche Fertigung.

Inhaltsverzeichnis.

Einleitung.

Nach der vom Ausschuß für wirtschaftliche Fertigung gegebenen Erklärung ist Arbeitsvorbereitung die Gesamtheit der Mittel und Maßnahmen, die dazu dienen, die Arbeitsausführung planmäßig so zu gestalten, daß der Arbeitszweck — Erzeugnis oder Leistung — mit einem Mindestmaß an Aufwand erreicht wird. Das Aufgabengebiet der Arbeitsvorbereitung ist hiernach sehr umfassend. Das vorliegende Buch behandelt insbesondere die Fertigungsvorbereitung. Andere Aufgaben der Arbeitsvorbereitung, wie Einkaufs- und Lagerwesen, Materialverwaltung, Kostenrechnung usw. sind den mit der Klärung dieser Sonderfragen beauftragten Arbeitsausschüssen überlassen worden.

Die Stoffgliederung des Buches ist in Abb. 1 in schematischer Form dargestellt.

Wenn auch für jedes dieser Teilgebiete der Fertigungsvorbereitung eine sehr eingehende Bearbeitung angezeigt erscheinen könnte, so ist der umfangreiche Stoff doch in eine möglichst knappe Fassung gebracht, um dem Betriebsmann in gedrängter Form einen Überblick darüber zu geben, welche Grundlagen und Maßnahmen für eine zweckmäßige Durchführung der Fertigungsvorbereitung vorhanden sein bzw. getroffen werden sollten.

In jeder Organisationsform werden einander entsprechende Hilfsmittel angewandt, deren Bezeichnungen oft ohne besondere Gründe verschieden gewählt sind; sie könnten aber ebensogut einheitlich aufgebaut sein und würden dann den Vergleich der einzelnen Organisationsformen erheblich erleichtern. Manche Organisationsform ist nicht zur Durchführung gekommen, weil sie mit Hilfsmitteln arbeitete, die sich für den betreffenden Betrieb nicht eigneten und daher nicht in das Verständnis der damit betrauten Personen eingedrungen waren. Deshalb war es eine der ersten Aufgaben des Ausschusses für Arbeitsvorbereitung beim AWF, die am häufigsten gebrauchten Organisationsmittel zusammenzustellen und dafür Begriffsbestimmungen zu entwickeln. Diese richtig anzuwenden, ist Aufgabe der in den Betrieben für die Durchführung der Organisation verantwortlichen Fachleute. In großem Umfange ist ein erheblicher Teil dieser Begriffe in der Praxis eingeführt; es sei an die Begriffe „Fertigungszeit“

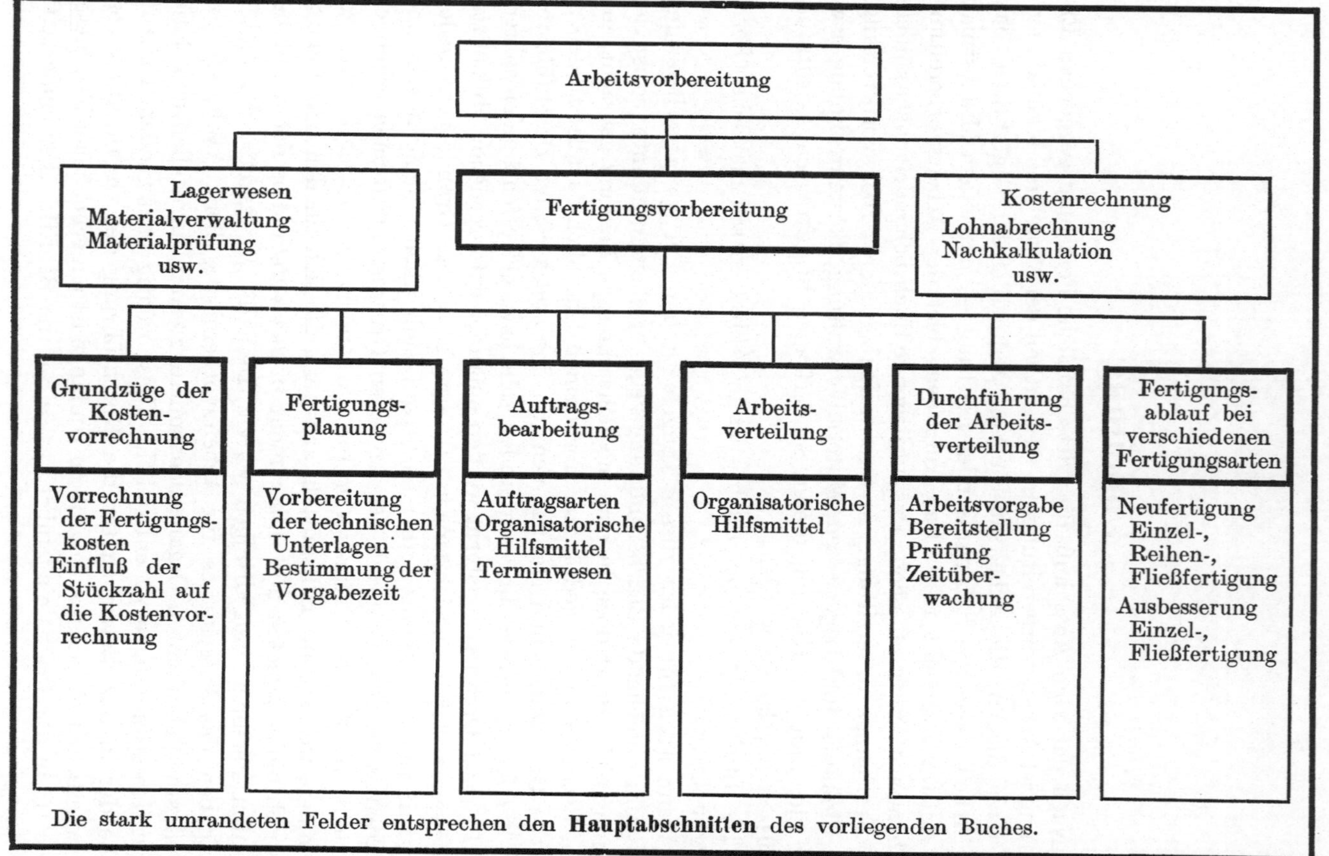

Abb. 1. Stoffgliederung.

und „Fertigungsauftrag“[1] erinnert, die die allgemein angewendete Grundlage der Stückzeitbestimmung bilden. Der Ausschuß für Arbeitsvorbereitung beim AWF ist im vorliegenden Buch noch einen Schritt weiter gegangen. Er hat für die Fertigungsplanung, die Auftragsbearbeitung und die Arbeitsverteilung Begriffe festgelegt, die sich in der Praxis bereits bewährt haben und die deshalb allgemeine Verbreitung finden werden, wie die Bezeichnungen und Begriffsbestimmungen der Stückzeitermittlung.

Es wurde vermieden, „Rezepte“ zu geben, weil es meistens unmöglich ist, die in einem Betrieb eingeführten und bewährten Organisationsformen auf einen anderen Betrieb zu übertragen. Selbst innerhalb gleicher Fertigungsgebiete liegen die betrieblichen Verhältnisse infolge persönlichen Einflusses, die jedem Unternehmen einen besonderen Stempel aufdrücken, oft so verschieden, daß die Arbeitsvorbereitung nach einem festliegenden Schema sich nicht durchführen läßt. Deshalb muß in jedem Betrieb ein bestimmter Teil des Organisationsaufbaues stets wieder neu geleistet werden, um den Eigenarten des Betriebes gerecht zu werden. Wird das nicht beachtet, dann kann selbst die Anwendung der besten Organisationsgrundsätze zu Fehlschlägen führen. Andererseits gibt es viele Grundlagen, die jeder Betrieb unbedenklich von den Stellen annehmen und anwenden kann, die zur Klärung solcher grundsätzlicher Fragen auf dem Wege der Gemeinschaftsarbeit eingesetzt sind.

In bezug auf die Bearbeitung der einzelnen Abschnitte sei folgendes gesagt:

Im Abschnitt Grundzüge der Kostenvorrechnung sind die grundlegenden Gedanken, die bei Abgabe eines Angebotes zu beachten sind, unter Berücksichtigung des Einflusses der Fertigungsstückzahl auf die Kostenvorrechnung in knappester Form zusammengefaßt. Da hierüber besondere Veröffentlichungen von Fachausschüssen vorliegen, ist von einer ins einzelne gehenden Behandlung dieses Themas abgesehen worden.

Im Abschnitt Fertigungsplanung ist anschließend an die Begriffsbestimmungen die Vorbereitung der technischen Unterlagen, z. B. der Werkstattzeichnungen und Stücklisten, des Fertigungs- und des Arbeitsplanes, der Stückzeitbestimmung, des Arbeitsfolgeplanes und der Arbeitsunterweisung behandelt. Hilfsmittel, wie z. B. die Betriebsmittelkartei, der Arbeitsplatz-Übersichtsplan und der Förderplan, sind ausführlich beschrieben. Ferner sind Richtlinien für die Arbeitsplatzgestaltung gegeben, wozu Beispiele aus der Praxis als Anregungen zur Bestgestaltung des Arbeitsplatzes unter dem Einfluß der technischen Anforderungen und der Arbeitshygiene angeführt sind.

[1] Lit.-Verz. 25, 26, 91, 97.

Die Vorgabe der Arbeit an den Arbeiter nach den Gesichtspunkten des Zeitakkordes wird überall als richtig anerkannt. Zur Verteilung der Arbeit und der Belastung der einzelnen Arbeitsplätze gibt der Abschnitt Vorgabezeit eine Übersicht der grundlegenden Zusammenhänge.

Im Abschnitt Auftragsbearbeitung sind neben den zugehörigen Begriffsbestimmungen die verschiedenen Arten der Aufträge, ihre Bearbeitung und die dabei angewendeten Hilfsmittel beschrieben. Die Richtlinien der Auftragsvorbereitung sind unter Berücksichtigung der verschiedenen Auftragsarten beleuchtet.

Die Grundzüge des Terminwesens, das Ausschreiben der Aufträge sind behandelt. Bei den organisatorischen Hilfsmitteln sind neben der Kennzeichnung der Aufträge und des Leitweges auch Richtlinien für Vordrucke zusammengestellt.

Besonders eingehend ist der Abschnitt Arbeitsverteilung bearbeitet, der mit den Begriffsbestimmungen und der Beschreibung organisatorischer Hilfsmittel das Wichtigste für die Durchführung der Arbeitsverteilung bringt. Neben den Maßnahmen zur Arbeitsvorgabe ist besonders die Arbeitszeitüberwachung im Betriebe und die Arbeitsprüfung behandelt. Unter den Begriffsbestimmungen sind vor allen die Zeitbegriffe für die Arbeitsverteilung und die verschiedenen Organisationsmittel, z. B. der Auftragsfolgeplan, das Fertigungsprogramm, die verschiedenen Arten der Belastungspläne, die Arbeitsverteilungstafel und der Arbeitsfortschrittsplan festgelegt und durch Beispiele erläutert.

Den letzten Abschnitt bilden Betrachtungen über die Fragen des Arbeitsablaufes bei den verschiedenen Fertigungsarten. Die Gesichtspunkte, die bei der Neufertigung in der Einzel-, Reihen- und Fließfertigung auftreten, sind in Gegensatz gestellt zu den in Ausbesserungsbetrieben auftretenden Fertigungsarten.

I. Grundzüge der Kostenvorrechnung.

Ein wirtschaftlicher Erfolg kann bei der Ausführung von Aufträgen, sei es zur Herstellung von Erzeugnissen oder zur Durchführung anderer Aufgaben, nur erzielt werden, wenn man sich vor Annahme eines Auftrages einen Überblick verschafft, welche Kosten insgesamt dafür aufzuwenden sind und gedeckt werden müssen. Notwendig ist das besonders bei der Herstellung von Erzeugnissen, die von einem Werk bisher noch nicht ausgeführt worden sind, damit nicht statt des erwarteten Gewinnes ein Verlust eintritt. Handelt es sich um Erzeugnisse, die in dem Werk schon angefertigt worden sind, so ist eine einwandfreie Vorrechnung wesentlich einfacher, da zuverlässige Rechnungsunterlagen aus der Nachkalkulation vorliegen. Es genügt, diese Unterlagen den etwaigen neuen Verhältnissen in bezug auf Lohnkosten, Marktpreise für Werkstoffe (Betriebsvorräte) und Sonderteile, veränderte Betriebseinrichtungen, z. B. Werkzeuge, Vorrichtungen, Maschinen u. dgl. anzupassen. Eine Angebotsvorrechnung kann mit Rücksicht auf die meist kurze Zeit, innerhalb der ein Angebot abgegeben werden muß, im allgemeinen nicht bis in alle Einzelheiten durchgearbeitet sein. Es ist aber richtig, nach Erteilung des Auftrages die Vorrechnung nochmals genau durchzuprüfen. Die wichtigsten Zusammenhänge zwischen Kostenvorrechnung und Fertigung[1] sollen nachstehend gekennzeichnet werden.

Stets ist bei der Vorrechnung zu beachten, wieviel Stück wirtschaftlich hergestellt werden können. Mit steigender Stückzahl werden die Kosten je Stück geringer, da die Grundkosten (Kosten für Konstruktion, Modelle, Vorrichtungen, Gesenke, Sonderwerkzeuge u. dgl.), die Auflegungskosten (Kosten der Arbeitsvorbereitung, Betriebsabrechnung, Vor- und Nachrechnung) und die Kosten für Einrichten der Maschinen, Bereitstellen von Werkzeugen usw. sich auf eine größere Stückzahl verteilen. Mit zunehmender Stückzahl tritt jedoch eine stärkere Kapitalbindung ein (insbesondere Verminderung der flüssigen Mittel); die Verzinsungs- und Lagerhaltungskosten steigen mit größerer Stückzahl. Ferner ergibt sich ein zusätzliches Risiko infolge Wertminderung, wenn größere Mengen aufgelegt

[1] Lit.-Verz. 42, 79, 84, 112, 113, 115, 116.

werden als der Absatzmöglichkeit entspricht. Die optimale Stückzahl[1] kann in der in Abb. 2 gekennzeichneten Weise festgestellt werden.

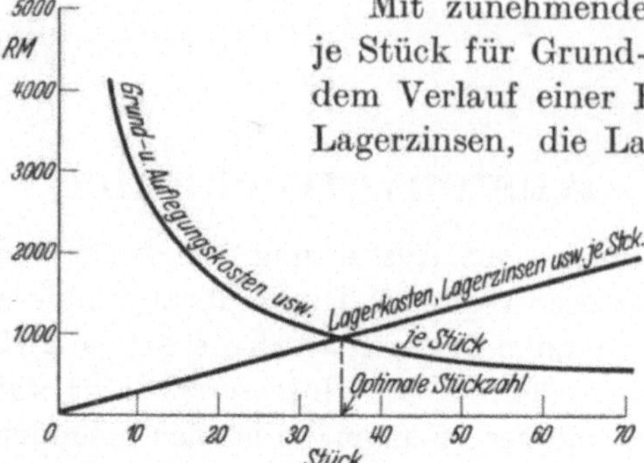

Abb. 2. Graphische Bestimmung der optimalen Stückzahl.

Mit zunehmender Stückzahl nehmen die Beträge je Stück für Grund-, Auflegungs- u. dgl. -kosten nach dem Verlauf einer Hyperbel ab; dagegen steigen die Lagerzinsen, die Lagerkosten u. dgl. geradlinig. Der Schnittpunkt beider Linien bestimmt die optimale Stückzahl.

Der Aufbau einer Kostenrechnung für einen Auftrag besteht im allgemeinen in der Erfassung der Kosten für Material[2], Löhne, Betriebsgemeinkosten, Verwaltung, Vertrieb, ferner etwaiger Sonderkosten für Verpackung, Fracht, Provision und in der Berücksichtigung eines Gewinnzuschlages. Aus dem in Abb. 3 gezeigten Schema der Kostenaufstellung ist ersichtlich, was zu den einzelnen Kosten zu rechnen ist und wie sie sich gruppenweise zusammenfassen lassen. Es ist aber zu beachten, daß bei der Vorrechnung für Kundenaufträge der Verkaufspreis brutto (der Rechnungsbetrag) zu ermitteln ist, d. h. also die Selbstkosten zuzüglich Gewinn und außerdem etwaige Sonderkosten zu erfassen sind. Die Vorrechnung bei Betriebsaufträgen und Ersatzaufträgen beschränkt sich auf die Erfassung der Herstellkosten (Materialkosten + Lohnkosten) zuzüglich eines Anteiles an den Verwaltungskosten und etwaigen Sonderkosten, die für Konstruktion, Sonderwerkzeuge usw. entstehen.

Fertigungsmaterial
Material-Zuschlag
Materialkosten
Fertigungslohn für Abt. A
Betriebs-Zuschlag für Abt. A
Fertigungslohn für Abt. B
Betriebs-Zuschlag für Abt. B
Fertigungslohn für Abt. C
Betriebs-Zuschlag für Abt. C
Fertigungslohn für Abt. D
Betriebs-Zuschlag für Abt. D
Fertigungskosten
Herstellkosten
Verwaltungs- und Vertriebs-Zuschlag auf die Lohnkosten
Verwaltungs- und Vertriebskosten
Kosten für Konstruktion, Sonderwerkzeuge u. dgl.
Selbstkosten
Gewinn
Verkaufspreis netto
Sonderkosten (Verpackung, Fracht usw.)
Verkaufspreis brutto (Rechnungsbetrag)

Abb. 3. Kostengliederung.

[1] Lit.-Verz. 2, 106a.

[2] Material = Werkstoff, Hilfsstoff, Halb- oder Zwischenfabrikate und fertig bezogene Teile, die im Werk nicht bearbeitet werden.

Die Vorrechnung der Kosten im Maschinenbau[1] und in verwandten Industriezweigen geschieht im allgemeinen wie folgt.

Zunächst wird das für den Auftrag erforderliche Material wertmäßig berechnet. Bei der Vorkalkulation ist der im Betrieb unvermeidliche Ausschuß sowie Werkstoffmehrverbrauch durch Abbrand, Schwund u. dgl. zu berücksichtigen. Eingangsfrachten sollen grundsätzlich im Verrechnungspreis des Materials enthalten sein. Auf die so errechneten Materialkosten wird ein Materialzuschlag gelegt, der die internen Verwaltungskosten des Materials deckt, wie z. B. Einkauf, Warenprüfung, Rohstofflager, Anfuhr u. dgl.; das Material wird also gewissermaßen „frei erster Bearbeitungsstelle" in die Kalkulation eingesetzt.

Es erfolgt nun die Vorrechnung der Fertigungszeit nach der Art der Arbeit getrennt nach Gemeinkostenklassen[2]. Die ermittelte Fertigungszeit wird mit dem Stundensatz der betreffenden Abteilung multipliziert, der aus der Betriebsabrechnung zu ermitteln ist und alle Werkstattskosten dieser Abteilung deckt. Die ermittelte Fertigungszeit kann auch mit dem durchschnittlichen Akkordlohn der jeweiligen Arbeitsklasse multipliziert und hierzu ein prozentualer Zuschlag, der die Gemeinkosten der betreffenden Abteilung deckt, aufgeschlagen werden. Die Vorkalkulation erhält die Fertigungszeit vom Arbeitsbüro, das in geeigneten Vordrucken[3] festlegt, wieviel Arbeitsminuten, unterteilt nach Arbeits- und Unkostenklassen, auf einem bestimmten Erzeugnis liegen (vgl. Abschnitt „Bestimmung der Vorgabezeit"). Die prozentualen Zuschläge zum Lohn, sowie die Maschinenstundensätze erhält die Vorkalkulation durch die Betriebsabrechnung.

Nicht in allen Betrieben werden die Lohnkosten nach vorher festgelegter Klassifizierung der auszuführenden Arbeiten ermittelt werden können. Betriebe, in denen die Aufträge nach Art und Umfang nicht von vornherein festliegen, werden die in einem bestimmten Zeitraum (vierteljährlich oder nur jährlich) im Durchschnitt errechneten Arbeitsstundenkosten zugrunde legen. Mit solchen durchschnittlichen Stundenkosten zu rechnen, empfiehlt sich besonders für Ausbesserungsbetriebe[4]. Infolge der in diesen Betrieben häufig wechselnden Arbeitsart und des häufig wechselnden Umfanges des Auftragsbestandes ist es schwierig, schon bei der Stückzeitbestimmung vorauszusehen, welcher Arbeiter (ob Facharbeiter bzw. angelernter oder ungelernter Arbeiter) mit der Ausführung der Arbeit beauftragt werden wird. Der durchschnittliche Stundenlohn wird z. B. in Ausbesserungsbetrieben

---

[1] Lit.-Verz. 112, 113, 114, 115, 116. [2] Lit.-Verz. 107.

[3] Vordrucke für Arbeitszeit-Vorrechnung (vgl. Anhang zu Lit.-Verz. S. 252), ferner Lit.-Verz. 40.

[4] Lit.-Verz. 31, 67.

ermittelt aus den für die Fertigung verausgabten Lohnsummen einschließlich aller Zuschläge, geteilt durch die geleisteten bzw. im Akkord vorgegebenen Arbeitsstunden.

Die Summe der Fertigungslöhne + Werkstattgemeinkosten sind die Fertigungskosten. Die Summe aus den Materialkosten und den Fertigungskosten ergibt die Herstellkosten. Auf die so ermittelten Herstellkosten wird ein Verwaltungs- und Vertriebszuschlag gelegt. Sämtliche Zuschläge, die aus der Betriebsabrechnung gewonnen werden, sollten regelmäßig kontrolliert werden.

Die für einen Auftrag entstandenen Grundkosten[1] für Konstruktion, Modelle, Vorrichtungen und Sonderwerkzeuge sind in der Vorkalkulation zu berücksichtigen. Bei der Einzelfertigung eines einmalig vorkommenden Auftrages sollten diese Kosten dem Kunden berechnet werden. Werden die Sonderwerkzeuge, Modelle, Vorrichtungen im eigenen Werk hergestellt, so sind sie wie jeder Betriebsauftrag zu kalkulieren und sollten in die endgültige Abrechnung mit den so ermittelten Kosten eingesetzt werden. Bei der Reihenfertigung werden die Kosten für Konstruktion, Sonderwerkzeuge, Vorrichtungen, Modelle usw. nicht auf ein einzelnes Erzeugnis verrechnet, sondern auf eine größere Anzahl. Dies geschieht am besten in der Weise, daß die Gesamtkosten auf so viel Einzelerzeugnisse verteilt werden, wie voraussichtlich verkauft werden, und daß die Kalkulation einer einzelnen Reihe mit dem entsprechenden Anteil belastet wird.

Sollen z. B. die für die Fertigung einer Maschine entstehenden Kosten für Konstruktion, Modelle, Vorrichtungen, Lehren, Sonderwerkzeuge u. dgl. zusammen 12000 RM betragen und wird der voraussichtliche Absatz dieser Maschine mit 50 Stück angenommen, jedoch später tatsächlich nicht erreicht, so sind die durch den z. B. infolge Neukonstruktion verminderten Absatz nicht gedeckten Kosten, im vorliegenden Falle 2300 RM, als Verlust zu bezeichnen. Tritt der umgekehrte Fall ein, daß von einer Type mehr Stücke angefertigt werden, als ursprünglich vorgemerkt waren, so verringern sich entsprechend die Selbstkosten.

Auf die errechneten Gesamtkosten ist der Gewinnzuschlag zu legen, der sich aus dem angestrebten Gewinn, sowie einem Risikozuschlag, der bei jedem Geschäft einkalkuliert werden muß, zusammensetzt. Ferner sind dann noch die Sonderkosten, die für jeden Auftrag verschieden sein können, zu berücksichtigen, wie z. B. Kosten für Fracht, Verpackung, Provision und Umsatzsteuer, die meistens, mit Ausnahme der Provision und Umsatzsteuer, auch dem Kunden in Rechnung gestellt werden.

---

[1] Lit.-Verz. 79, 112, 115, 116.

Wie bereits erwähnt, werden die Zuschläge auf Material, Löhne und Herstellkosten aus der gesamten Betriebsabrechnung ermittelt. Da die Abrechnung in den meisten Werken monatlich vorgenommen wird, so kann besonders bei stark schwankendem Beschäftigungsgrad von Monat zu Monat die Höhe des Zuschlages erheblich wechseln. Es empfiehlt sich daher, bei der Vorrechnung nicht mit den Kosten des letzten Monats zu rechnen, sondern mit „rollenden" 3 bis 4 Monatsdurchschnitten, indem die Zuschläge des letzten Monats mit den Zuschlägen der 2 oder 3 vorhergegangenen Monate zusammengefaßt und durch 3 bzw. 4 dividiert werden. Auf diese Weise werden die häufig von Monat zu Monat auftretenden Schwankungen, die auch durch die Verrechnung der Gemeinkosten entstehen können, ausgeschaltet. Es können jedoch auch Fälle eintreten, in denen diese Methode nicht zweckmäßig ist.

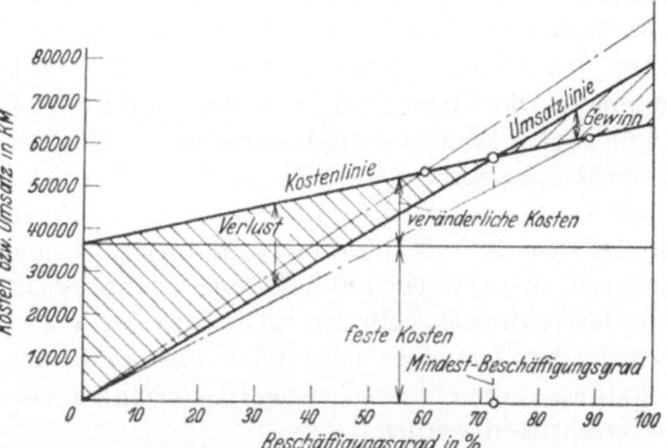

Abb. 4[2]. Beziehungen zwischen Kosten und Beschäftigungsgrad.

Bei stark absinkendem Beschäftigungsgrad[1] steigen erfahrungsgemäß die Zuschläge für die Deckung der Gemeinkosten, weil die festen Kosten, auf das Erzeugnis gerechnet, einen höheren Betrag ergeben. Würde die Vorkalkulation starr mit den ständig steigenden Gemeinkostensätzen rechnen, so kann unter Umständen Konkurrenzunfähigkeit die Folge sein, falls nicht Abschläge auf die ermittelten Gemeinkostenzuschläge gemacht werden. Man darf dies jedoch nur tun (bei Hereinnahme von Füllaufträgen), wenn der kritische Punkt im Beschäftigungsgrad eines Unternehmens bereits unterschritten ist. Die Zusammenhänge zwischen Kosten, Umsatz, Gewinn oder Verlust lassen sich am klarsten übersehen, wenn man diese Beziehungen bildlich darstellt. Ein Beispiel hierfür ist in Abb. 4 gegeben. In waagerechter Richtung sind die Zahlen für den Beschäftigungsgrad in Prozenten bzw. die Zahl der hergestellten Erzeugnisse aufgetragen; in senkrechter Rich-

[1] Lit.-Verz. 84.

[2] Aus AWF-Mitt. 1930 Heft 6: „Die Bedeutung des Beschäftigungsgrades für die Fertigung."

tung der Umsatz bzw. die Fertigungskosten für einen bestimmten Zeitabschnitt (z. B. ¼ Jahr, ½ Jahr oder ein ganzes Jahr). Das Beispiel läßt die wechselnden Verhältnisse erkennen, die sich ergeben, wenn angenommen wird, daß der Beschäftigungsgrad des Unternehmens in einem guten Normaljahr bei Erzielung des eingesetzten Reingewinnes mit 100% zugrunde gelegt wurde. In dem Beispiel beträgt der Umsatz 80000 RM, der Reingewinn 15000 RM, so daß die Selbstkosten 65000 RM betragen. Von diesen Selbstkosten müssen die sogenannten festen Kosten ermittelt werden, also diejenigen Kosten, die sich mit dem Beschäftigungsgrad nicht ändern. In Abb. 4 betragen z. B. die festen Kosten 38000 RM. Eine waagerechte Linie durch diesen Punkt ergibt das Rechteck der festen Kosten. Wird der Schnittpunkt dieser Linie an der Ordinatenachse mit den Gesamtkosten bei 100% Beschäftigungsgrad verbunden, so ergibt sich, über den festen Kosten liegend, das Dreieck der veränderlichen Kosten. Die Umsatzlinie, vom Nullpunkt zum Punkt bei 100% Beschäftigungsgrad, schneidet die Kostenlinie im Punkt des sogenannten Mindestbeschäftigungsgrades. Das schraffierte Dreieck rechts ist das Gewinndreieck, das schraffierte Dreieck links das Verlustdreieck. Der Gewinn steigt also vom Mindestbeschäftigungsgrad angefangen allmählich auf einen Höchstwert bei 100% Beschäftigung. Solange sich der Betrieb noch im Gewinndreieck befindet, werden in der Vorkalkulation die tatsächlich errechneten Zuschläge verwendet. Erst wenn der kritische Punkt im Beschäftigungsgrad unterschritten ist, dürfen die tatsächlich ermittelten Sätze unterschritten werden.

Die Bedeutung richtiger und sorgfältiger Kostenvorrechnung für wirtschaftliche Herstellung von Erzeugnissen und für das Ausmaß der hierzu getroffenen Einrichtungen zur Arbeitsvorbereitung ist durch die vorstehend gegebenen Hinweise gekennzeichnet. Ein ausführliches Eingehen auf die Durchführung der Kostenrechnung erübrigt sich in diesem Zusammenhang; hierfür liegen bereits verschiedene Veröffentlichungen der einschlägigen Fachausschüsse[1] vor.

---

[1] Lit.-Verz. 42, 61, 73, 84, 112—116.

II. Fertigungsplanung.

Vorbereitung der technischen Unterlagen.

Unter Fertigungsplanung ist die Vorbereitung aller technischen Unterlagen zu verstehen, deren Aufstellung schon vor dem Vorliegen eines bestimmten Fertigungsauftrages möglich ist. Solche technischen Hilfsmittel sind: Werkstattzeichnung, Stückliste, Fertigungsplan und Arbeitsplan, Arbeitsfolgeplan, Arbeitsunterweisung, Betriebsmittelkartei, Arbeitsplatz-Übersichtsplan und Förderplan. Sie werden für jedes Erzeugnis nur einmal aufgestellt und bei wiederholter Fertigung immer wieder benutzt. Es bedarf an dieser Stelle wohl kaum des Hinweises, welche Bedeutung der sorgfältigen Ausgestaltung der technischen Unterlagen für die Fertigung beizumessen ist. Anweisungen sind, solange gefertigt wird, stets erteilt worden; nur wurden sie früher überwiegend in mündlicher Form gegeben. Mit zunehmender Verfeinerung der Fertigung sind an Stelle der mündlichen Unterweisung die eindeutig schriftlich niedergelegten technischen Unterlagen[1] getreten, wie sie nachfolgend behandelt werden.

Werkstattzeichnung.

Für jedes zu fertigende Erzeugnis soll eine Werkstattzeichnung vorhanden sein. Sie muß die Benennung des Gegenstandes enthalten und das Erzeugnis in allen Teilen so deutlich darstellen, daß danach ohne Zeitverlust gearbeitet werden kann; auch die zu verwendenden Werkstoffe müssen auf der Zeichnung genau angegeben sein. Unter Verwendung richtiger Werkstoffe soll das Erzeugnis so konstruiert sein, daß es auf wirtschaftlichste Art und Weise mit den vorhandenen Betriebsmitteln und Einrichtungen gefertigt werden kann. Deshalb ist für eine werkstattgerechte Konstruktion eine gedeihliche Zusammenarbeit zwischen Konstruktionsbüro und Betrieb unerläßlich.

Schon bei der konstruktiven Durcharbeitung eines Erzeugnisses ist die Wirtschaftlichkeit der Fertigung zu berücksichtigen. Alle Vor- und Nachteile für die eine oder andere Art der Ausführung müssen sorgfältig gegeneinander abgewogen werden. In bezug auf den Werkstoff müssen bei der Konstruktion z. B. beachtet werden physikalische und chemische Eigenschaften, Beschaffungsmöglichkeit und Kosten. In bezug auf Gestaltung

---

[1] Lit.-Verz. 18, 25, 106a.

sind zu berücksichtigen: Formgebung, Warmbehandlung, Oberflächenbehandlung, Zusammenbau, Normung[1] und Auslieferung.

Die richtige Wahl des Werkstoffes hängt mit in erster Linie von seinen physikalischen und chemischen Eigenschaften ab. Dabei sind die für die Verwendung des Gegenstandes notwendigen Festigkeitseigenschaften grundlegend. Der Betrieb fordert trotz Einhaltung der vorgeschriebenen Festigkeits- und sonstigen Eigenschaften einen Werkstoff, der sich gut bearbeiten läßt, weil er dann in der Lage ist, bei wirtschaftlicher Ausnutzung der Werkzeuge, kürzeste Arbeitszeiten zu erzielen. Werkstoffe, die durch ihre Güteeigenschaften den Anfall von Ausschuß in zulässigen Grenzen halten, sind in jedem Falle vorzuziehen, auch wenn sie zunächst teurer sind.

Das Verhalten des Werkstoffes, z. B. gegen Witterungseinflüsse, Zersetzung, chemische Einflüsse, Verschleiß usw., kann seine Wahl beeinflussen. Dabei sind die betrieblichen Beanspruchungen, ob dauernd oder zeitweise, oder die klimatischen Verhältnisse des Verwendungslandes zu beachten.

Die Beschaffungsmöglichkeit des Werkstoffes, besonders bei gegebenen Vorschriften, muß berücksichtigt werden. Es ist zu prüfen, ob unter Einhaltung der Vorschriften andere Werkstoffe, die leichter zu beschaffen sind, verwendet werden können. Sorgfältige Überlegung, welchem Werkstoff der Vorzug zu geben ist, wird dann notwendig, wenn bei gleichen Festigkeitseigenschaften die Preise und die Liefermöglichkeiten nicht erheblich voneinander abweichen.

Die rechtzeitige Bereitstellung der Werkstoffe[2] erfordert die Kenntnis der Liefermöglichkeiten; dies gilt insbesondere dann, wenn ein Erzeugnis in Fließarbeit gefertigt wird. Im Konstruktionsbüro sind Lagernachweise zu führen, die angeben, welche Werkstoffe und Halbfabrikate lagermäßig geführt werden. Solche lagermäßig geführten Teile sind weitgehend zu verwenden, damit der Einkauf vereinfacht und das im Lager festgelegte Kapital verringert wird.

Ferner wird die Wahl des Werkstoffes durch dessen Kosten beeinflußt, die aus Einkaufspreis ab Werk und den Kosten für Verpackung, Fracht und Einfuhrzoll sich zusammensetzen können. Diese Kostenarten werden vom einkaufstechnischen und vom verkaufstechnischen Standpunkt gewertet werden müssen. Es muß überlegt werden, welcher Werkstoff und welche Werkstofformgebung am zweckmäßigsten ist, um Verpackungs-, Fracht- und Zollkosten zu sparen. In bestimmten Fällen zwingen die Zoll-

[1] Lit.-Verz. 80. [2] Lit.-Verz. 1, 11, 44, 45, 90.

verhältnisse dazu, andere Werkstoffe zu wählen, um den Absatz nach bestimmten Ländern infolge hoher Zölle nicht von vornherein unmöglich zu machen.

Raumausnutzung und Höchstgewichtsgrenzen, die bei der Förderung durch Schiffe oder Eisenbahnen vorgeschrieben sind, verlangen es mitunter, Rohstoffe und Teilerzeugnisse gegebenenfalls vorarbeiten oder in einzelnen Losen liefern zu lassen. Ähnliches gilt für solche Fälle, wo auf unzulängliche Fördermöglichkeiten, z. B. durch Menschen oder Tragtiere, oder wegen geringer Tragkraft der Kräne, geringer Durchfahrtmaße der Tore usw. Rücksicht genommen werden muß. Geeignete Aufhängemöglichkeiten sind sowohl am Erzeugnis als auch an der Verpackung vorzusehen.

Bei Auswahl des Werkstoffes sind die DIN- und Werknormen zu berücksichtigen. Wirtschaftliche Formgebung ist nur dann zu erreichen, wenn das Konstruktionsbüro über einschlägige Arbeitsverfahren unterrichtet ist, da je nach vorliegender Fertigungsart die zweckmäßigste Formgebung eine andere sein kann. Bei großen Stückzahlen wirkt sich selbst die kleinste Werkstoff- oder Arbeitsersparnis erheblich aus. Aus diesen Gründen soll sich der Konstrukteur noch vor Beendigung einer Konstruktionsaufgabe mit dem Fertigungsingenieur verständigen, damit die Zeichnungsentwürfe einer genauen Prüfung in fertigungstechnischer Hinsicht unterzogen werden können.

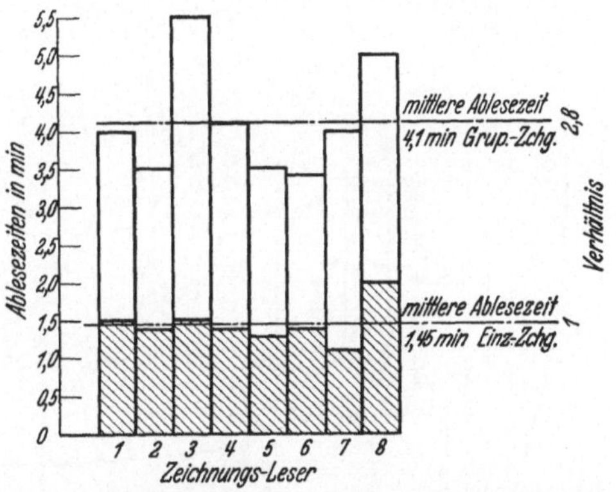

Abb. 5. Zeitaufwand für das Lesen von Zeichnungen.

Werden Gegenstände einer Warmbehandlung unterzogen, wie Glühen, Vergüten, Einsetzen, Härten, Anlassen oder dgl., so ist bei der Konstruktion auf die Möglichkeit des Verziehens der Werkstoffe Rücksicht zu nehmen. Scharfe Übergänge sind möglichst zu vermeiden, um Bruchgefahr bei zu härtenden Teilen zu mindern. Die für den Zweck bestgeeignete Oberflächenbehandlung ist in der Zeichnung festzulegen, z. B. Waschen, Spachteln, Lackieren, Metallspritzen u. dgl.

Die zeichnerische Darstellung von Erzeugnisgruppen oder Teilen soll sich sinnfällig aneinanderreihen, damit bei der Herstellung das Fertigerzeugnis ohne Schwierigkeit zusammengebaut werden kann. Gute Zugänglichkeit aller Verbindungselemente verkürzt die Zusammenbauzeit; ebenso

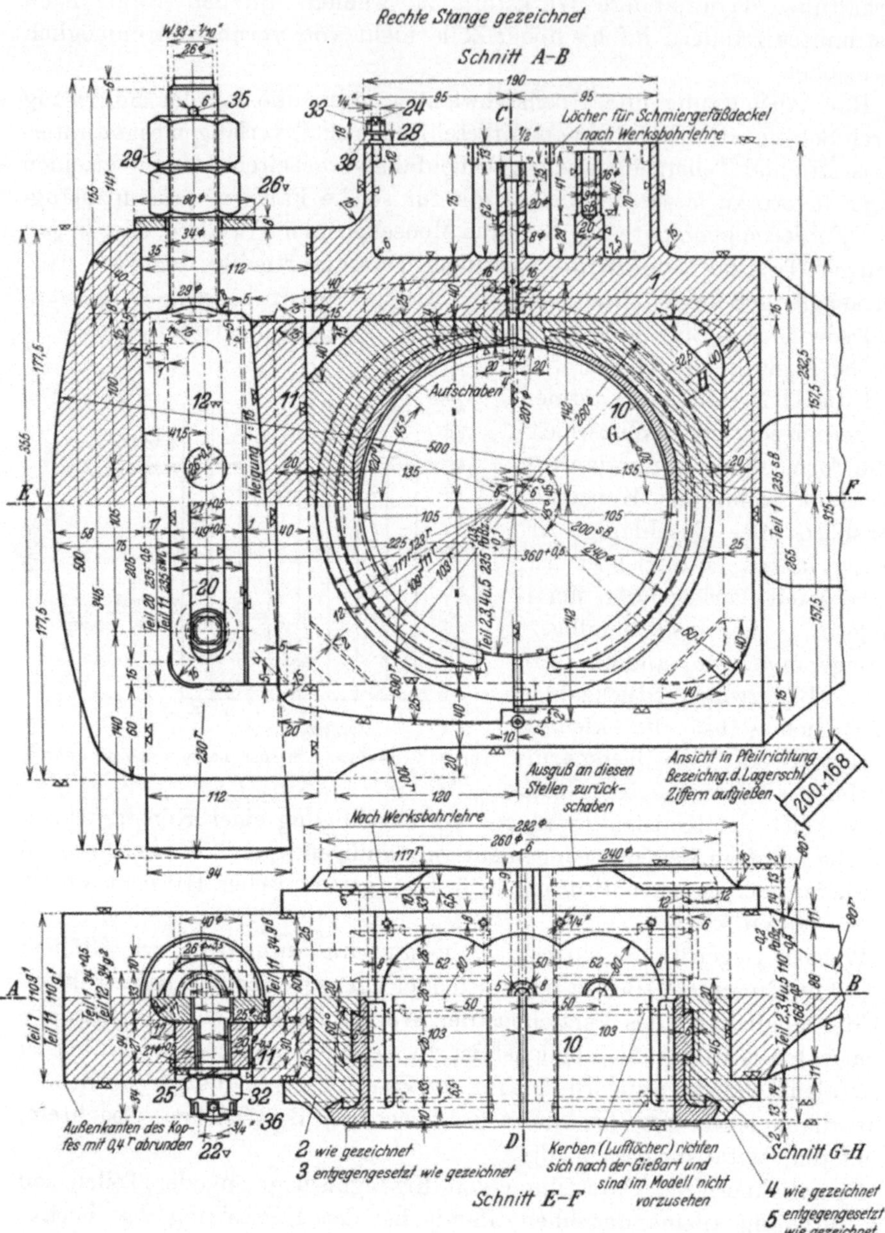

Abb. 6. Gruppenzeichnung einer Lokomotivtreibstange — für Fertigung von Einzelteilen ungeeignet.

wie auch geeignete Merkmale den Zusammenbau begünstigen. Jedes Einzelteil und jede Gruppe von Teilen (Fertigungsgruppe) soll zeichnerisch so übersichtlich und deutlich dargestellt sein, daß auch der ausführende Arbeiter die Zeichnung leicht lesen kann. Erzeugnisse, Teilerzeugnisse und Lage der Schnitte sollen auf der Zeichnung so gruppiert sein, daß Maßangaben, Bearbeitungs-, Prüf- und sonstige Merkmale nur kürzestes Studium der Zeichnung erfordern. Mangelhafte zeichnerische Wiedergabe führt zu zeitraubenden Rückfragen, begünstigt Fehlarbeiten, die Verluste an Werkstoff, Zeit, Kosten, Lieferverzögerungen usw. nach sich ziehen können. Einheitliche Ausgestaltung der Zeichnung in bezug auf Maßstäbe, Anordnung der Ansichten und Schnitte, Linien, Schrift, Maßeintragung, Oberflächenzeichen, Bearbeitungs- und Behandlungsangaben usw. nach den Richtlinien der DIN-Vorschriften muß oberster Grundsatz sein.

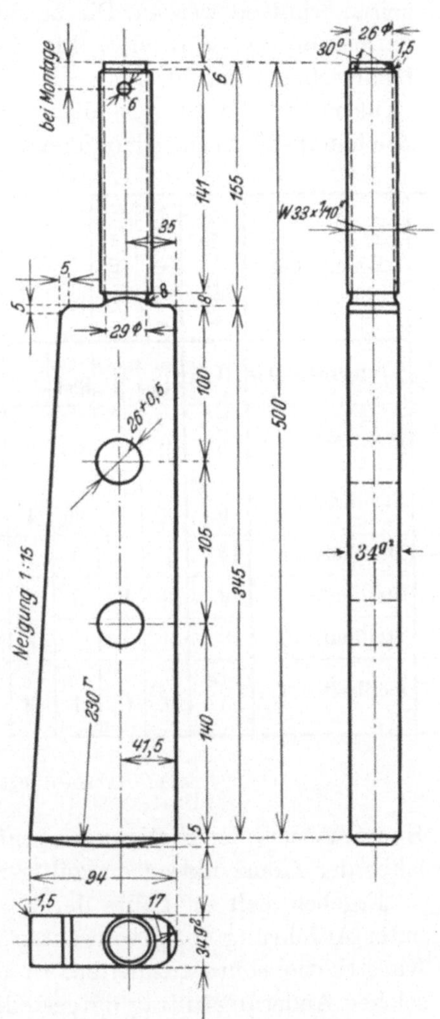

Abb. 7. Teilzeichnung eines Keiles.

Abb. 5 zeigt den Zeitaufwand für das Lesen von Maßen aus einer Gruppen- (Abb. 6) bzw. einer Teilzeichnung (Abb. 7). Die Lesezeiten sind durch Zeitstudien ermittelt an Personen, die mit der Aufgabe vertraut waren. Die Maße für den Flachstellkeil beanspruchten bei Darstellung des Keils in Gruppenzeichnung eine mittlere Ablesezeit von 4,1 min, bei Darstellung des Keils in Teilzeichnung eine mittlere Ablesezeit von nur 1,45 min, also in einem Drittel der Zeit. In Abb. 8 ist für die Zeichnungen einer Lokomotivtreibstange und den Zubehörteilen als Beispiel eine Übersicht gegeben, von welchen Stellen und wie oft die Zeichnungsmaße gelesen werden müssen. Die Zeitersparnis, erzielt durch deutlichste Darstellung, beträgt für alle beteiligten Stellen oft mehrere Stunden.

Bevor eine Zeichnung an den Betrieb zur Fertigung gegeben wird, soll sie das Arbeitsbüro durchlaufen, wo die Arbeitsgänge festgelegt, die Arbeitspläne aufgestellt, Vorrichtungen und Werkzeuge bestimmt und die Arbeitszeiten ermittelt werden. Die Zeichnung, die bereits im Konstruktions- und Normenbüro geprüft ist, soll im Arbeitsbüro einer Durchsicht in fertigungstechnischer Hinsicht unterzogen werden. Darüber hinaus wird bei Konstruktionen, die von grundlegender Bedeutung sind, eine Durchsicht der Zeichnungen von einer Konferenz vorgenommen, in der der verantwortliche

Lfd. Nr.	Benennung	Teilnummer	Vorzeichner	Schmied	Fräser	Hobler	Stoßer	Dreher	Bohrer	Schleifer	Schlosser	Stanzer	Angestellte d. Arb.-Büros	Arbeits-prüfer	zusammen
1	Treibstangen .	1	III	II	𝍸II		I		II	I	I		II	𝍸II 𝍸II	33
2	Stg.-Lager ...	2÷5	II		𝍸	I					I		II	𝍸II	18
3	Stg.-Lager ...	6÷9	II		IIII	I		I			I		II	𝍸II	18
4	Druckstücke..	11	I		I	I							II	II	7
5	Stellkeile.....	12	II	I	II			I	I		I		II	𝍸I	6
6	Stellkeile.....	13	II	I		I			I		I		II	IIII	12
7	Keilhalter....	14÷15	II	I	I	II			I		I		II	𝍸I	16

zus. 110

Abb. 8. Ablesehäufigkeit von Zeichnungsmaßen.

Konstrukteur, der Fertigungsingenieur, der Betriebsleiter und der Werksleiter der Konstruktion endgültig zustimmen.

Ergeben sich im Laufe der Fertigung Beanstandungen, so sind diese unter Anführung der gewünschten Änderungen über das Arbeitsbüro dem Konstruktionsbüro zuzuleiten. In der Abb. 9 ist ein Vordruck für einen solchen Änderungsantrag dargestellt. Solche Verbesserungsvorschläge sind auch dann dem Konstruktionsbüro mitzuteilen, wenn sie für den vorliegenden Auftrag nicht mehr berücksichtigt werden können.

Das Konstruktionsbüro läßt die für den Betrieb erforderlichen Zeichnungspausen anfertigen und einer Verwaltungsstelle zuleiten. In größeren Betrieben ist der Arbeitsumfang dieser Stelle meist so groß, daß sie vom Konstruktionsbüro vollständig abgetrennt wird. Ihr unterstehen dann die

Lichtpauserei und die Verwaltung der Originalzeichnungen, sowie die in den verschiedenen Werkstätten haupt- und nebenamtlich verwalteten Zeichnungsausgabestellen. In der Zeichnungsverwaltungsstelle werden die Zeichnungen, übersichtlich nach Zeichnungsnummern geordnet, in einer Kartei geführt. Ein Muster einer solchen Karte ist im Vordruck Abb. 10a, b wiedergegeben.

An Abtlg.: *Kst*	**Änderungs-Antrag**	Zchg. Nr. *36501/12*

Es wird beantragt, folgende Änderung vorzunehmen:

Für die Bearbeitung des äußeren Flansches genügt schruppen. Das Schlichtzeichen ▽▽ an dieser Stelle ist in ein Schruppzeichen ▽ zu ändern.

Die Fertigungskosten nach bisherig. Zchg. betrag. RM *2,50 pro Stck.*
Die Fertigungskosten würden gemäß Änderung betragen . . . . RM *2,10 pro Stck.*
Ersparnis je Auftrag (*150* Stck.) RM *60,—*
Ersparnis je Jahr (*900* Stck.). . RM *360,—*

Ausgefertigt: am *26. 7. 31*
Beantragt von: *Luber* Genehmigt: *Re.*

Abb. 9. Änderungsantrag für Konstruktionszeichnung.

Auch in den Zeichnungsausgabestellen sollen alle Zeichnungen übersichtlich nach Zeichnungsnummern karteimäßig geführt werden. In dieser Kartei wird im wesentlichen das Eingangsdatum von der Zeichnungsverteilungsstelle und das Rückgabedatum an diese bei Änderungen u. dgl. vermerkt. Für die Kennzeichnung der Zeichnungen, wie überhaupt aller technischen Unterlagen, gilt das auf Seite 119 über „Kennzeichen“ Gesagte. Die Ausgabe der Zeichnungen soll gegen Marken bzw. Quittungen erfolgen. Zweckmäßig ist, zwei Marken bzw. Quittungen auszugeben, von denen die eine als Unterlage für die verausgabte Zeichnung abgelegt, die andere auf eine Kontrollnummertafel gehängt wird. Diese zweite Kontrolle hat den Zweck, festzustellen, wieviel Zeichnungen der einzelne Arbeiter besitzt. Bei Entlassungen, Erkrankungen und sonstigen Arbeitsunterbrechungen können die verausgabten Zeichnungen zur rechten Zeit zurückverlangt werden. Ein Muster einer Zeichnungsquittung zeigt Abb. 11. Die auszugebenden Zeichnungen müssen in brauchbarem Zustande sein. Wenn Zeich-

Zeichnungskarte

Tag: *26. 2. 30*	Zchgs.-Nr.: *A 26709*
Gegenstand: *Lager für Antriebswelle.*	
Type: *DVL*	Format: *A 4*
Fach: *36*	Schrank: *4*
Ersatz für Nr —	vom —
Ersetzt durch Nr —	vom —

Abb. 10a. Zeichnungskarte (Vorderseite).

Änd.-Index	Pausen für Büro		Werkstatt				Modell		Anfrage		Auftrag		Sonstiges	
	Tag	St.	Tag	St.	Tag	St.	Tag	St.	Tag	St.	Tag	St.	Tag	St.
—	*28. 2.*	*2*	*15. 3.*	*3*										
1	*14. 5.*	*2*	*16. 5.*	*3*										
2	*19. 8.*	*2*	*24. 8.*	*3*										

Abb. 10b. Zeichnungskarte (Rückseite).

nungen geändert werden müssen oder ihre Gültigkeit verlieren, muß das Konstruktionsbüro dies der Verwaltungsstelle mitteilen, worauf diese dann sämtliche über diese Zeichnungen bestehenden Pausen einziehen und dem Konstruktionsbüro zuleiten muß.

Werden dem Betrieb keine Teilzeichnungspausen zur Verfügung gestellt, so ist in den Fällen, in denen zu gleicher Zeit an verschiedenen Teilen gearbeitet wird, eine genügende Anzahl von Gruppenzeichnungen

Werkstattzeichnung Nr. *7946*	Kontroll-Nr. *1243*
Name: *Riebel* In Abteilung: *AM 2* Ausgegeben am: *16. 5. 31*	
Zettel ist doppelt auszufertigen und abzugeben	

Abb. 11. Zeichnungsquittung.

bereitzustellen, andernfalls müssen die Zeichnungen ständig von einem zum anderen Arbeitsplatz ausgetauscht werden, was mit erheblichen Verlustzeiten verbunden ist.

Stückliste.

Die Stückliste[1] ist eine Zusammenstellung aller auf einer Zeichnung dargestellten Teile und Teilgruppen. Diese Teile sind nach bestimmten Gesichtspunkten unterteilt, z. B. nach Gußteilen, Schmiedeteilen, Schrauben usw., und fortlaufend numeriert. Auf eindeutige und einheitliche, möglichst genormte Bezeichnung ist größter Wert zu legen. Angaben über Lagernummer, Werkstoff, Rohmaße, Modellnummer und Gewicht vervollständigen die Stückliste. Kommen mehrere Ausführungsarten in Frage, bei denen einzelne Teile des Erzeugnisses je nach Umfang des Auftrages in verschiedener Anzahl erforderlich sind, so sind mehrere Stückzahlspalten anzuordnen. Bei der großen Bedeutung, welche die Stücklisten für die Arbeitsvorbereitung haben, sind die Angaben, z. B. über Werkstoff, Modellnummer u. dgl., sorgfältig und genau zu machen. Es genügt nicht, bei der Angabe des Werkstoffes z. B. „Stahl“ einzutragen. Es ist erforderlich, daß, sofern keine Sondervorschriften für den Werkstoff bestehen, die Werkstoff-DIN-Bezeichnungen, z. B. „St. 50.11“ oder dgl., angewendet werden. Dasselbe gilt grundsätzlich für alle anerkannten Normbezeichnungen.

Die Vordrucke für Zeichnungsstücklisten sind im Normblatt DIN 28 festgelegt.

[1] Lit.-Verz. 18, 32.

Eine Zusammenstellung aller zu einem Erzeugnis gehörenden Teile wird für die Zwecke der Fertigung, der Arbeitsvorbereitung und der Nachrechnung in Form einer „Gesamtstückliste“ vorgenommen. Diese enthält die gleichen Angaben wie die Zeichnungsstückliste (DIN 28), also Lagernummer, Modellnummer, Werkstoffe, Rohmaße und Gewichte. Für die Zwecke der Arbeitsvorbereitung und Nachrechnung ist die Gesamtstückliste so zu erweitern, daß nach ihr die Bearbeitung eines Auftrages vom Konstruktionsbüro über Lagerverwaltung, Einkauf und Arbeitsbüro mit Terminüberwachung durch die Werkstatt bis zur Nachrechnung erfolgen kann. Eine solche Erweiterung einer Stückliste, die man zweckmäßig für „Teile mit Bearbeitung“ und für „Teile ohne Bearbeitung“ aufstellt, zeigt Abb. 12a, b.

In Stücklisten nach DIN 28 werden die einzelnen Teile in der Reihenfolge des Zusammenbaues eingetragen, so daß die zu einer Zusammenbaugruppe gehörigen Teile jeweils untereinander angeordnet sind. Bei Aufstellung derartiger Zusammenbaustücklisten wird den praktischen Verhältnissen am besten Rechnung getragen, wenn hierbei ein Fertigungsingenieur mitwirkt.

Im Original der Stückliste werden zunächst die Spalten der linken Hälfte ausgefüllt und hiervon Vervielfältigungen für alle an der weiteren Bearbeitung beteiligten Stellen angefertigt. In den Spalten der rechten Hälfte werden von den an der vorläufigen Bearbeitung beteiligten Stellen, wie Lager, Einkaufsabteilung u. dgl., die Vermerke eingetragen, die als Unterlagen für die weitere Bearbeitung bzw. Arbeitsvorbereitung dienen und schließlich als Belege für die Erledigung gelten.

Die ausgefüllten und vervielfältigten Stücklisten werden von den einzelnen Dienststellen dem Arbeitsbüro zugeleitet, das dann seinerseits die Arbeiten in Angriff nehmen kann. Spalte „Kennzeichnung der Teile“ weist für jedes Teil aus, ob es sich um Lagerteile, zu fertigende Teile oder von auswärts zu beziehende Sonderteile handelt, soweit nicht hierfür besondere Listenauszüge (besonders bei großer Zahl von Einzelteilen) angefertigt werden. Solche Listenauszüge können nach gleichartigen Teilen, z. B. Preßteilen, Gußteilen, Schmiedeteilen usw. geordnet werden; es genügt auch eine Trennung dieser Teile nach „bearbeiteten“ und „nichtbearbeiteten“ Teilen.

Die Spalte „verfügbarer Vorrat“ ist für die Bestelliste wichtig. In ihr ist von der Lagerverwaltung zu vermerken, welche Stückzahl noch verfügbar ist; dabei sind die Bestände von früheren Aufträgen zu berücksichtigen. In der Spalte „noch zu beschaffende Stückzahl“ ist das Ergebnis der Rechnung: „Für den Auftrag erforderliche Stückzahl vermindert um den für den

Anzufertigen in	Stückzahl je Einheit	Stückzahl je Auftrag	Mehrbestellung vH	Mehrbestellung Stück	Verfügbar	Anzufertig. Stück		Termine: Rohstoff bzw. Bestandteile Auftrag-Nr.	Rohstoff bzw. Bestandteile Liefertermin	In Arbeit zu geben am	An Zusammenbau zu lief. am	An Zusammenbau gelieferte Menge a	b	c	Modell Liefertermin	Werkz.-Vorricht.	Werkz.-Vorricht. Liefertermin	MB: Werkz.-Liste	Akk.-Vork.	Zeichn. erhalten
1	2	3	4	5	6	7	8	9	10	11	12	a	b	c	13	14	15	16	17	18
M 1	*2*	*200*	*3*	*6*	—	*206*	√	*5301*	*15.11.*	*24.8.*	*14.9.*	*200*	—	—	—	√	*10.9.*	*14.7.*	*18.7.*	*10.7.*
A 2	*1*	*100*	*3*	*3*	*40*	*63*	√	„	„	*20.8.*	„	*100*	—	—	—	√	*11.8.*	„	„	„

Abb. 12a. AWF-Stückliste Form I (für Teile mit Bearbeitung).

Stückzahl je Einheit	Stückzahl je Auftrag		Zusammenbauteile Auftrag-Nr.	Zusammenbauteile Liefertermin	Lagerplatz	Vom Lager entnommene Menge		Nachkalkulation: Preis je Einheit	Gesamtpreis in RM für Rohstoffe	Gesamtpreis in RM für Bestandteile	Werkz.-Vorricht.	Werkz.-Vorricht. Liefertermin	Werkz.-Liste	Akk.-Vork.	Zeichn. erhalten	OB
1	2	3	4	5	6	7	8	9	10	11	12	13	14	15	16	
1	*100*	√	*36105*	*12.9.*	*Ab*	*100*	√	*0,50*	—	*50.—*		—	—	—	*14.7.*	
3	*300*	√	„	„	„	*300*	√	*0,15*	—	*45.—*		—	—	—	„	

(Leitweg)			
	ges. Rohstoffe	—	
	ges. Bestandteile		*95.—*
	insgesamt		*95.—*

Die Zusammenbauteile sind an *Abt. 27*	
zu liefern	geliefert
am *1. 4. 32*	am
Unterschr. d. Arbeitsverteilg. *R*	Unterschr. d. Lagerverwaltg.

Abb. 12b. AWF-Stückliste Form II (für Teile ohne Bearbeitung).

betreffenden Auftrag noch verfügbaren Vorrat" anzugeben. In Spalte „Mehrbestellung" ist der durch Fehlarbeit (Ausschuß) oder durch Ersatzteilauftrag entstehende Mehrbedarf einzutragen. Spalte „bestellt" dient für Angaben über Bestellung, Gesamtzahl, am, bei, Auftragsnummer und Liefertermin. Spalte „anzufertigen in Werkstatt" bzw. „zu beziehen von" ermöglicht Rückfragen bei nicht rechtzeitiger Lieferung. „Bezugs- und Aufgabevermerke" geben der Werkstatt Aufschluß über die vom Lager erhaltenen Teile bzw. vom Lager auszugebende Stückzahl. Auch über Lieferungen der von auswärts bezogenen Teile sind Vermerke zu machen.

Werden mehrere Typen, die in vielen Einzelteilen übereinstimmen, nebeneinander gefertigt, so scheint es naheliegend, die Vermerke für solche in mehreren Typen vorkommenden gleichartigen Teile in einer Sammelkartei einzutragen. Dies hat jedoch den Nachteil, daß die durch die Stückliste erreichte klare Übersicht über die zu einem Auftrag getroffenen Maßnahmen verlorengeht.

Fertigungsplan und Arbeitsplan.

Schon beim Entwurf des zu gestaltenden Erzeugnisses legt der Konstrukteur in großen Zügen die Grundlagen für die Fertigung der Einzelteile und deren Zusammenbau fest. Nach Fertigstellung der Werkzeichnungen und der Stückliste, gegebenenfalls auch nach vorliegenden Ausführungsmustern wird vom Arbeitsbüro die Aufteilung des Erzeugnisses[1] in Fertigungsgruppen (Haupt- und Untergruppen) und Einzelteile im Fertigungsplan vorgenommen, um deren Umfang und Zugehörigkeit eindeutig festzulegen. Ferner werden Art und Reihenfolge der Arbeitsverrichtungen, die zur Herstellung des Erzeugnisses erforderlich sind, in Arbeitsplänen, unterteilt in Arbeitsgänge, Arbeitsstufen, Griffe und Griffelemente, zusammengestellt. Demnach lassen sich folgende Begriffsbestimmungen festlegen:

Fertigungsplan: Aufteilung eines Erzeugnisses in Fertigungsgruppen und Einzelteile. Eine Fertigungsgruppe umfaßt die organisch zusammengehörenden Einzelteile eines Erzeugnisses.

Arbeitsplan: Art und Reihenfolge der Arbeitsverrichtungen für ein Einzelteil oder eine Fertigungsgruppe, unterteilt in Arbeitsgänge, Arbeitsstufen, Griffe und Griffelemente.

---

[1] Lit.-Verz. 26, 91—97.

Unter bestimmten Voraussetzungen, nämlich dann, wenn der Fertigungsplan unmittelbar der Arbeitsverteilung dienen soll, können dem Fertigungsplan die zugehörigen Arbeitsgänge angefügt werden.

Bei vielteiligen oder umfangreichen Erzeugnissen, deren Zusammenbau nur nach Fertigstellung bestimmter Fertigungsgruppen erfolgen kann, wird man für jede dieser Gruppen einen besonderen Fertigungsplan aufstellen. Besteht ein Erzeugnis aus einer größeren Anzahl von Fertigungsgruppen, die wiederum in einer besonderen Abhängigkeit voneinander stehen, so werden die Fertigungsgruppen zweckmäßig in Haupt- und Untergruppen aufgeteilt. Bei Fertigungsaufträgen auf ein einteiliges Erzeugnis erübrigt sich im Sinne der Begriffsbestimmung die Aufstellung eines Fertigungsplanes.

Arbeitspläne werden für jedes Einzelteil oder für den Zusammenbau von Fertigungsgruppen und des Erzeugnisses aufgestellt. Im Sinne der Begriffsbestimmung erfolgt die Aufteilung eines Arbeitsplanes in Arbeitsgänge, Arbeitsstufen, Griffe und Griffelemente. Maschinenarbeit, bei der die Formänderung des Werkstückes zwar durch die Maschine geleistet wird, jedoch durch Handarbeit beeinflußt ist, wird in der gleichen Weise unterteilt. Die Maschinenzeit (Laufzeit), während der die Formänderung des Werkstückes zwangläufig von der Maschine erfolgt, wird nur bis zu den Arbeitsstufen unterteilt. Fertigungsplan und Arbeitsplan können, wie aus den vorstehenden Darlegungen ersichtlich ist, unabhängig von dem Inhalt des Fertigungsauftrages aufgestellt werden. In Anlehnung an die Praxis ist in den nachfolgenden Beispielen immer vom Fertigungsauftrag ausgegangen.

In Abb. 13 ist der Fertigungsplan für einen Elektromotor und der Arbeitsplan für ein Einzelteil — Welle des Elektromotors — dargestellt. Jedes der im Fertigungsplan in Spalte „Einzelteile“ aufgeführten Teile kann in der gleichen Weise weiter unterteilt werden. Auch für den Zusammenbau von Einzelteilen zu Fertigungsgruppen ist je ein Arbeitsplan zusammenzustellen, sowie für den Zusammenbau der Fertigungsgruppen zum ganzen Erzeugnis. Das gleiche gilt für weitere Arbeiten, wie Prüfen, Oberflächenbehandlung (z. B. Streichen), Verpacken usw. In dem in Abb. 13 gezeigten Schema ist die aus räumlichen Gründen nicht weiter vorgenommene Aufteilung durch ein „×“-Zeichen angedeutet.

Ein anderes Beispiel der Aufteilung eines Fertigungsauftrages zeigt Abb. 14 für ein Eisenbahnfahrzeug. Des Umfanges und der Vielteiligkeit des Erzeugnisses wegen sind die Fertigungsgruppen in Haupt- und Untergruppen gegliedert. Im vorliegenden Fall ist die Hauptgruppe „Drehgestell ohne Dynamo“ in die zugehörigen Untergruppen unterteilt. Die weitere

Aufteilung in Einzelteile ist in dem Schema nur für die Untergruppe „Unterer Wiegebalken" durchgeführt; für diesen sind die erforderlichen

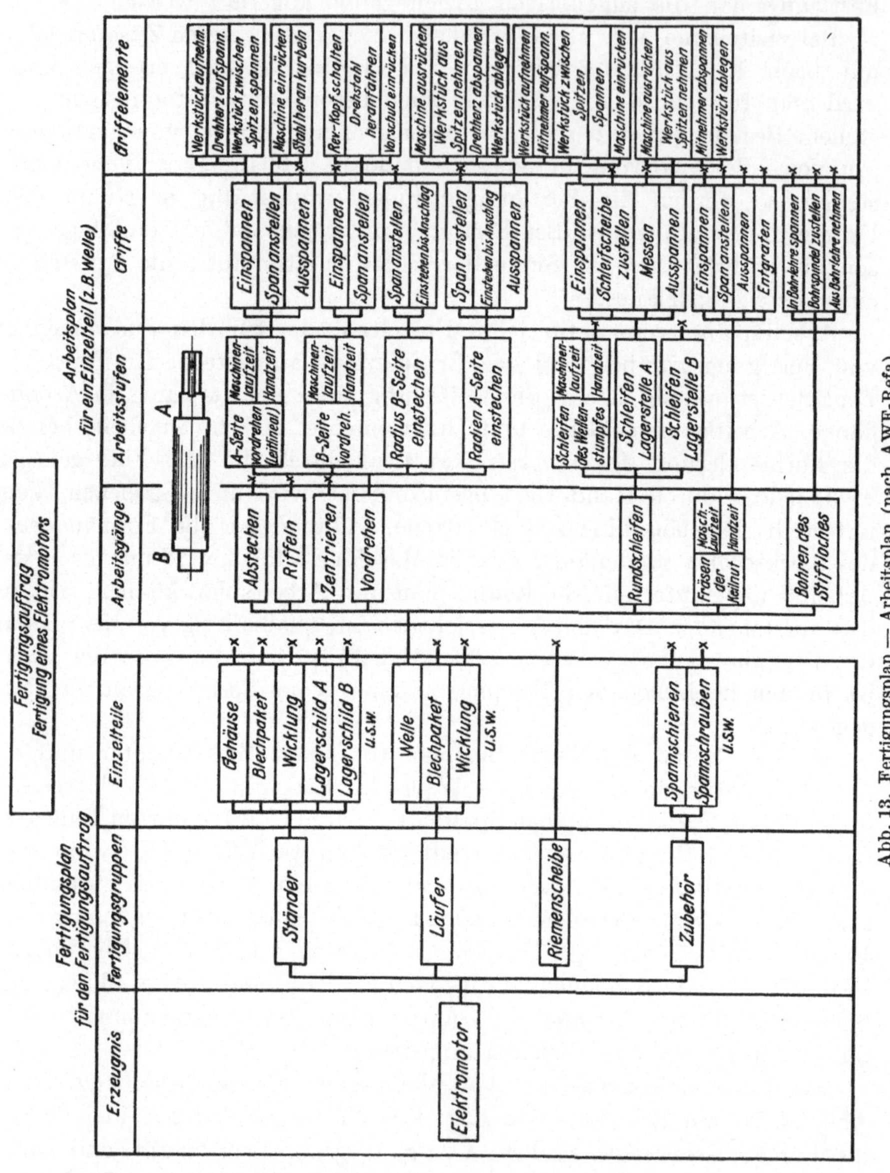

Abb. 13. Fertigungsplan — Arbeitsplan (nach AWF-Refa).

Arbeitsgänge angefügt, da der Fertigungsplan (Abb. 14) unmittelbar der Arbeitsverteilung dienen soll.

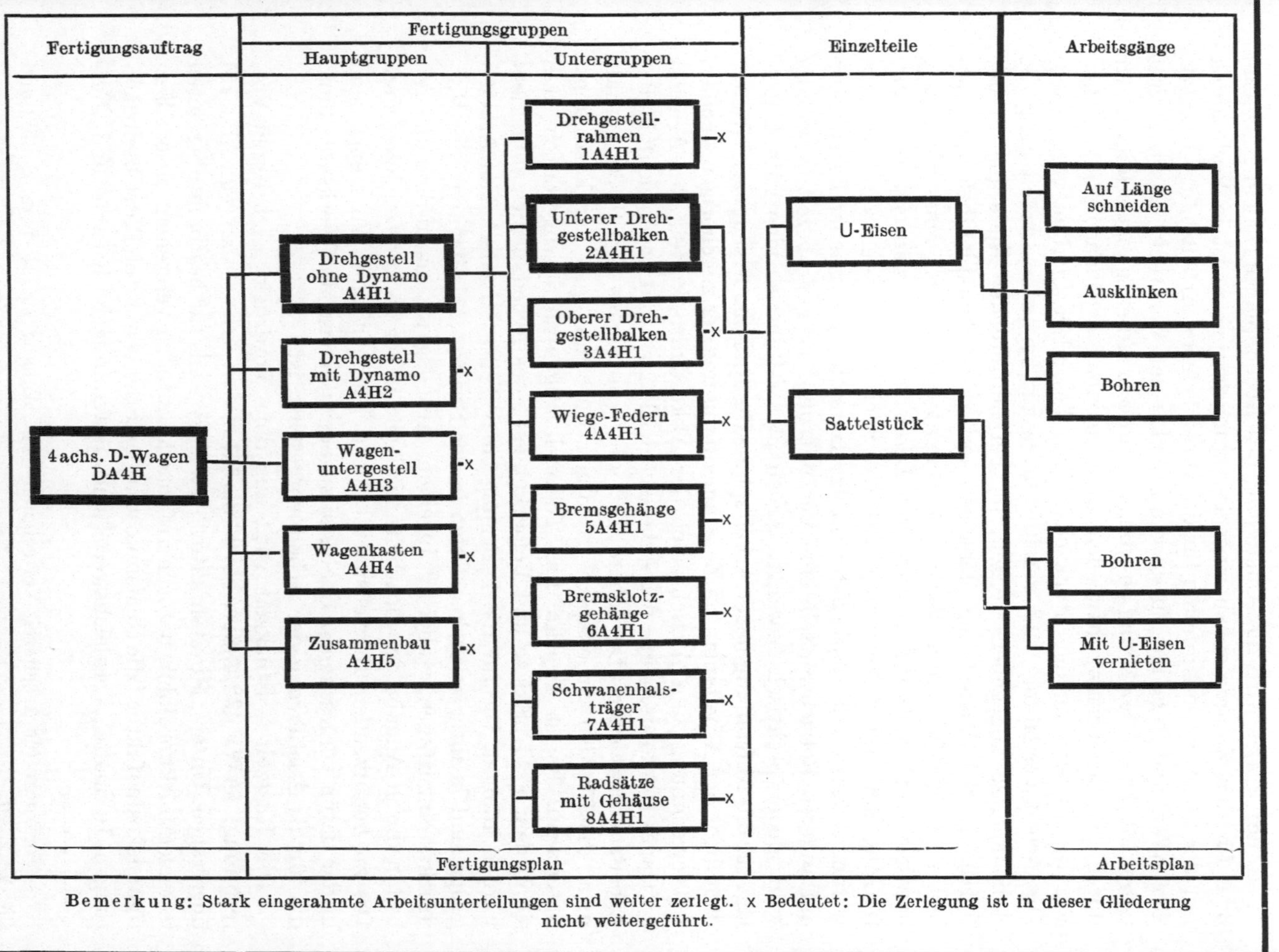

Bemerkung: Stark eingerahmte Arbeitsunterteilungen sind weiter zerlegt. x Bedeutet: Die Zerlegung ist in dieser Gliederung nicht weitergeführt.

Abb. 14. Fertigungsplan.

In der Praxis wird die Aufstellung des Arbeitsplanes für ein Einzelteil oder für den Zusammenbau einer Fertigungsgruppe meist in Verbindung mit der Stückzeitbestimmung für die verschiedenen Arbeitsgänge benutzt. Der AWF und Refa hat zu diesem Zweck einen Vordruck[1] ausgearbeitet (Abb. 15). Die Unterteilung des Arbeitsplanes in Arbeitsgänge erfolgt in der durch die Bearbeitung bzw. den Zusammenbau gegebenen Reihenfolge. Für die Eintragung der Stückzeiten sind besondere Spalten vorgesehen. Die Arbeitsverteilung wird vereinfacht, wenn bei jedem Arbeitsgang die Arbeitsplätze angegeben werden, da bei eintretender Änderung in der Fertigung die Auswirkung derselben auf die Arbeitsplatzbelastung sofort nachgeprüft werden kann. Es kommt z. B. in der Massenfertigung häufiger vor, daß auf Grund von Beobachtungen während der Ausführung der ersten Fertigungsaufträge noch Änderungen vorgenommen werden müssen, oder daß später infolge Herstellung ähnlicher Erzeugnisse auf anderen Betriebsmitteln eine Veränderung der Vorgabezeit notwendig wird. Jeder praktisch bewährte Arbeitsplan ist immer eine gute Unterlage für die Aufstellung neuer Arbeitspläne für ähnliche Erzeugnisse. Außerdem dient der Arbeitsplan im Zusammenhang mit der zugehörigen Arbeitszeitvorrechnung zum Ausschreiben der Akkordkarteikarten, des Arbeitsauftrages (Akkordschein), der Arbeitsbegleitkarten und gegebenenfalls der Arbeitsunterweisung. Der obere Teil des Vordruckes AWF 430 enthält u. a. die für den Arbeitsplan wichtigen Bezeichnungen der Fertigungsunterlagen. Es ist zweckmäßig, Teilzeichnungen so auszugestalten, daß sie in dem Feld „Skizze und Bemerkungen“ des Arbeitsplanes aufgeklebt werden können. Die für die Fertigung eines Teiles erforderlichen Arbeitsgänge sind in ihrer zeitlichen Folge in der Spalte „Arbeitsgang“ des Vordruckes einzutragen, wobei die in einem Arbeitsgang auszuführenden Arbeiten durch Angabe der Bearbeitungsfläche näher zu kennzeichnen sind. Die zu benutzenden Betriebsmittel, Vorrichtungen und Werkzeuge sind in der dafür vorgesehenen Spalte anzugeben; ebenso die Werksabteilung, die für die Ausführung der Arbeit vorgesehen ist.

Die Rüstzeit + Stückzeit wird aus dem Vordruck „Arbeitszeit-Vorrechnung“ (AWF 432/433) (Abb. 62 bis 64) in den Arbeitsplan (vgl. Abb. 15) übertragen. Unter „Minutenfaktor“ ist der jeweils für bestimmte Arbeiten festgelegte Akkordlohn, bezogen auf eine Minute, zu verstehen, unter „Fertigungskostenfaktor“ die Gemeinkostenklasse der benutzten Betriebseinrichtungen. In Spalte „Vergleichswert“ sind, getrennt nach „Rüsten“ und „Fer-

[1] Vordrucke für Arbeitszeit-Vorrechnung (vgl. Anhang zu Lit.-Verz. S. 252) und Lit.-Verz. 40.

(Firma)	**Arbeitsplan** nach AWF 430 — Refa	Zeichn.-Nr. *D2A 45* Teil *45*

Skizze und Bemerkungen

Bezugsloch 17⌀; a; 138; 138; 402; 15; 10; 15; 140; 140; 1312; 1660; 34; 34; 45; 100; 15; 15; b; 38; 150

Gegenstand
Unterer Drehgestellbalken 2A4H1

Type *D2A*
Werkstoff *St. 42.21*
Rohgewicht *102 kg je Stck.*
Stückzahl[1] *100*

Hierzu gehören
Arbeitsplan Blatt —
Anlage Nr. —
Arbeitszeit-Vorrechnung
Blatt *1÷4*

lfd. Nr.	Arbeitsgang	Bearbeitete Fläche	Maschine Vorrichtung Werkzeug	Werksabteilg. Arbeitsplatz	Rüsten t_r min	Rüsten Minuten-Faktor / Frt.-Kst. Faktor	Fertigen[2] t_{st} min	Fertigen[2] Minuten-Faktor / Frt.-Kst. Faktor	Vergleichswert Rüsten	Vergleichswert Fertigen
1	*Auf Länge schneiden*	*a*	*BS 12*	*MS 4*	*5*	*1,60* / *140%*	*3,55*	*1,60* / *140%*	*19,2*	*13,62*
2	*Ecken ausklinken*	*b*	*BS 15*	*MS 7*	*12*	*1,60* / *150%*	*4,68*	*1,60* / *150%*	*48,0*	*18,73*
3	*Bohren*	.	*SH 45*	*MB 5*	*3*	*1,60* / *140%*	*4,47*	*1,60* / *140%*	*11,5*	*17,16*
4	*Sattelstücke annieten*	.	*MEF 3*	*HA 21*	*5*	*1,60* / *170%*	*21,55*	*1,60* / *170%*	*21,6*	*93,10*

[1] Der Verrechnung zugrunde gelegte Stückzahl.
[2] Fertigungszeit bezogen auf die Einheit.

	Tag	Name		Änderungen
ausgef.	*14.5.30*	*Aude*		
geprüft	*14.5.30*	*Ho*		

Abb. 15. Arbeitsplan.

tigen", die Summe der Lohnkosten (aus Zeit t_r bzw. t_{st} × Minutenfaktor) und die der Kosten des Betriebsmittels (aus Lohnkosten×Fertigungskostenfaktor) einzutragen. Diese Angaben sind besonders dann erforderlich, wenn eine Wirtschaftlichkeitsrechnung aufgestellt werden soll, z. B. für die Verwendung verschiedener Arbeitsplätze bzw. Betriebseinrichtungen mit verschiedener Arbeitszeit. Für umfangreiche Arbeiten mit mehr als 20 Arbeitsgängen werden Fortsetzungsblätter mit den gleichen Spalten wie im Hauptteil verwendet. Am unteren Rande sind Felder vorgesehen für Vermerke über Ausfertigung, Prüfung und Änderung des Arbeitsplanes.

In dem in Abb. 15 gegebenen Beispiel ist der Arbeitsplan für die Herstellung eines unteren Drehgestellbalkens aufgestellt. Die aufgeführten Arbeitsgänge 1 bis 4 sind in der gegebenen Reihenfolge mit Hilfe der in besonderer Spalte vermerkten Werkzeuge auf den zugewiesenen Arbeitsplätzen auszuführen. Werkzeuge und Arbeitsplätze sind durch Kurzzeichen angegeben. Die Vorgabezeiten für das Rüsten (Einrichten) und Fertigen sind vom Arbeitszeit-Vorrechnungsbogen übernommen. Der Minutenfaktor errechnet sich aus dem für die betreffende Arbeitsklasse und für einen längeren Zeitraum, z. B. ¼ Jahr, ermittelten Durchschnittslohnsatz von 0,96 RM/Std. zu 96 : 60 = 1,6 Pf./min. Der Fertigungsfaktor für die einzelnen Arbeitsplätze ist verschieden. Er hängt ab von den Anschaffungs- und Unterhaltungskosten sowie der Lebensdauer und Raumbeanspruchung des Betriebsmittels und der Ausrüstungseinrichtungen. Wenn beispielsweise für Arbeitsgang 1 der Fertigungskostenfaktor mit 140% eingesetzt ist, so bedeutet dies, daß für jede für einen vorliegenden Arbeitsauftrag auf diesem Arbeitsplatz geleistete Minute ein Zuschlag von 140% gegeben wird, um die darauf lastenden Betriebsgemeinkosten zu decken. In dieser Hinsicht geben die in den letzten beiden Spalten aufgeführten Werte Vergleichsmöglichkeiten gegenüber gleichen Arbeitsgängen auf einem Arbeitsplatz oder Betriebsmittel mit höherem oder niedrigem Fertigungskostenfaktor. Es zeigt sich dann mitunter, daß die vollkommensten Betriebseinrichtungen trotz niedrigster Stückzeit nicht immer die niedrigsten Gestehungskosten ergeben.

Im vorliegenden Beispiel ist für Arbeitsgang 3 „Bohren" der Vergleichswert für „Fertigen" durch folgende Rechnung ermittelt: Die kalkulierte Fertigungszeit von 4,47 min für 8 Löcher wird multipliziert mit dem Minutenfaktor von 1,6 Pf./min. Die hieraus entstandene Lohnsumme von 7,15 Pf. wird um den Fertigungskostenfaktor von 140% erhöht, d. h. es wird 7,15 mit (1 + 1,4) multipliziert. Dadurch ergibt sich der Vergleichswert von 17,16. Würde angenommen werden, daß auf einer vielspindeligen

Bohrmaschine je 4 Löcher gleichzeitig gebohrt werden, so würde der Vergleichswert sich z. B. wie folgt errechnen: Stückzeit für 2 × 4 Löcher = 8 Löcher = 2 min. Die vielspindelige Bohrmaschine hat jedoch einen Fertigungskostenfaktor von 300%. Hieraus errechnet sich bei gleichbleibendem Minutenfaktor von 1,6 Pf./min der Vergleichswert 2 × 1,6 (1 + 3) zu 12,8. Dieser Vergleichswert zeigt, daß bei dem höheren Gemeinkostenzuschlag der hochwertigen Maschine die Fertigungskosten 12,8 gegenüber 17,16 für die einfache Maschine betragen. Der Vergleichswert ermöglicht somit einen raschen Überblick über die entstehenden Fertigungskosten.

Für eine fortschrittliche Arbeitsvorgabe ist es erforderlich, für alle zu fertigenden Teile Arbeitspläne aufzustellen. Hierzu können außer den Vordrucken AWF 430/431[1] (Abb. 15) auch Akkordkarteien, Arbeitslisten usw., falls sie die notwendigen Angaben enthalten, dienen. Der Arbeitsplan wird nur einmal aufgestellt und dient als Grundlage für die Ausschreibung der Arbeitsaufträge.

Die Fertigungsart bestimmt die Unterteilung der Arbeitsgänge, deren Umfang und die Arbeitsfolge. In der Einzel- und kleinen Reihenfertigung werden die Arbeitsgänge meist umfangreicher und in der Arbeitsfolge anders sein als in der großen Reihen- und Massenfertigung. Auch die vorgesehenen Werkzeuge und Vorrichtungen, die sich in ihrer Ausführung nach der Fertigungsart richten, sind von Bedeutung für die Arbeitsunterteilung; ebenso Lage, Ausstattung und Umfang der Arbeitsplätze. So wird die Unterteilung anders festgelegt werden müssen, wenn ein Werkstück auf einer Revolverbank bearbeitet wird, statt auf einem Automaten. Welches Betriebsmittel vorzuziehen ist, wird durch die Fertigungsstückzahl innerhalb bestimmter Grenzen bestimmt.

Abb. 16 zeigt einen Arbeitsplan für Fließarbeit. Der Inhalt der einzelnen Spalten richtet sich ganz nach den vorliegenden Betriebsverhältnissen. Die darin gebrachten Bezeichnungen „Berufsgruppe und Klasse" sind dem örtlichen Tarifvertrag entnommen.

Da in der kleinen Reihen- und Einzelfertigung einzelne Stücke mitunter nur in unregelmäßiger Zeitfolge herzustellen sind, werden hier andere, dem besonderen Zweck angepaßte Vordrucke verwendet, die gleichzeitig eine Überwachung des Arbeitsfortschrittes zulassen. Für die Arbeitsverteilung bei diesen Fertigungsarten müssen die Vordrucke auftragsweise ausgeschrieben werden, d. h. unter Berücksichtigung der jeweilig erforderlichen

---

[1] Vordrucke für Arbeitszeit-Vorrechnung (vgl. Anhang zu Lit.-Verz. S. 252), ferner Lit.-Verz. 40.

Firma:	**Arbeitsplan für Fließarbeit**	Ablegevermerk: *408062*

Gegenstand: *Schalter* Tagesleistung *313* St.	Tischgeschw. *1* m *3,75 min.*	PL Nr. *408062* Zeichng. *320150*

			Gesehen:	
Aufgestellt	Tag: *21. 5. 31*	Name: *Otto*		Blatt 1
Geprüft	Tag: *23. 5. 31*	Name: *Lanter*	*Me.*	Hierzu gehört Bl. *2—3*

Auswertung

313 St. Tagesleistung = *150* min für 100 St. je Person

Berufsgruppe	Klasse	Arbeiter männlich	Arbeiter weiblich	Minuten	Bemerkungen
733	*9*	—	—	*70*	*Einrichten je Fb.-Nr.*
733	*9*	—	*6*	*900*	*Schalter auflegen, zusammenbauen und ablegen*

Zu belegen ist jedes *2.* Feld. Beanspruchte Tischlänge *7* m

lfd. Nr.	Arbeitsgang	Zugeführte Teile St.	Zugeführte Teile Bezeichnung	Masch. Vorrichtungen Tischwerkzeuge	Anzahl der Arbeiter männl. / weibl.	Berufsgruppe / Klasse
1	*Kasten, 4×Gew.*	*1*	*Reduktionsbuchse*	*Masch. 9/134*	*1 w*	*733*
	schnd. Reduktions-		*Pl. 135076 ver-*	*Gew.-Bohr. M 4*		
	nippel einsetzen,		*kadm.*	*Mo.-Lehre 305001*		
	Mutter gerichtet auf-	*1*	*Sechsk.-Mutter*	*Schrb.-Schl. SW 36*		
	drehen, ausblasen		*Z 303656*	*Handleier Wkz.*		
	u. säubern	*1*	*Kasten 305210*	*305000 m. Steck-*		
				schl. SW 36		
				Luftpistole		
2	*2 Kontaktschienen je*	*1*	*Druckfeder*	*kl. Dornpr. m. Wkz.*	*1 w*	*733*
	1 Druckknopf ein-		*B 302708*	*306043*		
	drücken. Ein- u.	*1*	*Schraube M 4×24*	*Mo.-Lehre 306024*		
	Ausschalthebel m.		*BN 284 Ms*	*Patentsteckschl.*		
	Kontaktbügel u. Fe-	*1*	*Sechsk.-Mutter M 4*	*SW 8*		
	der auf Grundplatte		*Din 934 Ms*	*Steckschl. SW 8*		
	schrb. u. sichern			*Niethammer 150 g*		
3	*2 Einlagen falten, in*	*2*	*Einlagen 302702/3*	*Wz. 381503*	*1 w*	*733*
	Kasten einlegen.	*2*	*Kontaktbügel*	*Falzbein*		
	Grundplatte 2 Kon-		*302706/7*	*Mo.-Lehre 306025*		
	taktbügel aufschrb.	*2*	*Schrauben M 4×8*	*Patentschrbz. 5 mm*		
	Einlage für Karton		*BN 284 Ms*			
	falten u. einsetzen					

Abb. 16. Arbeitsplan für Fließarbeit.

Stückzahl. Durch Verbindung des Arbeitsplanes mit der auftragsweisen Überwachung des Arbeitsfortschrittes wird der Arbeitsplan dann zum Arbeitsfortschrittsplan.

Arbeitsfolgeplan.

Schematische Übersicht, die den optimalen Arbeitsablauf für bestimmte Mengen eines Erzeugnisses eindeutig festlegt.

Der Arbeitsfolgeplan gibt die durch den Arbeitsablauf zwangläufig bestimmte Reihenfolge der einzelnen Fertigungsabteilungen und innerhalb dieser die Reihenfolge der einzelnen Werkstätten sowie die auf den einzelnen Arbeitsplätzen zu leistenden Arbeiten an unter Berücksichtigung der zugrunde gelegten Menge. Der Arbeitsfolgeplan ist die Grundlage für die Vorbereitung der Fertigung und die Aufstellung des Förderplanes. Er baut sich auf Fertigungsplan und Arbeitsplan auf und bildet zusammen mit dem Auftragsfolgeplan die Grundlage zur Aufstellung des Abteilungs- bzw. Werkstattbelastungsplanes.

Der Arbeitsfolgeplan soll erkennen lassen, welche Werksabteilungen und Werkbetriebe bei Herstellung eines Erzeugnisses bestimmter Art in Tätigkeit treten, an welchen Arbeitsplätzen und auf welchen Betriebsmitteln die Arbeitsverrichtungen im einzelnen auszuführen sind, in welcher Reihen- und Zeitfolge sie folgen, und welche Arbeiten an den verschiedenen Werkstücken vorzunehmen sind. Der Arbeitsfolgeplan muß auch erkennen lassen, welche Arbeiten im Hinblick auf die Termineinhaltung unabhängig voneinander ausgeführt werden können. Zur Beurteilung, ob ein bestimmter Arbeitsplatz für eine gewisse Arbeit geeignet und zum Arbeitsfluß günstig gelegen ist, dient die Arbeitsplatzkartei in Verbindung mit dem Arbeitsplatz-Übersichtsplan. Beide sollten deshalb bei der Ausarbeitung des Arbeitsfolgeplanes zur Hand sein.

Im Arbeitsfolgeplan können ferner Werkstoffe, Halb- und Fertigfabrikate nach Art, Menge und Lieferstelle, gegebenenfalls unter Hinweis auf die zugehörigen Werkzeichnungen — unterschieden nach Lager-, Ersatz- und Sonderteilen — und auch die Stellen angegeben werden, an denen im Laufe der Herstellung der Fertigteile bzw. Fertigteilgruppen, Rohstoff-, Teile-, Bereitstellungs- oder sonstige Lager eingeschaltet werden müssen. Diese Aufgabe verlangt eingehende Kenntnis aller vorhandenen Betriebsvorräte und solcher Sonderteile, die nicht im eigenen Werk erzeugt, sondern mit Einkaufsauftrag von auswärts bezogen werden. Ein erschöpfend aufgestellter Lagerbestandsnachweis und eine ständige Fühlungnahme mit den verschiedenen Lagern sind für eine lückenlose Aufstellung des Arbeitsfolgeplanes Bedingung. Sämtliche Arbeitsplätze, Ausgangsstoffe und Lagerstellen sind im Arbeitsfolgeplan möglichst durch Kurzzeichen anzugeben, weil andernfalls der Plan unnötig groß und die Übersicht erschwert werden würde. Über Kennzeichen vgl. S. 119.

Der Ablauf der für jede Erzeugnistype auszuführenden Arbeiten wird an Hand der Werkstattzeichnungen, Stücklisten und Fertigungspläne in Form von Stromlinien, Diagrammen oder in ähnlich schematischer Weise dargestellt. Voraussetzung dabei ist eine genaue Kenntnis der Eigentümlichkeiten des gesamten Werkes, der einzelnen Werksabteilungen und Werksbetriebe sowie von Zweck und Wirkungsweise des zu fertigenden Erzeugnisses.

Bei Ausarbeitung des Arbeitsfolgeplanes empfiehlt es sich, alle für das fertige Erzeugnis auszuführenden Gesamtarbeiten zunächst vom Gesichtspunkt der Werksabteilungen und innerhalb dieser vom Gesichtspunkt der Werkstätten aufzustellen. Dabei ist für jede Arbeit festzustellen, ob sie unabhängig von anderen ausgeführt werden kann oder ob ihre Ausführung in Abhängigkeit zu anderen Arbeiten steht. Hiernach sind die Arbeiten in richtiger Reihenfolge zu ordnen, gegebenenfalls unter Verwendung des Arbeitsplanes und arbeitsauftragweise, d. h. in der Weise, wie die Arbeitsaufträge auf die vorhandenen Arbeitsplätze zur Verteilung kommen sollen, niederzulegen. Für die Ausfertigung des Arbeitsplanes in Hinsicht auf die für die Ausführung der Arbeiten anzusetzenden Maschinen u. dgl. bildet der Arbeitsfolgeplan eine Grundlage insofern, als erst nach Festlegung des Arbeitsfolgeplanes die für die einzelnen Arbeiten erforderlichen Durchlaufzeiten ermittelt werden können. Diese Angaben werden in die dafür vorgesehenen Spalten des Arbeitsplanes eingetragen, in dem die eigentliche Unterteilung der Arbeit in Arbeitsgänge bereits vorgenommen ist. Diese Spalten des Arbeitsplanes sind die Voraussetzung für die Aufstellung des Arbeitsfolgeplanes; deshalb soll die Unterteilung in Arbeitsgänge nicht auf irgendwelchen Zetteln niedergeschrieben werden, sondern in dem dafür bestimmten Vordruck, eben dem Arbeitsplan. Anschließend werden die Arbeitsplätze für die Einzel- und Gruppenarbeiten wie für den Gesamtzusammenbau bestimmt. Die Zusammenfassung aller für die verschiedenen Abteilungen bzw. Werkbetriebe aufgestellten Teilarbeitsfolgepläne ergibt die Arbeitsreihenfolge für die Herstellung des Gesamterzeugnisses.

In der Einzel- und Reihenfertigung, wo die verschiedenen Arbeitsplätze für die zu fertigenden Erzeugnisse vielseitig verwendet und die Betriebsvorräte von Fall zu Fall sichergestellt werden müssen, ist der Arbeitsfolgeplan ein nicht zu entbehrendes Organisationsmittel. Er behält für das Erzeugnis, für das er aufgestellt ist, so lange seine Gültigkeit, als sich an dem Erzeugnis nichts Grundsätzliches ändert. Änderungen im Arbeitsplatz-Übersichtsplan oder der Arbeitsplatzkartei beeinflussen nur dann den Arbeitsfolgeplan, wenn die Umstellung von Arbeitsplätzen eine Änderung der Kennzeichen erfordert oder wenn neubeschaffte Betriebsmittel eine Veränderung der Fertigungsweise zur Folge haben.

Für einfache Teile und Teilgruppen ist die Ausarbeitung von Arbeitsfolgeplänen nicht erforderlich, da hierbei der Arbeitsablauf durch einen zum Arbeitsfortschrittsplan erweiterten Arbeitsplan sicher verfolgt und außerdem die Bewegung der Betriebsvorräte überblickt werden kann. Dagegen ist der Arbeitsfolgeplan in allen den Fällen aufzustellen, in denen es sich um die Fertigung eines aus vielen Teilen zusammengesetzten Erzeugnisses handelt (Abb. 17).

Die Ausarbeitung des Arbeitsfolgeplanes ist nicht an einen vorliegenden Fertigungsauftrag gebunden; der Plan kann vielmehr schon vorher aufgestellt werden, wobei lediglich die Spalten für die Mengen und die Zeiten offen bleiben. Geht ein Auftrag ein, so sind nur die dem Umfang des Auftrages entsprechenden Werte einzutragen (in Abb. 17 kursiv gedruckt). Die Menge der den Arbeitsplätzen zuzuteilenden Werkstoffe und Werkteile richtet sich nach dem Umfang des Fertigungsauftrages. Wird der Arbeitsfolgeplan in der oben gekennzeichneten Weise vorbereitet, so kann die Zeit für die Arbeitsvorbereitung und im Zusammenhang damit die Gesamtfertigungszeit gekürzt werden. Der Plan (Abb. 17) gibt einen Ausschnitt aus dem Gesamtarbeitsfolgeplan für den Fertigungsauftrag über vierachsige D-Wagen wieder. Alle Werkstattarbeiten, die zur Ausführung der im Beispiel angeführten Teilgruppen erforderlich sind, sind in dem Arbeitsfolgeplan zu erkennen. Daneben weist die Art der eingetragenen Kurzzeichen wie auch die stufenweise Darstellung auf die Reihenfolge der auszuführenden Arbeiten hin. Im vorliegenden Falle werden alle Werkstoffe und Ersatzteile (Betriebsvorräte) unmittelbar vom Lager den Arbeitsplätzen zugeführt, wo die Werkstoffe zu Fertigteilen (F-Teilen) vorbereitet und die weiter aufgeführten Ersatzteile mit diesen F-Teilen zusammengebaut werden.

In der 1. Spalte des Arbeitsfolgeplanes sind die Werkstoffe und Teile der für die Herstellung eines Wiegebalkens erforderlichen Menge aufgeführt. Sie werden unter den in Spalte 2 angegebenen Kurzzeichen zu gegebener Zeit mit Materialbezugsschein vom Lager abverlangt. Spalte 3 gibt an, wievielmal die in Spalte 1 aufgeführten Mengen der Fertigungseinheit für den vorliegenden Fertigungsauftrag erforderlich sind. Diese

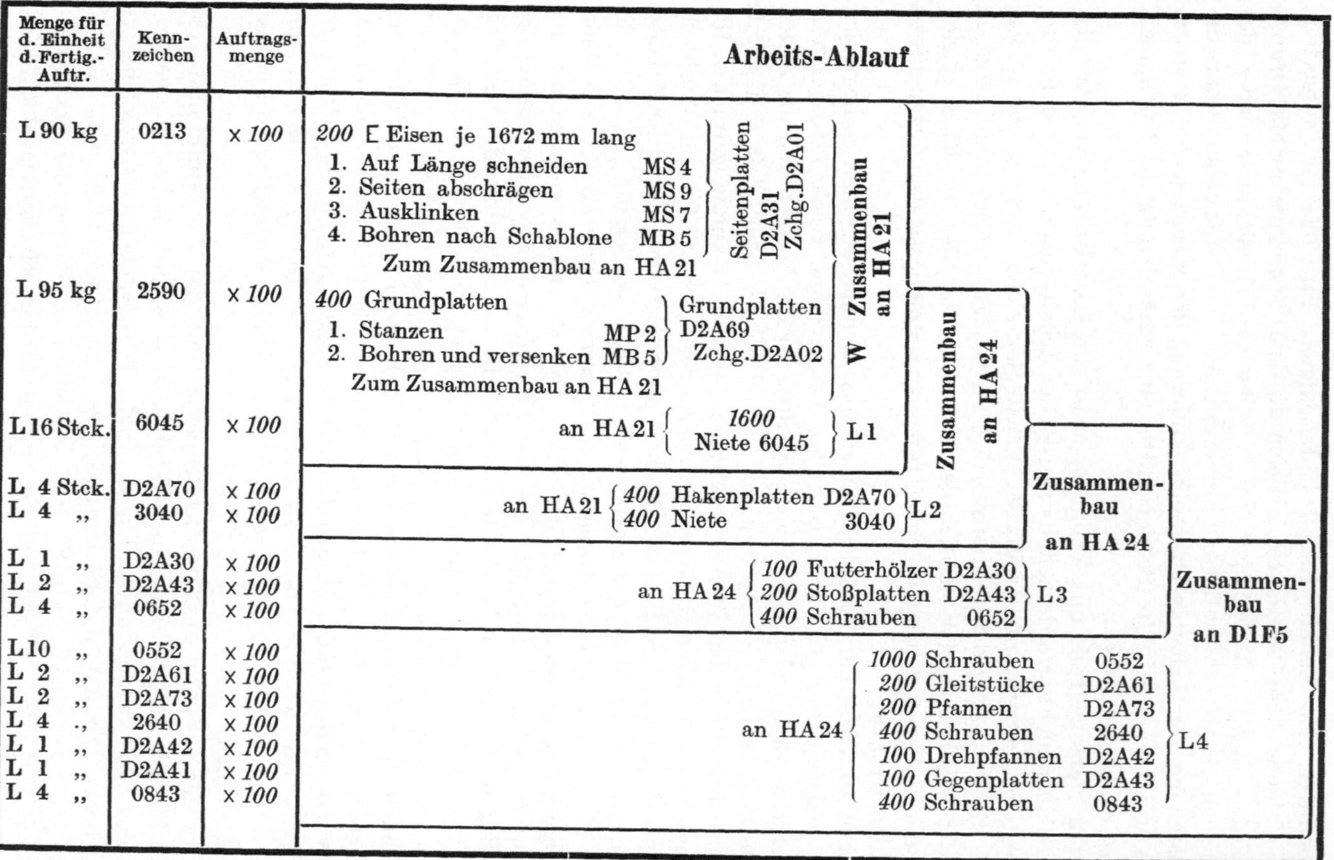

Menge für d. Einheit d. Fertig.-Auftr.	Kenn-zeichen	Auftrags-menge	Arbeits-Ablauf
L 90 kg	0213	× *100*	*200* [Eisen je 1672 mm lang 1. Auf Länge schneiden MS 4 2. Seiten abschrägen MS 9 3. Ausklinken MS 7 4. Bohren nach Schablone MB 5 Zum Zusammenbau an HA 21 } Seitenplatten D2A31 Zchg. D2A01
L 95 kg	2590	× *100*	*400* Grundplatten 1. Stanzen MP 2 2. Bohren und versenken MB 5 Zum Zusammenbau an HA 21 } Grundplatten D2A69 Zchg. D2A02 } **W Zusammenbau an HA 21**
L 16 Stck.	6045	× *100*	an HA 21 { *1600* Niete 6045 } L 1 } **Zusammenbau an HA 24**
L 4 Stck. L 4 „	D2A70 3040	× *100* × *100*	an HA 21 { *400* Hakenplatten D2A70 *400* Niete 3040 } L 2 } **Zusammen-bau an HA 24**
L 1 „ L 2 „ L 4 „	D2A30 D2A43 0652	× *100* × *100* × *100*	an HA 24 { *100* Futterhölzer D2A30 *200* Stoßplatten D2A43 *400* Schrauben 0652 } L 3 } **Zusammen-bau an D1F5**
L 10 „ L 2 „ L 2 „ L 4 „ L 1 „ L 1 „ L 4 „	0552 D2A61 D2A73 2640 D2A42 D2A41 0843	× *100* × *100* × *100* × *100* × *100* × *100* × *100*	an HA 24 { *1000* Schrauben 0552 *200* Gleitstücke D2A61 *200* Pfannen D2A73 *400* Schrauben 2640 *100* Drehpfannen D2A42 *100* Gegenplatten D2A43 *400* Schrauben 0843 } L 4

Abb. 17. Arbeitsfolgeplan.

Werte, wie auch die entsprechenden im Arbeitsablauf eingetragenen, werden je nach Umfang des Fertigungsauftrages von Fall zu Fall eingetragen. Alle übrigen Angaben im Arbeitsfolgeplan sind so lange unveränderlich, als sich in der Art des Arbeits- bzw. Fertigungsablaufes nichts ändert.

Für jede im Gesamtarbeitsfolgeplan erscheinenden, aus mehreren Teilen bestehenden Fertigungsgruppen wird ein Arbeitsfortschrittsplan ausgefertigt, wie auch für den Zusammenbau der Fertigungsgruppen zum fertigen Erzeugnis.

Der in Abb. 17 wiedergegebene Arbeitsfolgeplan zeigt eine gebräuchliche Ausführungsform. Eine andere Art der Darstellung, die außerdem noch eine sinnfällige Kennzeichnung des Arbeitsfortschrittes zuläßt, zeigt Abb. 18. Hierin sind die Arbeitsgänge durch gleichmäßig ausgestaltete Vierecke gekennzeichnet. Unter Verwendung von geeigneten Stempeln für diese Vierecke kann der Arbeitsfolgeplan in verhältnismäßig kurzer Zeit aufgestellt werden. Die Stempel werden neben- bzw. untereinander in der Folge der Arbeitsgänge so oft aufgesetzt, als Arbeitsgänge vorkommen. Aus diesem Anreihen des gleichen Stempels entsteht das Schema für den Arbeitsfolgeplan. Die Form des Stempelaufdruckes für die äußere Darstellung der Arbeitsgänge bzw. für die Aufnahme der Ausgangsstoffe ist in Abb. 18 unten in natürlicher Größe gezeigt unter Angabe, welchen Vermerken die einzelnen Felder dienen. Der Plan (Abb. 18) zeigt die Arbeitsfolge für die Fertigung einer Reihe von 100 einfachen Blechkästen. Diese bestehen im wesentlichen aus Boden, Zarge und Deckel. Für die in Massen gefertigten Teile und für ihre verschiedenen Zusammenbaustufen, desgleichen für die Werkstoffe sind Kurzzeichen verwendet. Es bedeuten: B = Boden, D = Deckel, Z = Zarge, K = Kasten ohne Griff, G = Kasten mit Griff, F = fertiger Kasten mit Deckel, *L 17 B* = Blech für Deckel und Zarge, *L 18 B* = Blech für Boden, *LG 2 M* = Traggriffe.

Die Markierung des Arbeitsfortschrittes erfolgt für die Bereitstellung der Werkstoffe im unteren Feld des Stempels, für die Ausführung der Arbeitsgänge im mittleren. Es bedeutet ein halber Strich im unteren Feld „Werkstoffbereitstellung veranlaßt“, ein ganzer Strich „Werkstoffbereitstellung erfolgt“, ein senkrechter Strich links im mittleren Feld „Werkstoff am Arbeitsplatz“, ein halber waagerechter Strich „Auftrag in Arbeit“, ein ganzer „Auftrag ausgeführt“. Das Prüfen der Arbeit läßt sich in ähnlicher Weise kennzeichnen.

Nach Abb. 18 sind folgende Arbeitsgänge auf den dabei angegebenen Arbeitsplätzen der Reihe nach auszuführen:

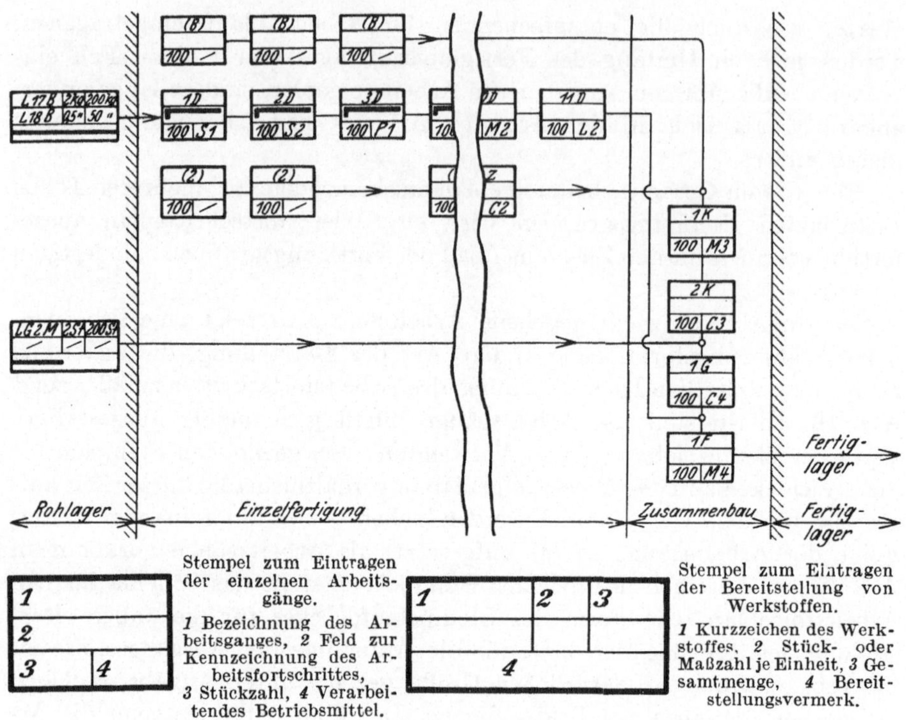

Abb. 18[1]. Arbeitsfolgeplan mit Kennzeichnung des Arbeitsfortschritts.

Arbeitsgang:	Betriebsmittel:
1 D (*B*) (*Z*) gleichzeitiges Zuschneiden längs von *B*, *D* und *Z*. Durch die Einklammerung von (*B*) und (*Z*) wird die Gleichzeitigkeit zum Ausdruck gebracht	Schere *S 1*
2 D (*B*) (*Z*) gleichzeitiges Zuschneiden quer von *B*, *D* und *Z*.	Schere *S 2*
3 D (*B*) gleichzeitiges Eckenausschneiden von *B* und *D* . .	Presse *P 1*
4 D (*Z*) gleichzeitiges Abkanten von *D* und *Z*	Abkantmaschine *A 1*
5 D Rand an *D* andrücken	Presse *P 2*
6 D Gehrungen von *D* schräg schleifen	Schleifmaschine *L 1*
7 D (*B*) gleichzeitiges Hochziehen von *B* und *D*	Presse *P 3*
8 D Zurichten	Schweißplatz *C 1*
10 D Rüsten von *D*	Schlosserplatz *M 2*
11 D—D sauber schleifen	Schleifmaschine *L 2*
1 Z—Z Rand zudrücken und Falz rollen	Sickenmaschine *K 2*
2 Z—Z Ecken ausrunden	Presse *P 4*
3 Z—Z vierkantig biegen	Abkantmaschine *A 2*
4 Z—Z Naht schweißen	Schweißplatz *C 2*

[1] Aus: Wirtschaftlichkeit, Heft 20 v. 20. 8. 27, SFA/A/W: Eine neue Darstellungsform für Fertigungsgänge als Hilfsmittel zur Überwachung und Leitung der Arbeitsfortschritte von Dr.-Ing. W. Schmidt.

(Fortsetzung) Arbeitsgang: Betriebsmittel:

Nun beginnt der Zusammenbau, gekennzeichnet durch den senkrechten Trennstrich:

1 K—B in *Z* einpassen . . . . Schlosserplatz *M 3*
2 K—B an *Z* anschweißen . . . . Schweißplatz *C 3*
1 G Griffe anschweißen . . . . Schweißplatz *C 4*
1 F—O mit *G* zusammenpassen . . . .

Der fertige Kasten geht hierauf an das Fertiglager.

Nach den eingetragenen Strichzeichen ist folgender Stand der Arbeiten erreicht:

Boden — zum Zusammenbau fertig
Deckel — bei *M 1* zum Zurichten bereitgestellt
Zarge — bei *A 2* zum Vierkantigbiegen in Arbeit
Griffe — Werkstoffbereitstellung veranlaßt.

Einen nach obigem Grundsatz aufgestellten Arbeitsfolgeplan[1] für ein besonders vielteiliges Erzeugnis zeigt Abb. 19. Für die Ausfertigung dieser Form des Arbeitsfolgeplanes werden zur Zeitersparnis ähnliche Stempel wie in Abb. 18 unten benutzt. Bei diesem Beispiel handelt es sich um einen aus Tafel- und Rohrmaterial, sowie aus verschiedenen Zulieferungsteilen zusammengesetzten Zelluloidbehälter. Die Fertigung erfolgt in einem Sonderwerkbetrieb, dessen Unterteilung in kleinere Betriebe unzweckmäßig gewesen wäre. Die Arbeitsgänge greifen in verwickelter Form ineinander. Die Eigenart des Werkbetriebes sowie des zeitlich begrenzten Absatzes schlossen alle Möglichkeiten auf Herstellungsvereinfachung im Sinne der Massenfertigung aus. Der Werkstoff strömt aus den durch Kreise dargestellten Lagerorten als Rohmaterial und einbaufertige Zulieferungsware über die Stückverarbeitung und den Zusammenbau zu dem als Kreis dargestellten Fertiglager. Die einzelnen Arbeitsgänge sind derart als rechteckige Felder aneinandergereiht, daß die in der Reihenfolge voneinander abhängigen Arbeiten eine zusammenhängende Gruppe bilden. Die Arbeitsgänge für Bearbeitung sind schwach, die Arbeitsgänge für Zusammenbau stark eingerahmt. Die Zusammenfassung zu Gruppen erfolgt so, daß stets von einem einzelnen Arbeitsgang ausgegangen wird und daß sich jeweils nur ein einziger Arbeitsgang an den vorhergehenden anreiht, so daß also jede Gruppe auch nur in einem einzigen Arbeitsgang endigt. Hierdurch gewinnt der Plan an Klarheit und Übersichtlichkeit. Außerdem ist damit die Grundlage für planmäßig geordnete Beschreibung der Arbeitsgänge in den Arbeitsplänen gegeben. Jeder Zusammenbau ist durch einen Knotenpunkt dargestellt. Im übrigen ist der Weg jedes Stückes über die in Frage kommenden Arbeitsgänge unter Vermeidung von Überschneidungen durch eine von links nach rechts waagerecht verlaufende Stromlinie dargestellt.

[1] Lit.-Verz. 106a.

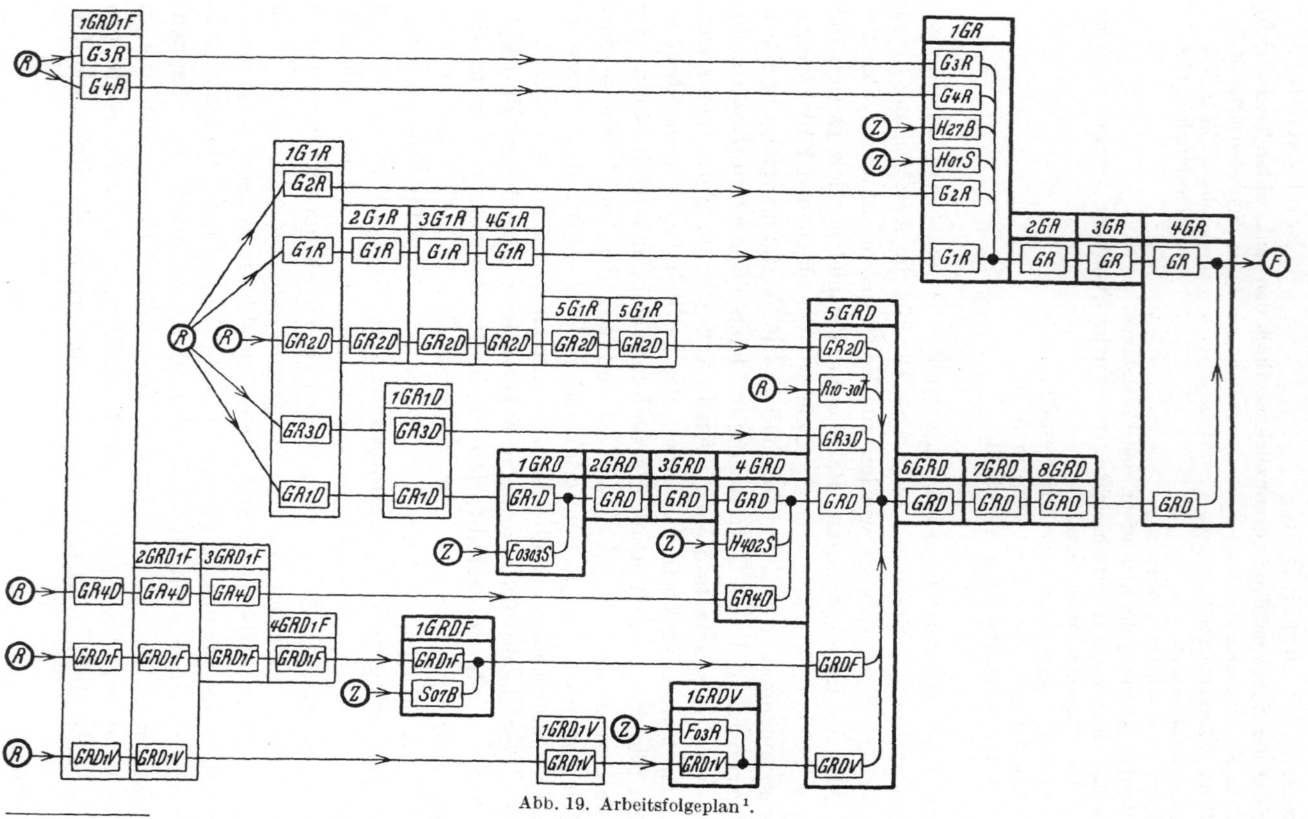

Abb. 19. Arbeitsfolgeplan[1].

[1] Aus: Die Taylorsche Organisation als Mittel zur Verbesserung der Betriebsführung in einer Akkumulatorenfabrik. Dissertation von Dr. W. Schmidt, vorgelegt der Technischen Hochschule zu Aachen Januar 1926.

Der für die Aufstellung des Planes notwendige Zeitaufwand ist zwar nicht unerheblich, tritt aber für ein Erzeugnis nur einmal auf.

Die eben beschriebene Art der Darstellung der Arbeitsfolge in ihrer bis ins letzte zergliederten Form ist ein anschauliches und für die Arbeitsverteilung unentbehrliches Hilfsmittel. Ein solcher Plan bietet außerdem die Grundlage zur kritischen Betrachtung der im Arbeitsplatz-Übersichtsplan (vgl. S. 53) angegebenen Standorte der Arbeitsplätze, bezogen auf die Arbeitsreihenfolge.

Arbeitsunterweisung.

Grundsätzlich soll für jede Arbeit, die im Betriebe zu leisten ist, eine klare und eindeutige Arbeitsunterweisung aufgestellt werden. Bei einfachen Arbeitsgängen genügt als Arbeitsunterweisung der Arbeitsauftrag. Dabei soll eine möglichst kurze, aber eindeutige Bezeichnung der auszuführenden Arbeit gewählt werden, wie sie z. B. in der Akkordkarteikarte bereits vorliegt. In der großen Reihen- und Massenfertigung ist wegen der häufigen Wiederholung der Arbeitsgänge und -stufen eine besondere Arbeitsunterweisung vorzuziehen, wodurch erhebliche Schreibarbeit erspart wird. Da es eine wesentliche Vereinfachung für den Arbeiter bedeutet, wenn die Niederschrift von Arbeitsunterweisungen nach einheitlichen Gesichtspunkten vorgenommen ist, hat der AWF für die metallverarbeitende Industrie Vordrucke (vgl. Abb. 20)[1] geschaffen. Bei den vielseitigen Anforderungen, die von den verschiedenen Industrien an eine Arbeitsunterweisung gestellt werden, ist es erklärlich, daß die Vordrucke des AWF auch als allgemeine Richtlinie für ähnlich zu gestaltende Sondervordrucke dienen können. Zur Aufstellung von Arbeitsunterweisungen eignen sich besonders die durch Zeitstudien gewonnenen Unterlagen. Solche Zeitstudienunterlagen lassen sich mit Vorteil für Arbeitsunterweisungen ähnlich gelagerter Arbeitsabläufe benutzen.

Durch die Arbeitsunterweisung wird dem Betriebsingenieur und Meister das sonst immer wieder notwendig werdende Durchdenken des Arbeitsganges erleichtert. Dem Arbeiter zeigt die Unterweisung, wie er die vorliegende Arbeit auszuführen hat; neu eingetretene Arbeiter werden bei schriftlicher Unterweisung den Arbeitsablauf schnell übersehen. Die Unterweisung bietet Gewähr, daß Maschine und Werkzeug so ausgenutzt und Vorrichtungen so angewendet werden, wie es im Arbeitsplan vorgesehen ist. Bei schwierigen Arbeiten, z. B. Aufspannarbeiten, empfiehlt es sich, die schriftliche

---

[1] Vordrucke für Arbeitsunterweisung (vgl. Anhang zu Lit.-Verz. S. 252), ferner Lit.-Verz. 26.

Arbeitsgang: *Drehen*		Arbeitsunterweisungskarte Nr.: *72*	Type: *II 40—III 80*	Zchng.-Nr.: *R 21617*	Teil: *3*
Gegenstand: *Gußnaben*	Material: *Gußeisen*	Für Abtlg.: *125* Masch.: *Pittler-Rev. Bank* Gruppe: *VI* Inv.-Nr.: *nach Arbeitsplan*	Nur giltig für Stückzahlen von *100* bis *500*		

Lfde. Nr.	Arbeitsstufe	Bearb.-Fläche	Normale Werkzeuge, Lehren, Vorrichtungen	Späne: Zahl	Späne: Tiefe in mm	Vorschübe: in mm pro Umdr. od. pro Min.	Vorschübe: Hebelstellg. oder Stufensch.	Umdrehungen: pro Min.	Umdrehungen: Hebelst. od. Stuf.-Scheibe. Vorgelege oh.	Umdrehungen: Vorgelege mit	v = m/Min	Skizze für Aufspannung und Bearbeitung
	Skizze 1 u. 2		**1. Arbeitsgang:**	**1. Seite drehen**								
1	*Einspannen*		*4 Backenfutter*									
2	*Anbohren*	c	*Zentrierbohrer*			*v.Hand*						
3	*Nabe bohren*	c	*Schnellstahlbohrer*								*30*	
4	*Nabe Außen ∅*	d	*Halter m. Stahl Nr. 20*									
	drehen											
5	*Vordere Stirn-*	e	*Stahl Nr. 15*	*1*	*3*	*0,2—*	*A 1*	*180*	*C*	—		
	fläche planen										*60*	
	Knaggen planen	k	*(Messen: Tiefenlehre)*									
			Halter m. Stahl Nr. 20		*2*							
6	*Augen planen*	f	*Halter m. Stahl Nr. 20*					*150*	*B*	—		
7	*Ausspannen*		*Messen: Schublehre*									
	Skizze 3 u. 4		**2. Arbeitsgang:**	**2. Seite drehen**								
1	*Einspannen*		*3 Backenfutter*									
2	*Flansch überdreh.*	a	*Halter m. Stahl Nr. 20*	*1*	*2*			*150*	*B*			
3	*Bohrung schlich-*	c	*Stahl Nr. 40. Messen:*					*240*	*D*			
	ten „B“		*Kaliberdorn-DIN-*	*2*	*0,3*	*0,2*	*A 1*					
			Feinpassung								*60*	
4	*Stirnfläche planen*	b	*Stahl Nr. 15*	*1*	*3*			*180*	*C*			
5	*Radius drehen*	b	*Stahl Nr. 36*		*2*	*v.Hand*		*180*	*C*			
6	*Kanten brechen*											
7	*Ausspannen*		*Messen: Schublehre*									
8	*Bohrung aufreiben*		*Handreibahle, Kaliber-*									
	währ. d. Laufzeit		*dorn-DIN-Feinpassg.*									

Abb. 20. Arbeitsunterweisungskarte unter Verwendung des AWF-Vordruckes 411.

Unterweisung durch geeignete Skizzen zu ergänzen; auch Angaben über Hebelstellungen an Maschinen, Riemenlagen usw. tragen zum leichteren Verständnis bei.

Die Arbeitsunterweisung wird dem Arbeiter bei Auftragserteilung zusammen mit dem Arbeitsauftrag ausgehändigt. Sind für bestimmte Arbeiten Einrichter vorgesehen, so haben diese nach der Unterweisung das Betriebsmittel so herzurichten, daß im Anschluß hieran ein anderer Arbeiter mit der Bearbeitung der Werkstücke beginnen kann. Ist es aus irgendeinem Grunde nicht möglich, die in der Unterweisung gegebenen Bedingungen einzuhalten, z. B. bei Werkstoffehlern oder dgl., so hat der Arbeiter unverzüglich den Meister zu verständigen, der für entsprechende Abhilfe zu sorgen hat.

Arbeitsplatzgestaltung[1].

Die Planung der Fertigung erfordert für den festgelegten Ablauf der Arbeit zweckmäßige Gestaltung der Arbeitsplätze und deren Ausstattung mit geeigneten Vorrichtungen und Werkzeugen. Mit der Verbesserung der Betriebseinrichtungen ist jedoch das Problem der Arbeitsplatzgestaltung bei weitem noch nicht gelöst. — Soziale und ethische Beziehung des Menschen zu seiner Arbeit, ferner hygienische Anforderungen an den Arbeitsplatz und an seine Umgebung sind nicht minder wichtig und verlangen sorgfältige Beachtung. Führende Werke bestimmter Industrien haben deshalb ihre Aufmerksamkeit schon seit Jahrzehnten diesen Fragen zugewendet und konnten beachtenswerte Erfolge in bezug auf den optimalen Arbeitsablauf erreichen.

Die Gestaltung des Arbeitsplatzes ist, außer von der Art der Arbeitsausführung, von der Größe und vom Gewicht des Werkstückes, sowie dessen sonstigen Eigenschaften abhängig. Es gibt jedoch eine Reihe von Anforderungen, die von der Art der Arbeit mehr oder weniger unabhängig sind. Hierzu gehören vor allem die Arbeitshygiene, ferner auch der Unfallschutz. Die Vernachlässigung derselben hat oft Verluste an Arbeitskraft und Lebensfreude zur Folge. Die hauptsächlichsten Anforderungen an die Arbeitsplatzgestaltung aus dem Gebiet des Kleinmaschinen- und Apparatebaues sind in Abb. 21 zusammengestellt. Für die Arbeitsplatzgestaltung ist noch die Forderung aufzustellen, daß die sinngemäße Ordnung des Arbeitsplatzes und seiner Umgebung auch während der Arbeit zwangläufig erhalten bleibt, nicht nur auf, sondern auch neben und unter dem Arbeitsplatz. Ohne richtige Platzordnung können keine Bestleistungen erreicht werden.

---

[1] Lit.-Verz. 9, 48, 49, 77, 100.

Richtlinien für Arbeitsplatz-Gestaltung

Hygienische Anforderungen

- Gesunde Körperhaltung bei der Arbeit
  - durch richtigen Arb.-Sitz
  - durch richtigen Arb.-Tisch.
- Verminderung statischer Ermüdg. durch Fuß- u. Armstützen.
- Gute Lüftung u. Heizung des Arbeitsraumes und blendungsfreie Beleuchtung des Arbeitsplatzes.
- Verminderung störender Erschütterungen und Geräusche.
- Schutz gegen Feuersgefahr, Staub — Gase — und Zugluft.
- Gute Zugänglichkeit, besonders zur Gefahrabwendung.

Technische Anforderungen

Arbeitssitz

- Sitz drehbar u. gefedert, Höhe leicht einstellbar, wärmeisoliert.
- Sitzform dem Körper angepaßt, leichte Sattelfeder.
- Rückenstütze federnd, Höhe leicht einstellbar.
- Mitlaufende Arbeitssitze (Rollbänke) bei breiten Arbeitsplätzen.
- Für Sonderzwecke Arbeitssitz von Fall zu Fall entsprechend gestalten.

Arbeitstisch

- Aufbau entspr. der auszuführenden Arbeit.
- Zu- u. Abfluß der Werkstücke mögl. automat. in einheitl. Richtung.
- Spann- u. Haltevorrichtungen für Werkstücke vorsehen.
- Kleine Zubehörteile griffbereit in Fächerkästen, desgl. Kästen für Materialabfälle u. Späne.
- Werkzeuganordnung nach Arbeitsfolge griffbereit in bes. Haltern.
- Handwkzg. durch Elektro-Wkzg. weitgeh. ersetzen; z. B. Elektro-Schraubenz., -Bohrmasch. usw.
- Erhaltung der Ordnung durch zweckmäßiges Ablegen aller Teile.

Abb. 21. Richtlinien für Arbeitsplatzgestaltung im Kleinmaschinen- und Apparatebau.

Technische Anforderungen.

Die technischen Anforderungen werden in erster Linie durch die Art der Arbeit bestimmt. Ein Arbeitsplatz, an dem Apparate der Feinmechanik zusammengebaut werden, wird anders zu gestalten sein, als ein Arbeitsplatz für den Zusammenbau von Maschinen. Bei besonderen Anforderungen wird von Fall zu Fall die beste Lösung herauszufinden sein. Bei sperrigen und schwereren Werkstücken wird die Arbeitsplatzgestaltung außer von der Arbeit noch von den besonderen Eigenschaften des zu bearbeitenden Werkstückes beeinflußt. Der Zu- und Abfluß der Werkstücke soll in der Fertigungsrichtung erfolgen. Als Beispiel hierfür ist in Abb. 22 ein Arbeitsplatz für den Zusammenbau von Staubsaugern gezeigt. Die Teile laufen in Richtung des Arbeitsflusses an dem ausführenden Arbeiter vorbei zu der Stelle, die die Arbeitsprüfung vornimmt. Abb. 23 zeigt die

Abb. 22. Fließarbeitsplätze für Zusammenbau von Protos-Staubsaugern.

Abb. 23. Fließarbeitsplätze für Zusammenbau von Elektromotoren.

Anordnung der Werkstücke auf einem Fließarbeitstisch für den Zusammenbau von Elektromotoren. Hier befinden sich alle erforderlichen Teile von

Anfang an auf dem im Fließtakt ruckweise bewegten Fördertisch. Die Werkzeuge sind entsprechend der Arbeitsfolge griffbereit angeordnet. Die sonst üblichen Handwerkzeuge sind weitgehend durch Elektrowerkzeuge ersetzt, die mit Gewichtsausgleich in fahrbaren Haltern über dem Arbeitsplatz aufgehängt oder auf dem Arbeitstisch befestigt sind. Die Werkstücke sollen während ihres Zusammenbaues sicher und in bequemer Lage in Spann- und Haltevorrichtungen ruhen, damit sie ohne Haltearbeit zu-

Abb. 24. Gießstrecke am Fließband (Vermeidung von Haltearbeit).

sammengebaut werden können. Kleine Zubehörteile, z. B. Schrauben und Muttern, Splinte usw., sollen in besonderen Kästen oder Fächern in griffbereiter Lage am Arbeitsplatz sein. Dies trägt dazu bei, die Ordnung auf dem Arbeitsplatz zwangläufig zu erhalten. Wo die Art der Arbeit es zuläßt, soll der Arbeiter, ohne vom Sitz aufzustehen, jede Stelle seines Platzes bequem erreichen können. Ist dies mit einem Drehstuhl nicht möglich, so werden Rollbänke verwendet. Ein solcher rollender Arbeitssitz läßt z. B. die Bedienung eines umfangreichen Arbeitsplatzes ohne Aufstehen zu. Der Abstand von Arbeitsplatz zu Arbeitsplatz wird durch die erforderliche Größe des Arbeitsfeldes bestimmt. Um unnötige statische Ermüdungen zu vermeiden, ist es angebracht, reine Haltearbeiten durch Hilfsvorrichtungen zu ersetzen. Eine Anregung hierzu gibt Abb. 24. Die schweren, mit flüssigem Eisen gefüllten Gießpfannen werden durch Hängebahnen an die Formkästen herangebracht, die in richtiger Arbeitshöhe auf einem Wandertisch am Gießplatz vorbeigeführt werden. Die Arbeiter können ihre ganze Aufmerksamkeit dem Abgießen zuwenden. Auch an anderen Stellen des Gießereibetriebes lassen sich Erleichterungen schaffen. Für Kernmacherinnen z. B., die meist ihre Arbeit stehend ausführen, können zweckmäßige Arbeitssitze mit Rückenlehne und Fußstützen bereitgestellt werden. Auch durch entsprechende Anordnung der Sandzuführung läßt sich die Arbeit

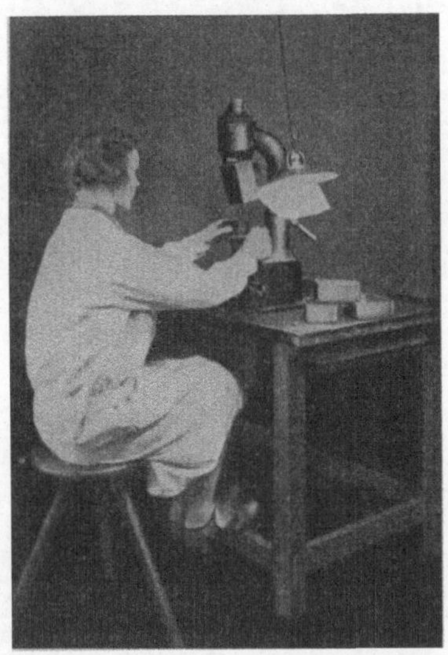

Einst

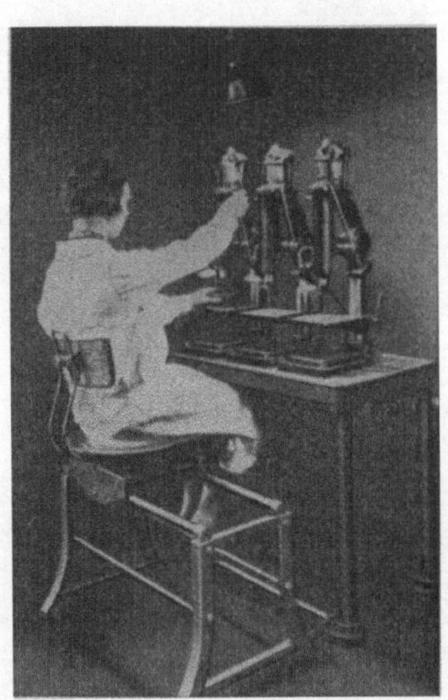

Jetzt

Abb. 25 und 26. Arbeitsplatz an Bohrmaschinen.

und Übersicht auf dem Arbeitsplatz erleichtern, ebenso für die Abförderung der fertigen Arbeit.

In Abb. 25 und 26 ist ein alter und neuer Arbeitsplatz an Werkzeugmaschinen gegenübergestellt. Der Arbeitsplatz an der Bohrmaschine ist durch deren Aufbau auf einen festen Maschinentisch verbessert. Der unzweckmäßige Arbeitssitz ist durch einen Rollsitz ersetzt, der neben einer guten Körperhaltung auch noch die Bedienung von 3 Bohrmaschinen zuläßt. Die Beleuchtung ist durch eine für diesen Zweck ausgebildete Sonderleuchte verbessert, da beim Bohren kleinster Löcher erfahrungsgemäß leicht eine Überanstrengung der Augen eintritt. Es ist z. B. möglich, einen Arbeitsplatz durch Umbau einer vertikalen Presse in eine Schräg-

Abb. 27. Meisterarbeitsplatz.

Abb. 28. Werkstattübersicht vom Meisterplatz aus gesehen.

presse zu verbessern. Gleichzeitig wird dabei die Unfallgefahr verringert, weil der Arbeiter mit seinen Händen während des Stanzvorganges sich außerhalb der Unfallzone befindet. Durch bessere Anordnung der Werkstücke wird außerdem eine Verkürzung der Griffwege erzielt.

Die örtliche Lage und die Ausgestaltung des Meister-Arbeitsplatzes darf auch nicht vernachlässigt werden. Häufig findet man diesen Platz an einer Stelle, wo weder genügend Tageslicht eindringt, noch eine Übersicht über die Werkstatt gegeben ist. Der Meister soll mit seiner Belegschaft in Kontakt bleiben. In staubfreien Werkstätten mit geringem Geräusch ist der Meister-Arbeitsplatz an übersichtlicher Stelle, am besten auf offenem Podium in der Mitte der Werkstatt anzuordnen. Handelt es sich jedoch um Werkstätten mit Staubentwicklung oder störenden Geräuschen, so wird dieser Platz geschützt und zur besseren Übersicht in großen Werkstätten in erhöhter Lage angeordnet, s. Abb. 27. Das Werkstattbild, wie es sich dem Meister von seinem Arbeitsplatz aus bietet, veranschaulicht Abb. 28, aus dem außerdem die Anordnung der Arbeitsplätze und ihre zweckmäßige Verbindung durch einfache Fördereinrichtungen[1] zu ersehen ist.

Hygienische Anforderungen.

Die Gewerbehygiene verlangt gute Zugänglichkeit der Arbeitsplätze, auch bei Feuersgefahr, Licht, Luft und Heizung für den Arbeitenden, Schutz gegen Staub, Gase und Zugluft, ferner zur Erzielung einer gesunden Körperhaltung, einen richtig zum Körper passenden Arbeitssitz. Ein Grundsatz der Arbeitsplatzgestaltung ist, daß jede Arbeit, die im Sitzen verrichtet werden kann, nicht im Stehen ausgeführt werden sollte, obgleich gelegentlicher Wechsel der Arbeitsstellung recht günstig auf den Körper einwirken kann.

Die Verluste an Arbeitskraft und Lebensfreude, die durch Übermüdung infolge vermeidbarer statischer Beanspruchung des Körpers bei der industriellen Arbeit entstehen, dürfen nicht unterschätzt werden. Sie verbrauchen nach wissenschaftlichen Ermittlungen einen nicht unerheblichen Teil des gesamten Arbeitsaufwandes. Die durch falsche Körperhaltung und unzweckmäßige Lage der zu bearbeitenden Werkstücke auftretenden körperlichen Ermüdungen[2] dürfen deshalb nicht übersehen werden. Auf Überanstrengung folgt Ermüdung und soll, soweit möglich, durch Belastungsausgleich des Körpers vermindert werden. Auf gute Lüftung und Beleuchtung des Arbeitsplatzes und seiner Umgebung ist Bedacht zu nehmen. Gleichmäßige, schattenfreie Allgemeinbeleuchtung der Arbeits-

[1] Lit.-Verz. 34. [2] Lit.-Verz. 9, 48, 49, 77, 100.

plätze durch Tiefstrahler mit richtiger Lichtstärke sorgt für die Erhaltung der Arbeitskraft auch bei langanhaltender künstlicher Beleuchtung.

Abb. 29. Entlüftungsanlage einer Metallgießerei (Innenansicht).

Die Bearbeitung von Gußeisen führt bei hohen Zerspanungsleistungen häufig zu einer lästigen Staubbildung. Solche Arbeitsmaschinen werden deshalb mit geeigneten Entlüftungseinrichtungen versehen. Der am Werkzeug abgesaugte Gußstaub wird durch ein Gebläse in einen Filterkasten gedrückt, wo er niedergeschlagen wird. Abb. 29 und 30 zeigen die innere und äußere Ansicht der Entlüftungsanlage einer Metallgießerei. Der Raum für die Frischluftzuführung, die nach Bedarf vorgewärmt werden kann, ist unter dem Erdgeschoß angeordnet.

Abb. 30. Entlüftungsanlage einer Metallgießerei (Außenansicht).

Arbeitssitz.

Einen Arbeitssitz, wie er nicht sein soll, wie er aber leider noch häufig in Betrieben angewendet wird, zeigt Abb. 25. Die falsche Ausbildung von Sitzhöhe, Rückenstütze und Sitzfläche zwingt den Arbeiter zu einer un-

Richtlinien für Arbeitssitz-Gestaltung.

Der Sitz.

Sitzform dem Körper angepaßt — leichte Sattelform. Vorderkante abgerundet, verhindert Blutstauung. Sitzfläche möglichst groß.

Sitz drehbar und gefedert, folgt den Körperwendungen, hebt schädliche Bodenerschütterungen auf. Baustoff: Wärme isolierend, z. B. Holz, Filzbelag oder dgl.

Sitzhöhe leicht einstellbar nach Körpergröße und Arbeitsebene.

Rollsitze bei breiten Arbeitsplätzen.

Das Untergestell.

Geringes Gewicht.

Hohe Belastungsmöglichkeit.

Mind. 500 kg. Verteilung der Belastung auf 4 Füße.

Elastisch, damit bei unebenem Boden gute Auflage der 4 Füße erreicht wird.

Feuersicherer Werkstoff

Gepreßter Stahl.

Die Rückenstütze.

Körperstützung

an den Lendenwirbeln. Schulterblätter sollen frei bleiben.

Einstellung nach 2 Richtungen möglich:

Nach Körpergröße in der Höhe.

Nach Arbeitsbedingung vor- bzw. rückwärts.

Allseitig federnd,

soll den Bewegungen des Oberkörpers nach jeder Richtung folgen können.

Abb. 31. Richtlinien für Arbeitssitzgestaltung.

günstigen Körperhaltung. Der Arbeitssitz soll der Körpergröße des Arbeiters und der Höhe des Arbeitstisches angepaßt sein und Eigenschaften aufweisen, die den in Abb. 31 gegebenen Richtlinien entsprechen. Der Arbeitsstuhl Abb. 32 hat sich nach längeren Versuchen aus der Praxis heraus entwickelt und ist die brauchbare Lösung eines Arbeitssitzes für Betrieb und Büro.

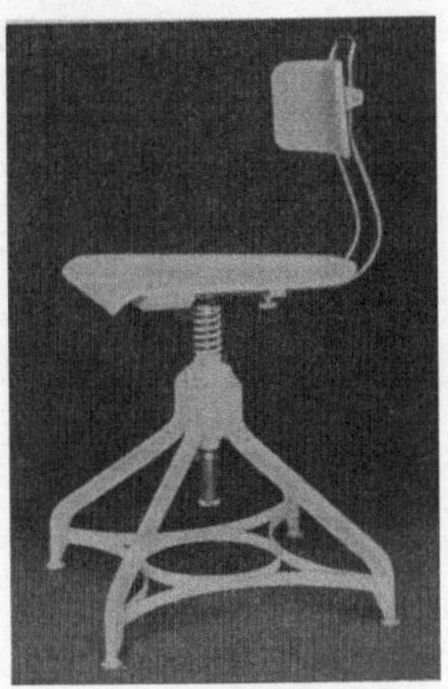

Abb. 32. Zweckmäßiger Arbeitsstuhl.

Meist ist erforderlich, die Belegschaft dahin zu erziehen, die richtige Körperhaltung bei der Ausführung der Arbeit einzunehmen. Abb. 33 zeigt ein Anwendungsbeispiel des in Abb. 32 dargestellten Arbeitsstuhles in der Werkstatt. Nicht

Abb. 33. Arbeitsstühle am Fließband.

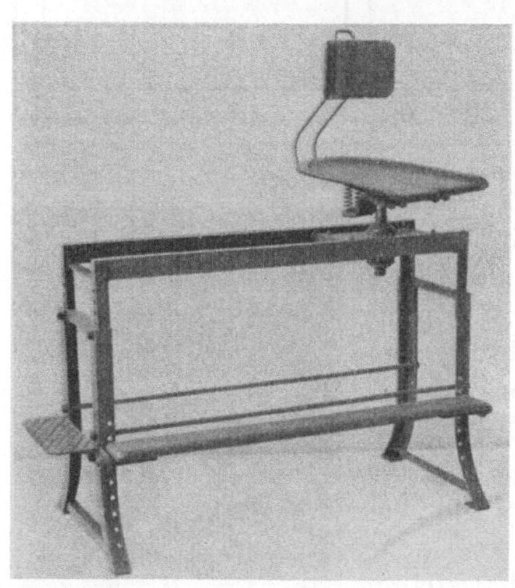

Abb. 34. Rollsitz für breite Arbeitsplätze.

nur im Betriebe, sondern auch im Büro haben sich solche Arbeitsstühle bewährt. Das Streben nach einer zweckmäßigen Gestaltung des Büroarbeitsplatzes hat in den letzten Jahren bemerkenswerte Fortschritte gemacht und Lösungen hervorgebracht, die auch, vom Standpunkt der Arbeitshygiene gesehen, als brauchbar anzusprechen sind.

Wenn die Arbeitsplätze eine größere Breite einnehmen, sollten sie mit Rollbänken ausgerüstet werden, wie Abb. 34 zeigt. Sie sind auch da am Platze, wo die Arbeitsausführung neben der Armbewegung gleichzeitig noch eine Fußbewegung erfordert, z. B. bei Bedienung von elektrisch angetriebenen Hilfsmaschinen durch Fußregler, an Montageplätzen, mehrspindeligen Bohrmaschinen usw.

Ein anderer Arbeitsplatz, mittels dessen gleichzeitig mehrere Maschinen bedient werden können, ohne daß die arbeitende Person sich vom Platz zu erheben braucht, stellt ein Drehsessel dar, der um einen festen Punkt geschwenkt werden kann, um den 5 verschiedene Arbeitsmaschinen angeordnet sind. — Ein Sitz an einer Schlosserwerkbank ist in Abb. 35 gezeigt. Dieser Sitz ist nicht für dauernden Gebrauch gedacht, sondern nur während der Ruhepausen zu benutzen. Die Werkbank bildet die Rückenstütze während der Frühstückszeit. In anderen Betrieben sind für die Ruhepausen Bänke im Freien aufgestellt. Bei Platzmangel können diese in einfacher Weise abklappbar an Schutzgeländern im Fabrikhof angebracht werden.

Abb. 35. Sitz an der Werkbank (für Ruhepause).

Für Industrien, in denen Arbeitsplätze in Längen von 30 bis 50 m vorkommen, bei denen bestimmte Arbeitsverrichtungen von einer Bedienungsperson in nicht vorauszusehender Reihenfolge geleistet werden müssen (z. B. Wiederanknüpfen gerissener Fäden an Spinnmaschinen), ist ein durch elektrischen Antrieb fahrbarer Rollsitz ausgebildet, der auf Schienen längs der Maschinen fährt. In Abb. 36 ist ein solcher Arbeitsstuhl dargestellt. Er wird durch Fußhebel in der Fahrtrichtung rechts oder links gesteuert und fährt mit einer Geschwindigkeit von etwa 60 m/min. Die Bremsung erfolgt elektrisch.

Abb. 36. Elektro-Rollsitz für sehr lange Arbeitsplätze.

Arbeitsplatzkartei.

Eine wirtschaftliche Fertigung hat die genaue Kenntnis der Leistungsfähigkeit aller zu den verschiedenen Werkstätten und Abteilungen gehörenden maschinellen Einrichtungen, Arbeitsplätze u. dgl. zur Voraussetzung. Diese Kenntnis wird durch die Arbeitsplatzkartei, die nach einheitlichen Gesichtspunkten zu ordnen ist, am besten vermittelt. Sie enthebt die die Arbeit vergebende Dienststelle der Notwendigkeit, die erforderlichen Angaben immer wieder von neuem in der Werkstatt feststellen zu müssen. Neben der Planung der Arbeit und Vorrechnung der Zeit, mit der ein Betriebsmittel belastet werden soll, sollen die Betriebsmittel auch auf ihre Eignung für die Arbeit geprüft werden. Diese Prüfung setzt die erwähnte eingehende Kenntnis aller Betriebsmittel voraus. Es kommt darauf an, schon vor der Arbeitsverteilung festzustellen, ob eine bestimmte Werkzeugmaschine oder ein bestimmter Arbeitsplatz hinsichtlich Art und Ausrüstung für die Ausführung eines bestimmten Auftrages in wirtschaftlicher Hinsicht auch geeignet ist. Für die wirtschaftliche Ausnutzung der Betriebsmittel z. B. bei den Werkzeugmaschinen liegt das Schwergewicht in der richtigen Auswahl vorhandener Maschinen in bezug auf Bauart und Ausrüstung, z. B. bei den Werkzeugmaschinen in der Bestimmung der optimalen Zerspanungsverhältnisse, der Schaltungsweise, des Vorschubes, der Schnittgeschwindigkeit usw. Oft wird die Wahl der Maschine durch die Schwere oder Sperrigkeit eines Werkstückes beeinflußt.

Wenngleich ein langjähriger Betriebsangehöriger die verschiedenen Arbeitsgruppen und sonstigen Einrichtungen nach Stärke und Leistung von sich aus vielleicht richtig beurteilen kann und in der Lage sein mag, auf diese persönlichen Kenntnisse hin Planung und Verteilung der Arbeit hinreichend sicher vorzunehmen, so liegt es doch im Sinne einer richtigen Fertigungsvorbereitung, nicht von persönlichen Kenntnissen abhängig zu sein. Man legt deshalb die Charakteristiken der Maschinen nach bestimmten Gesichtspunkten ein für allemal fest und ordnet sie in einer Kartei, für die man zweckmäßig die vom AWF geschaffenen Vordrucke für Maschinenkarten[1] verwendet.

Neben den Werkzeugmaschinen kommen auch Arbeitsplätze für die Zuteilung von Arbeit in Frage, die keine besondere maschinelle Ausrüstung haben. Solche Plätze können auch von mehreren Personen besetzt sein, wobei die Arbeitsplatzinhaber eine Gruppe bilden und auf ein Zusammenarbeiten untereinander angewiesen sind. Für die Arbeitsverteilung ist auch

---

[1] Vordrucke für Maschinenausnutzung (vgl. Anhang zu Lit.-Verz. S. 251), ferner Lit.-Verz. 35.

die Kenntnis der Ausrüstung solcher Arbeitsplätze und ihrer Lage erforderlich. Schließlich sind Betriebsmittel, die sich örtlich verändern, also Fördereinrichtungen, wie Hänge- und Standbahnen, Flurfördermittel u. dgl. zu erwähnen. Ihnen kann eine Arbeit ebenso zugewiesen werden wie ortsfesten Arbeitsplätzen; deshalb sollten auch sie karteimäßig erfaßt werden.

Betriebsmittel, die aus irgendeinem Grunde, z. B. Schäden, terminmäßiger Überholung usw. stillgesetzt sind, also für die Zuteilung von Arbeitsaufträgen nicht in Frage kommen, müssen in jedem Fall der Arbeitsverteilung rechtzeitig gemeldet werden. Die Karteikarten ausscheidender Betriebsmittel werden entweder aus der Kartei herausgenommen oder durch Hilfsmittel, wie aufgesteckte Reiter u. dgl. als „aus dem Betrieb gezogen" gekennzeichnet.

Je nachdem, ob es sich um eine große Reihen- oder Massenfertigung handelt, oder um eine kleine Reihen- oder Einzelfertigung, oder auch um einen größeren Ausbesserungsbetrieb, wird die Arbeitsplatzkartei an verschiedenen Stellen ihren Standort haben. In der großen Reihen- oder fließenden Massenfertigung wird sie für den Fertigungsingenieur bei der Ausarbeitung der Arbeitspläne gebraucht, also ihren Standort im Arbeitsbüro haben. Je nach der Organisationsstufe und den Betriebsverhältnissen kann dies auch noch bei der kleinen Reihenfertigung zutreffen. Im allgemeinen jedoch wird bei der kleinen Reihen- und Einzelfertigung und in Ausbesserungsbetrieben, in denen keine schriftlichen Arbeitspläne festgelegt werden können, weil die Aufträge zu verschiedenartig in der Ausführung und im Umfang sind, Fertigungsplanung und Arbeitsverteilung in der Hand der gleichen Person liegen. Die Arbeitsplatzkartei findet in diesem Fall ihren Standort in der Verteilungsstelle.

Arbeitsplatz-Übersichtsplan.

Die Verteilung der Arbeit auf die Arbeitsplätze erfolgt bei wechselnder bzw. verschiedenartiger Fertigung an Hand des Arbeitsplatzübersichtsplanes. Während die Arbeitsplatzkartei die Eignung eines Arbeitsplatzes für die Ausführung einer bestimmten Arbeitsaufgabe erkennen läßt, soll der Übersichtsplan über die Lage sämtlicher Arbeitsplätze einer Werkstatt Aufschluß geben. Ein solcher Plan bildet deshalb neben der Kartei ein Hilfsmittel für die Tätigkeit des Arbeitsverteilers, weil die Verteilung der Arbeit u. a. auch vom Gesichtspunkt kürzester Förderwege in Angriff zu nehmen ist. Dies ist vor allem in ausgedehnten Werkstätten, besonders dann, wenn es sich um schwere oder sperrige Werkstücke handelt, bei der Arbeitsverteilung zu beachten (vgl. S. 69).

Neben der maßstäblichen Aufzeichnung der Arbeitsplätze und Ablagestellen müssen auch die für die Zu- und Abfuhr der Werkstoffe und Werkstücke vorhandenen Förderwege und Fahrstraßen, Kranbahnen und Aufzüge[1] im Arbeitsplatzübersichtsplan angegeben sein. Mitunter wird erst bei der Aufstellung des Übersichtsplanes die Unzweckmäßigkeit der Anordnung der Arbeitsplätze und Förderwege in bezug auf den Arbeitsablauf erkannt.

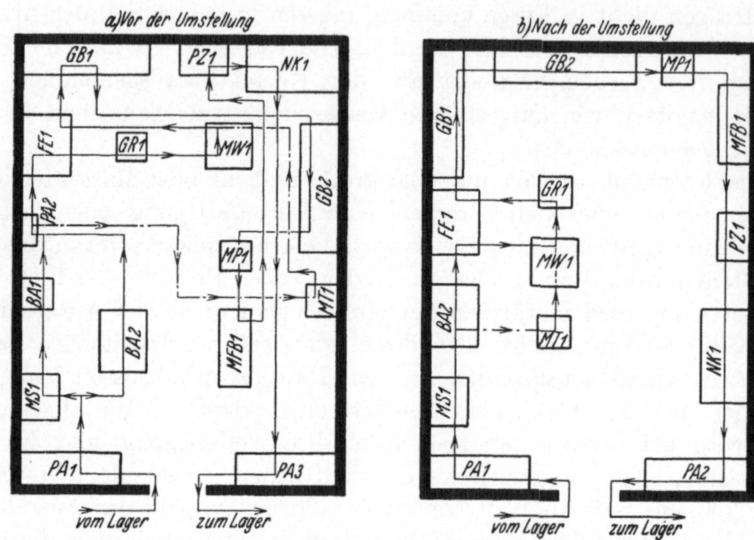

Kennzeichen-Erklärung: *PA 1* = Ablegeplatz, *MS 1* = Entspannvorrichtung, *BA 1* = Bundabziehvorrichtung, *BA 2* = Bundabziehmaschine, *PA 2* = Ablegeplatz, *MT 1* = Trennmaschine, *MW 1* = Federwalze, *GR 1* = Richtplatte, *FE 1* = Ölfeuer, *GB 1* = Wasserbottich, *GB 2* = Salzbadofen, *MP 1* = Kugeldruckpresse, *MFB 1* = Bundaufziehmaschine, *PZ 1* = Zusammenbauplatz, *NK 1* = Prüfmaschine, *PA 3* = Ablegeplatz, ——— = Aufarbeitung, —·— = Neufertigung.

Beschleunigung der Durchlaufzeit durch Verminderung der Förderwege = 10 %.

Abb. 37. Arbeitsplatz-Übersichtsplan einer Schmiede.

Ein Beispiel für einen Arbeitsplatzübersichtsplan zeigt Abb. 37. Die eingezeichneten Flußlinien geben den Lauf des Werkstückes vom Lager über die verschiedenen Ablege- und Arbeitsplätze zum Fertiglager an. Die Abb. 37a zeigt die unzweckmäßige Anordnung der Arbeitsplätze, die rückläufige und sich kreuzende Förderwege zur Folge hat. Der Grundsatz, die Werkstoffe auf kürzestem Wege und möglichst ohne Überschneidung zum Versand laufen zu lassen, ist in der aus Abb. 37b ersichtlichen Umstellung durchgeführt. Das Ergebnis ist: Verminderung der Förderkosten, Ver-

[1] Lit.-Verz. 12—16a, 19—22, 33, 34.

kürzung der Durchlaufszeit und Gewinn an Arbeitsraum trotz vermehrter Arbeitsplätze.

Es ist meist schwierig, die zu einem Betrieb gehörenden Arbeitsplätze, die im Laufe der Jahre nach Bedarf vermehrt und dort angeordnet wurden, wo sich gerade Platz fand, so umzustellen, daß die Förderung der Werkstoffe immer auf kürzestem Wege erzielt wird. Vor einschneidenden Änderungen empfiehlt es sich, durch Zeitstudien und Betriebsuntersuchungen die Kosten der Umstellung mit dem voraussichtlichen Nutzen in Vergleich zu setzen.

Förderplan.

Anweisung zur planmäßigen Durchführung der Förderung im Betrieb nach bestimmter Weg- und Zeitfolge.

Von der Ausgabe der Materialien an über die zu bearbeitenden Werkstätten bis zum Fertiglager befindet sich das Fördergut in fortwährender

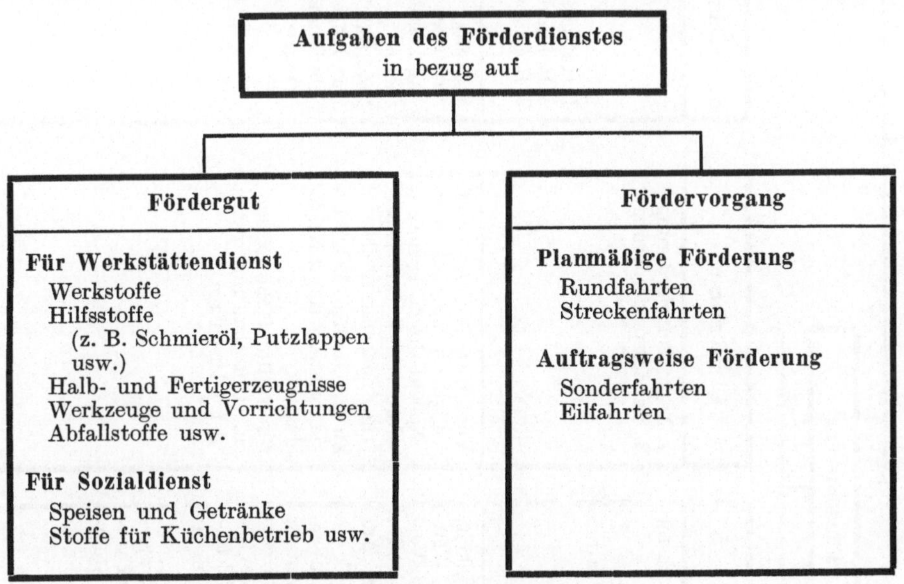

Abb. 38. Aufgaben des Förderdienstes.

Bewegung. Dieser Materialfluß bedingt eine Unzahl einzelner Förderungen und deshalb ist es verständlich, daß die Kosten, die durch diese vielen Förderungen entstehen, den Preis eines Erzeugnisses beeinflussen. Betriebsuntersuchungen haben ergeben, daß z. B. in Betrieben mit Einzelfertigung, in Ausbesserungsbetrieben, in Textil- und keramischen Betrieben und

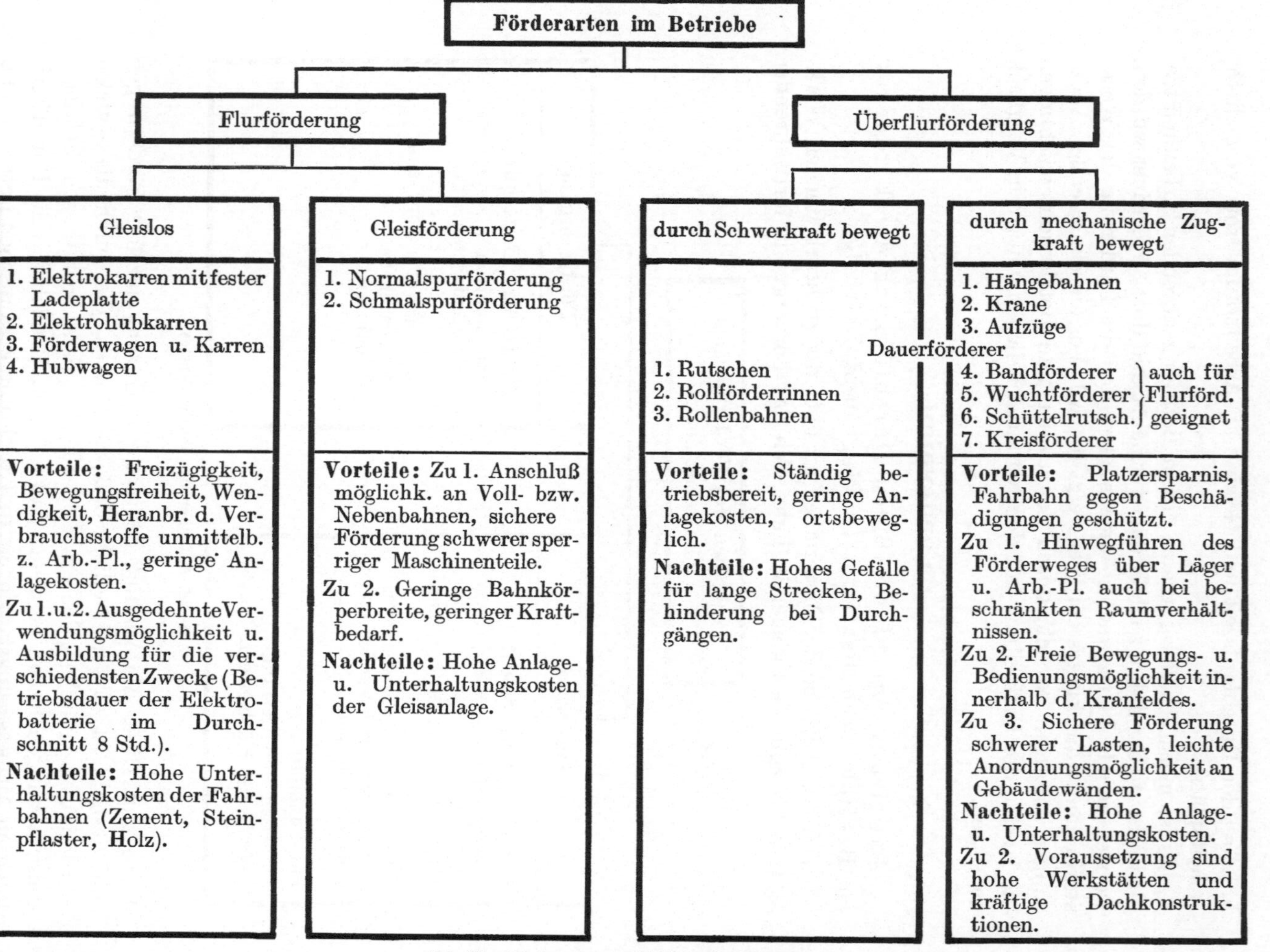

Abb. 39. Förderarten und Fördereinrichtungen.

anderen der Anteil der Förderkosten an den Betriebskosten 40% und darüber beträgt[1]. Die Lieferbereitschaft eines Betriebes hängt wesentlich von einer guten Lösung der Förderfrage ab. Durch organisatorische Maßnahmen ist danach zu streben, den Förderdienst so zu leiten, daß sowohl ein Zusammenarbeiten der verschiedenen Fördereinrichtungen untereinander als auch ein gutes Zusammenarbeiten mit den Maßnahmen der Arbeitsvorbereitung und Arbeitsverteilung gesichert ist.

Der Förderplan umfaßt die zeitliche und örtliche Regelung der Umlagerung eines Gutes zum Zweck der Bearbeitung und Verteilung im innerbetrieblichen Verkehr, einschließlich des Zu- und Abflusses von Hilfs- und Altstoffen, der Förderung von Speisen und Getränken für die Arbeiter u. dgl. Die wichtigsten Aufgaben des Förderdienstes sind im Schema Abb. 38 zusammengestellt. Die schematische Übersicht Abb. 39 läßt die verschiedenen Förderarten und die dafür in Frage kommenden Fördergeräte erkennen; deren wichtigste Vor- und Nachteile sind in diesem Schema in Stichworten gegenübergestellt. Die Werkstattförderung[2] wird in zwei Hauptgruppen unterteilt, und zwar in Flurförderung (gleislose und Gleisförderung) und in Überflurförderung (durch Schwerkraft oder durch mechanische Zugkraft bewegt). Wenn man im Betriebe zur Aufstellung eines Förderplanes eine genaue Übersicht über die zur Verfügung stehenden Fördermittel erhalten will, so empfiehlt es sich, nicht nur aus Gründen der Ordnung jedes Fördergerät in der Fördermittelkartei zu erfassen, sondern vor allem zum Zweck der Vorbereitung des Förderplanes. Der AWF hat zu diesem Zweck die Fördermittelkarte entwickelt, die in Abb. 40 und 41 dargestellt ist. Genau wie jedes andere Inventar müssen selbstverständlich auch die zahlreichen zum Teil kostspieligen Fördergeräte ordnungsgemäß erfaßt werden. Alles Nähere über die Durchführung einer solchen Förderkartei ist in AWF 314 „Anleitung zur Benutzung der Fördermittelkarte" beschrieben. Um eine gleichmäßige Bezeichnung der Fördergeräte zu ermöglichen, ist vom AWF schon in den AWF-Mitteilungen 1925, Heft 1, ein Vorschlag „Einheitliche Bezeichnungen für Handfahrgeräte" veröffentlicht.

Zu den Fördermitteln rechnen auch die Ladegestelle und Förderkästen, die in zahlreichen verschiedenartigen Ausführungen Verwendung finden. Da sie in jedem Betriebe gebraucht werden, so sei auf das vom AWF herausgegebene Betriebsblatt 29 „Ladegestelle für Hubwagen" hingewiesen, welches eine Sammlung im Betriebe besonders bewährter Ausführungsformen von Ladetischen und -gestellen aufweist. Ein Auszug besonders häufig gebrauchter Ladegestelle ist in Abb. 42 dargestellt.

---

[1] Lit.-Verz. 29a. [2] Lit.-Verz. 12—16a, 19—22, 29a, 33, 34.

1	2	3	4	5	6	7	8	9	10	11	12	13	14	15	16

AWF-Fördermittelkarte

Bezeichnung des Fördermittels: *Elektrokarren*			Standort			am
			Ladestation in			*11. 6. 30*
Lieferant: *A & B Berlin*	Tragfähigkeit: *750 kg*	Gewicht: *700 kg*	*Werk A*			
	Fabrik-Nr.: *3124*	Inv.-Nr.: *138*				
Bestell-Tag: *5. 5. 30*	Liefertag: *11. 6. 30*	Garantie bis *11. 6. 31*				
Nähere Angaben		Zubehör	Anschaffungskosten einschl. Zubehör RM. *1880.— o. Batt.*			
Plattenkarren ohne Aufbau		*1 Gitterplattenbatterie*	Jahr	Abschreibg.		Buchwert
				%	Summe	
Fußlenkung		*20 Zellen 132 Oh*				
Vollgummibereifung		*a. bes. Karte Nr. 139*	*1930*	*10*	*188.—*	*1692.—*
Zweiradlenkung						

Abb. 40. AWF-Fördermittelkarte (AWF 313 Vorderseite).

Ersatzteile	bestellt	geliefert	verbraucht	Kosten		Außer Betrieb von	bis	Reparaturen und Änderungen	Auftrag Nr.	Kosten	
1 kompl. Rad	*4. 8. 30*	*7. 8. 30*	*1 Kugellager*	*37*	*50*	*4. 8. 30*	*8. 8. 30*	*Radreparatur*	*132/30*	*48*	*75*

Abb. 41. AWF-Fördermittelkarte (AWF 313 Rückseite).

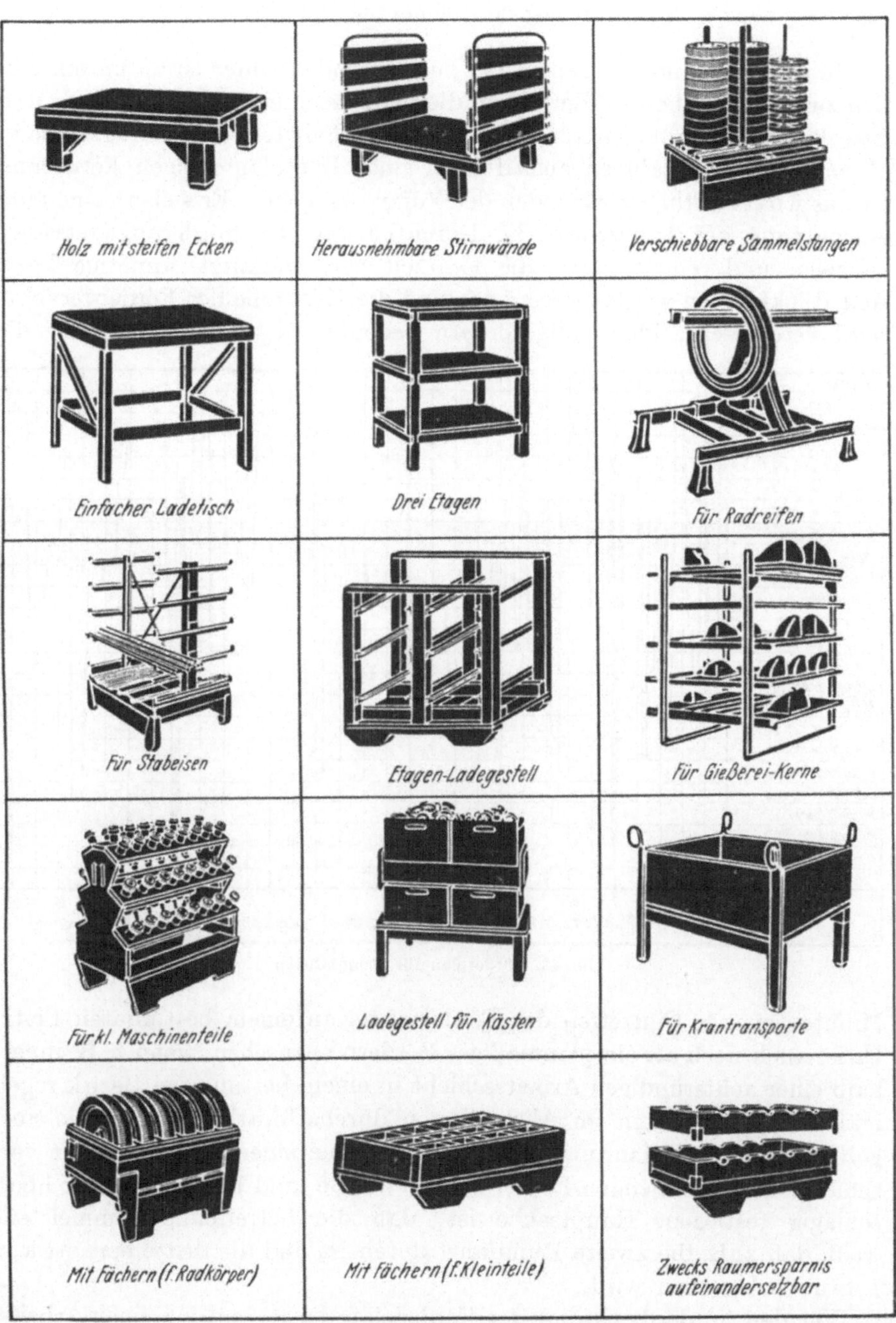

Abb. 42[1]. Ladegestelle für Flurförderung.

---

[1] Aus AWF-Betriebsblatt 29: „Ladegestelle für Hubwagen“.

Je nach Art und Häufigkeit der zu fördernden Güter ist zu unterscheiden zwischen solchen Förderungen, die planmäßig in Form von Rund- und Streckenfahrten erfolgen können und solchen Fahrten, die auftragsweise in Form von Sonderfahrten auszuführen sind. Der planmäßigen Förderung ist aus wirtschaftlichen Gründen der Vorzug zu geben. Er sichert eine gute Ausnutzung der Fahrzeuge, die Durchführung der Förderungen erfolgt schneller und reibungsloser, die Fahrzeit wird verkürzt, unnötige Leer- und Rückfahrten werden vermieden und die Kontrolle des Förderverkehrs wird vereinfacht. Planmäßig fördern bedeutet nicht immer ein auf die

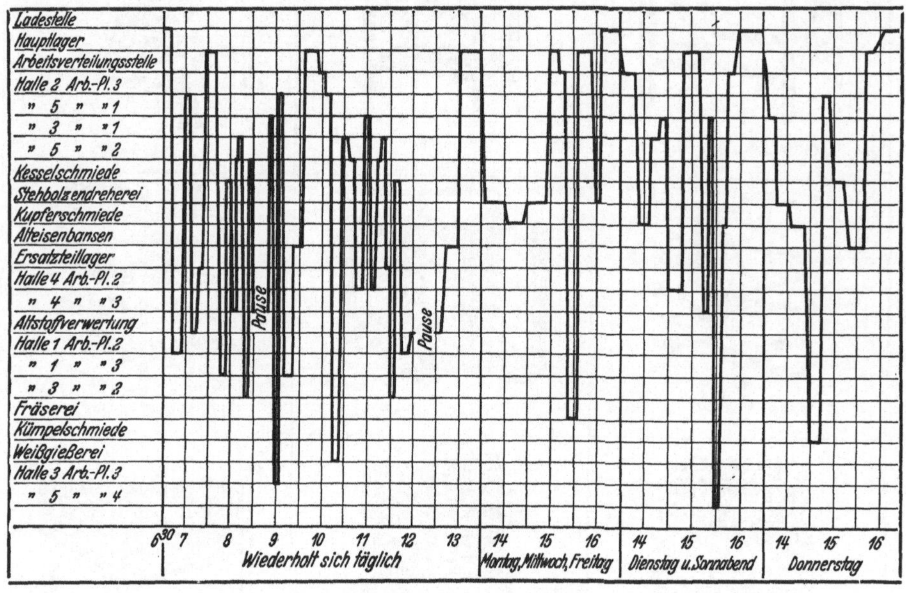

Abb. 43. Förderplan für Rundfahrten.

Minute genaues Eintreffen der Fördermittel an einem bestimmten Platz. Es ist auch noch als ein planmäßiges Fördern anzusehen, wenn z. B. innerhalb einer achtstündigen Arbeitsschicht in einem bestimmten Bezirk regelmäßig 4 Rundfahrten im Abstand von durchschnittlich 2 Stunden ausgeführt werden. Erfahrungsgemäß läßt sich bei einer Rundfahrt mit verschiedenartig anfallenden Fördermengen die Be- und Entladezeit nur überschlägig festlegen. Hauptsache ist, daß die betreffende Sammelstelle weiß, daß z. B. die zweite Rundfahrt durch ist und die dritte erst etwa in 1 Stunde kommen wird.

Für den Förderdienst hat der Förderplan die Bedeutung einer Arbeitsunterweisung. Die Darstellung des Förderplans erfolgt zweckmäßig gra-

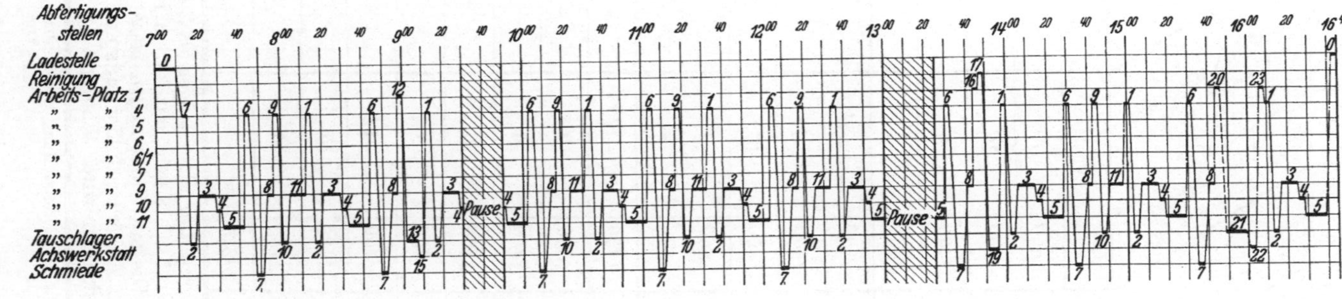

Erklärungen: —— Förderweg mit beladenen Hubtischen. —·— Förderweg mit leeren Hubtischen.
— — Förderweg belastet, ohne Hubtische ▬▬ Abfertigung.

1 Abstellen des leeren Hubtisches, Aufnehmen des beladenen Hubtisches mit Bremsteilen,
2 Abstellen des beladenen Hubtisches, Aufnehmen des beladenen Hubtisches mit Bremsteilen I—III und Sattelstücke,
3 Abladen der Bremsteile I und Sattelstücke }
4 Abladen der Bremsteile II } einzeln angegeben
5 Abladen der Bremsteile III }
6 Abstellen des leeren Hubtisches, Aufnehmen des beladenen Hubtisches mit alten Wiegefedern,
7 Abstellen des beladenen Hubtisches, Aufnehmen des beladenen Hubtisches mit neuen Wiegefedern,
8 Abstellen der Wiegefedern, Aufnehmen des leeren Hubtisches,
9 Abstellen des leeren Hubtisches, Aufnehmen des beladenen Hubtisches mit alten Bremsklötzen,
10 Abstellen der alten Bremsklötze, Aufnehmen des beladenen Hubtisches mit neuen Bremsklötzen,
11 Abladen der neuen Bremsklötze,
12 Abstellen des leeren Hubtisches, Aufnehmen des beladenen Hubtisches mit Schmierpolstern,
13 Abstellen der alten Schmierpolster, Aufnehmen des Hubtisches mit neuen Schmierpolstern,
15 Abstellen der neuen Schmierpolster, Aufnehmen des leeren Hubtisches,
16 Abstellen des leeren Hubtisches, Aufnehmen des beladenen Hubtisches mit Achslagerinnenteilen,
17 Abstellen der Innenteile, Aufnehmen des beladenen Hubtisches mit gereinigten Innenteilen,
19 Abstellen des Hubtisches mit neuen Innenteilen, Aufnehmen des leeren Hubtisches,
20 Abstellen des leeren Hubtisches, Aufnehmen des Behälters mit alten Achslagern,
21 Abstellen des Behälters mit alten Achslagern, Aufnehmen des Behälters mit neuen Achslagern,
22 Abstellen des Behälters mit neuen Achslagern, Aufnehmen des leeren Behälters,
23 Abstellen des leeren Behälters, Aufnehmen des leeren Hubtisches.

Abb. 44. Förderplan für eine Fließreihe.

1 Laufende Nr.	2 Fahrplan-Nr.	3 Bremsteile I—III	4 Schwanenhalsträger	5 Bremsklötze VI	6 Bremsdreiecke Umführungsst. VII	7 Bohrteile VIII	8 Schmierpolster IX	9 Achslager	10	11 Gewicht d. einzel. Ladung in kg	12 Nach Arbeitsplatz bzw. Werkbetrieb	13
1	*I*	7^{16}								*1400*	*9—11*	
2	*I*			8^{01}						*660*	*9*	
3	*II*				8^{08}					*1400*	*10*	
4	*I*	8^{17}								*1400*	*9*	
5	*II*					8^{24}				*1150*	*5*	
6	*I*						9^{02}			*300*	*Achswerkst.*	
7	*I*	9^{16}								*1400*	*9—11*	
8	*II*				9^{59}					*1400*	*10*	
9	*I*			10^{21}						*660*	*9*	
10	*II*		10^{26}							*1000*	*3*	
11	*I*	10^{36}								*1400*	*9—11*	
12	*I*			11^{21}						*660*	*9*	
13	*I*	11^{37}								*1400*	*9*	
14	*II*				11^{41}					*1400*	*10*	
15	*I*			12^{22}						*660*	*9*	
16	*I*	12^{38}								*1400*	*9—11*	
17	*II*				12^{46}					*1400*	*10*	
18	*II*					1^{28}				*1150*	*5*	
										20240		

Bemerkungen: 1. Die Abfertigung der Elektrokarren darf nicht länger als 2 Min. in Anspruch nehmen. 2. Der Elektrokarren zu lfd. Nr. 5 u. 18 geht mit leerem Hubtisch ein, alle übrigen mit belastetem Hubtisch. 3. Die mit Einbauteilen belasteten und zum Abholen bereitgestellten Hubtische haben Anhängeschilder entsprechend der Spalte 12 zu tragen, damit die Ladung schnell sichtbar wird. Während der Ab-

Abb. 45. Zeitplan für die Bereitstellung von Einbauteilen

	1	2	3	4	5	6	7	8	9	10	11	12	13
	Laufende Nr.	Fahrplan-Nr.	Bremsteile I—III	Schwanenhalsträger	Bremsklötze VI	Bremsdreiecke Umführungsst. VII	Bohrteile VIII	Schmierpolster IX	Achslager		Gewicht d. einzel. Ladung in kg	Nach Arbeitsplatz bzw. Werkbetrieb	
											20240		
	19	*I*	*202*								*1400*	*9—11*	
	20	*II*				*242*					*1400*	*10*	
	21	*I*			*247*						*660*	*9*	
	22	*I*	*303*								*1400*	*9—11*	
	23	*II*		*309*							*1000*	*3*	
	24	*I*							*349*		*500*	*Achswerkst.*	
	25	*I*	*413*								*1400*	*9—11*	
	26	*II*				*423*					*1400*	*10*	
	Häufigkeit		*9*	*2*	*5*	*6*	*2*	*1*	*1*		*29400*		

fertigung sind diese Bezeichnungsschilder abzunehmen. 4. Die anfallenden Hubtisch-Einsätze (Drahtgefl. oder perf. Blech) sind spätestens in 9 Std. dem Arb.-Pl. 1 mit Elektrokarren zuzustellen. 5. Durchschnittsbelastung jedes Elektrokarren = 1130 kg Nettogewicht. 6. Die Bremsteile in Spalte 3—10 sind in Stücklisten I—X nachgewiesen.

im Tauschlager, aus einem Ausbesserungsbetriebe.

phisch. Die graphische Darstellung ist anschaulicher und wird deshalb bevorzugt. In ihm werden in vertikaler Richtung die einzelnen Abfertigungsstellen der Reihenfolge nach aufgeführt, während in horizontaler Richtung die Abfertigungs- und Fahrzeiten in einem bestimmten Zeitmaßstab, entsprechend den durch besondere Untersuchung gewonnenen, zahlenmäßigen Unterlagen aufgetragen sind.

Einen Förderplan aus einem Rundfahrtverkehr zeigt Abb. 43. In diesem Beispiel findet an bestimmten Tagen der Woche ein Wechsel im Förderplan statt. Dadurch wird erreicht, daß Förderungen, die früher durch Sonderfahrten, also auftragsweise erfolgten, planmäßig ausgeführt werden können. Der Plan zeigt, wie durch geeignete Koppelung von an sich als auftragsweise zu betrachtenden Förderungen diese zu einem Rundfahrtplan zusammengefaßt werden können. Abb. 44 zeigt einen Förderplan für regelmäßige Förderungen in einem Fließbetrieb für Ausbesserungsarbeiten.

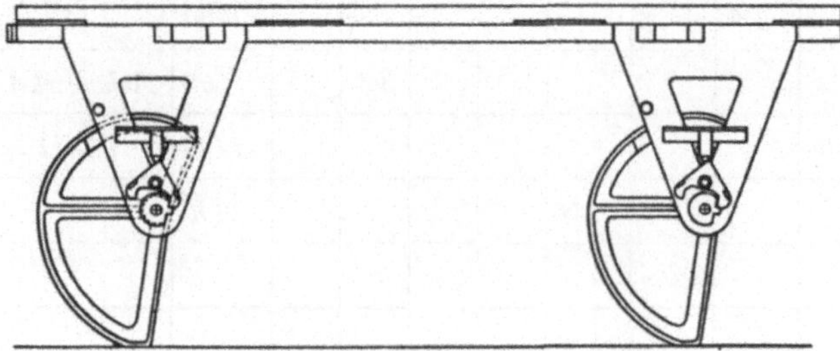

Abb. 46[1]. Ladetisch für Elektrokarren (Hub durch Exzenter).

Bei der Leistung dieses Betriebes müssen täglich etwa 140 t Material bewegt werden. Um dies zu bewältigen, müssen die Fließarbeitsplätze und sonstigen Stellen (Tauschstelle, Schmiede, Lager) zusammen in verhältnismäßig kurzen Zeiträumen abgefertigt werden, um den Materialbedarf für die nächste Zeitspanne zu decken. Um mit wenig Fördermitteln auszukommen, mußte jede Lastfahrt bis zur Grenze ausgenutzt werden. Unter Zugrundelegung der Gewichtsmengen, die auf den verschiedenen Arbeitsplätzen anfallen bzw. zum Einbau kommen, ergaben die Vorerhebungen, daß einige Arbeitsplätze in Zeitabständen von 60 Min., andere in Abständen von 90, 100, 300 bzw. 600 Min. bedient werden müssen. Unter Berücksichtigung dieser Bedingungen zeigte sich, daß für den gesamten Förderdienst, wie er sich im Verkehr innerhalb des Fließbetriebes und im Zusammenhang mit den Zubringerwerkstätten und dem Lager

[1] Aus AWF 217: „Die mechanisch angetriebenen Flurfördermittel.“

abzuwickeln hat, zwei Elektrokarren erforderlich sind. Jeder Elektrokarren verkehrt nach eigenem Plan, der sich täglich wiederholt.

Zur schnelleren Abfertigung der Karren in den Zubringerwerkstätten und Lagern wurden Zeitpläne (Abb. 45) aufgestellt, nach denen die erforderlichen Werkteile und -stoffe zu den in den Plänen angegebenen Abholezeiten auf Ladetischen[1] (Abb. 46) bereitzustellen sind. Wie der Förderdienst für den Elektrokarrenführer ist auch der Dienst für den Kranführer des gleichen Fließbetriebes durch einen Förderplan geregelt (Abb. 47), den der Kranführer vor sich hat und der sich mit dem Fließschritt (20 Min.) wiederholt. Alles Nähere über den Ablauf der Fördervorgänge geht aus den Plänen hervor.

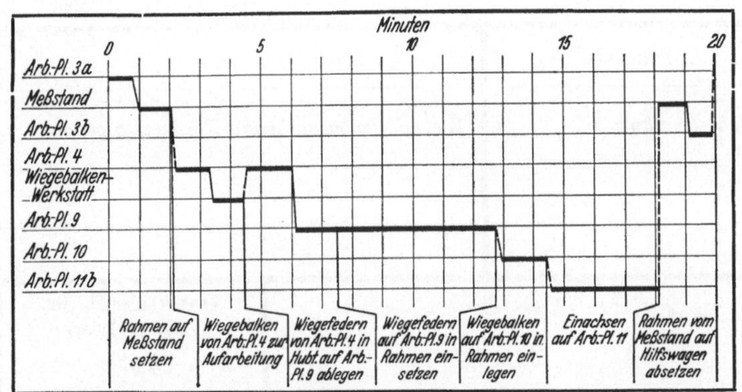

Zeichenerklärung: ▬ Abfertigung, —— Fahrt mit Last, — — Fahrt ohne Last.
Der Fahrplan wiederholt sich mit jedem Arbeitstakt.

Abb. 47. Kranförderplan für eine Fließreihe.

Wenn im Förderdienst Störungen auftreten, sind die Karrenführer zu verpflichten, Störungsmeldezettel (Abb. 48) auszuschreiben, die über die Förderzentrale an das Arbeitsbüro weiterzuleiten sind.

Sonderförderungen sollen sich nur auf solche Fälle beschränken, in denen die Voraussetzungen für regelmäßige Förderungen nicht gegeben sind, wie z. B. bei unregelmäßig auftretenden Förderungen oder bei besonders dringenden Förderungen (Eilfahrten). Sonderförderungen sollten nur auf Grund eines besonderen Förderauftrages ausgeführt werden. Aus diesem Auftrag muß Absender und Ziel der Förderung sowie Menge oder Gewicht des Fördergutes zu ersehen sein. Die Förderaufträge können in Kästen abgelegt oder offen, z. B. an Klammern befestigt und durch Botendienst der Förderzentrale zugeführt werden. Wo Arbeitsbegleitzettel ein-

[1] Lit.-Verz. 16a.

geführt sind, können auch unter Benutzung besonderer Sammelstellen Förderungen ohne Förderaufträge, lediglich an Hand der Arbeitsbegleit-

Wag. *2*	Störungsmeldung			Plan *I*
Tag	Monat	Jahr	Uhrzeit	Störungsdauer
18.	*1.*	*32*	*8.53*	*20* Min.
Förderweg von: *Schmiede* nach: *Halle IV Arb.-Pl. 9*				
Störungsstelle	Störungsursache			
Schiebebühne 3	*Wegen Umbauarbeiten Förderweg gesperrt*			
Ladegut: *Wiegefedern*			Unterschrift des Wagenführers: *Kühle*	

Eing. am		Prüfergebnis (Vom Fördermeister ausfüllen)	Eing. am	
Tag	Monat	*Förderweg für die Dauer der Umbauarbeiten (2 Tage) umgeleitet.*	Tag	Monat
18.	*1.*		*19.*	*1.*
Der Fördermeister: *Albrecht*			Der Förderingenieur: *Künzel*	

Abb. 48. Störungsmeldung.

karte, durchgeführt werden. Muster von Förderaufträgen s. Abb. 49 und 50a, b.

Der glatte Ablauf der Fördervorgänge ist mit einer störungsfreien Durchführung der Fertigungsvorbereitung auf das engste verknüpft. Jede Verzögerung oder Stockung durch unzweckmäßige oder fehlgeleitete Förderungen hat mangelhafte Ausnutzung, wenn nicht gar Stillstand wertvoller Betriebsmittel und Arbeitskräfte zur Folge. Vor allem aber kann eine

Lieferverzögerung infolge längerer Aufenthalte der Rohstoffe, Halb- und Fertigerzeugnisse in den Betrieben eintreten. Aus diesem Grunde werden

(Firma)	**Förderauftrag** Nr. *112*			
Aussteller	Liefertermin Tag	Std.	Mon.	Ausf. Kostenst.
LE 7	*8.*	*10*	*1*	*808*

Menge	Einheit	Benennung des Fördergutes
300	*kg*	U-*Eisen* — ⊏ *NP 14*

Von	Lager	*LE*	Nach	Lager	
	Teillager			Teillager	
	Abteilung			Abteilung	
	Meister			Meister	
	Arb.-Platz			Arb.-Platz	*BS 9*

Verbrauchte Zeit *0.30* Std.
Vom Fördermeister einzutragen nach Ausf. des Auftrages.

Ausgef.		Eingang		Arbeit führt aus		Erhalten		Geprüft	
Tag	Std.	Tag	Std.	Kontr.-Nr.	Wag.-Nr.	Tag	Std.	Tag	Mon.
7.	*14*	*7.*	*15*	*903*	*5*	*8.*	*9*	*9.*	*11*
Schulz		*Gruber*		*Gruber*		*Heus*		*Gruber*	

Abb. 49. Förderauftrag für Sonderfahrten.

nachstehend einige Hinweise für Untersuchungen zwecks Verbesserung des Werkstättenförderdienstes gegeben.

Ein wertvolles Mittel, den Ablauf des Werkstättenförderdienstes zu untersuchen, ist die Zeitstudie. Sie bietet Gewähr dafür, daß nicht nur organisatorische Maßnahmen getroffen werden, sondern daß auch die technische Seite der Förderaufgabe richtig gelöst wird[1].

[1] Lit.-Verz. 20.

Firma	**Förderauftrag**		Nach Erledigung an Gruppe *I*
Von Abtlg. *5*	*100* Stck.	**Nach**	
Zeit *10* Uhr *55* Min.	*80* kg		
Art: *Gußkörper*		Abt. *17*	
Type: *X*	Dat. *8. 1. 1932*	Block *III*	
Fertigungsauftrag: *2611*	*Hilbrich* (Unterschrift)	Masch. *7*	
Fahrdienst		Befördert durch:	
Eingang	*08 1. 32 V 11.05*	Fahrer	E-Karr.
Erledigt *R.*	*08 1. 32 V 11.54*	*Weiß*	*11.*

Abb. 50a. Förderauftrag (Vorderseite).

Arbeitsbegleitkarte anbinden! Gewichtsangabe einsetzen! Leicht verwechselbare Gegenstände getrennt halten!
Quittung des Empfängers. Umstehende Gegenstände ordnungsgemäß erhalten: Datum: *8. 1. 1932* Uhr: *11.50* Abtlg.: *17, Block 3* Name: *Wagner*

Abb. 50b. Förderauftrag (Rückseite).

Vor Untersuchung der verschiedenen Förderaufgaben sind folgende Fragen zu stellen:

1. In welcher Zeit muß der Fördervorgang durchgeführt sein, um keinen Zeitverlust für die Anschlußarbeiten aufkommen zu lassen?

2. Welche Förderwege und Fördermittel stehen zur Verfügung?

3. Welche besondere Anforderung stellt die Art des Fördergutes an die Förderarbeiter und Fördergeräte?

4. Welche organisatorischen Maßnahmen sind zu treffen, um den regelmäßigen Ablauf der Werkstoffförderung sicherzustellen?

Zu 1. Für die Beurteilung der Förderaufgabe ist erforderlich, genau zu wissen, innerhalb welcher Zeit die Förderung durchgeführt sein muß, um die Anschlußarbeit am Förderziel ohne Zeitverlust weiterführen zu können. Je nachdem ob eine bestimmte Zeit vorgeschrieben ist, oder ob die Dauer des Fördervorganges ohne Einfluß auf die Fortführung der Anschlußarbeit ist, ist die Auswahl unter den zu verwendenden Fördermitteln in bezug auf Art und Größe zu treffen. In der Mehrzahl der Fälle wird zwar verlangt, daß die Förderung möglichst schnell durchgeführt wird, um mit wenigen Fördergeräten den gesamten Förderdienst zu bewältigen. Man bedient sich hier meist der schnell fördernden Elektrokarren[1], die wegen ihrer Wendigkeit und Wirtschaftlichkeit das brauchbarste Fördermittel darstellen. In anderen Fällen kommt es darauf an, im Takte des Fließschrittes Teil- oder Fertigerzeugnisse von einer Abteilung zur anderen zu fördern. In solchen Betrieben werden meist zwangläufig arbeitende Dauerförderanlagen, z. B. Rollenförderer, Kreisförderer, Förderrinnen oder auf Schienen laufende Förderwagen verwendet, die Zeitdauer beeinflußt hierbei die Wahl der Förderart erheblich. Bei vorhandenen Fördermitteln und Fördereinrichtungen ist durch geeignete Untersuchungen in Verbindung mit Zeitaufnahmen zu prüfen, ob durch Verbesserung des Fördervorganges die Förderzeit eingeschränkt bzw. ob durch technische Verbesserungen wirtschaftlicher gefördert werden kann.

Zu 2. Für die Schnelligkeit der Durchführung einer Förderung ist das im Betrieb vorhandene Wegenetz und die Gestaltung der Fahrbahnen[2] bedeutungsvoll. Da für den Einzelfall nicht ohne weiteres übersehen werden kann, welcher Förderweg der günstigste ist, so empfiehlt es sich, für das gesamte Werk einen Wegeplan aufzustellen, der gleichzeitig die Hauptförderanlagen zur vertikalen Förderung enthält, z. B. Fahrstühle, Paternosteraufzüge, Schwerkraftförderer, Kreisförderer u. dgl. Ein solcher Wegeplan kann als Modell der vorhandenen Gebäude mit farbiger Einzeichnung

---

[1] Lit.-Verz. 16, 16a, 19. [2] Lit.-Verz. 33.

Fördervorgang: *Von Schmiede zum Materiallager und zurück*	**AWF-Beobachtungsbogen** Nr.: *1*	
Fördergut: *Kupplungsbügel* Type: ... Zeichng.-Nr.: *WZ 17* Teil: *21* Werkstoff: *St 37.11*	Beobachter: *Schotte* Aufgenommen am *13. 11. 31* in Abteilung: *S*	Fördermittel: *Elektrokarren* *Type L 1500* Inv.-Nr.: *815104* Tragfähigkeit: *1500 kg*
Fahrplan-Nr.: *S 17* Akkordschein Nr.: — Vorgegebene Stückzahl: —	Meister: *Krichel* Beginn *7⁰⁰* Ende *10⁰⁵*	Arbeiter: *Mahlke* Tarifklasse: *VI* Kontr.-Nr.: *19832* Leistungsgrad: *100* v. H. *1,5* Jahre mit ähnlichen Arbeiten beschäftigt Zugleich bediente Maschinen: —

Skizzen und Bemerkungen:

Der Magnetkran befindet sich 20—40 m entfernt und wird zum Verladen anderer Güter benutzt. Ein akustisches Signal für den Kranführer kann den Bestellgang sparen.

Fahrbahn: *Kopfpflaster*
Zustand: *teilweise stark gesenkt*

Nr.	Unterteilung	*) F	*) E
Rüstzeiten Beginn Ende			
	Summe der Einzelheiten		

Zeitaufnahmest.	Tag	Name
ausgewertet	*14. XI. 31*	*Bölke*

*) F = Fortschritt; E = Einzelheit

Auswertung der Zeitaufnahme

nach *Mittelwert*-Methode

	Beobachtete Zeit in min	Leistungs-Ausgleich	Ausgewertete Zeit in min
Rüstgrundzeit	....	.... v. H.	....

v. H. Rüstverlustzeit .... min

Vorzugebende Rüstzeit .... min

	Beobachtete Zeit in min	Leistungs-Ausgleich	Ausgewertete Zeit in min
Hauptzeit Maschinenzeit Handzeit	.... *3,57*	.... v. H. — v. H.	.... *3,57*
Nebenzeit Handzeit	*31,32*	— v. H.	*31,32*
	abzugeltende Vz		*2,59*

Grundzeit	*37,48*	min
*10**) v. H. Verlustzeit	*3,75*	min
je Fahrt	*41,5*	min
Vorzugebende Zeit für *1 Fahrt*	*41,5*	min

*) *gemäß besonderer Verlustzeitaufnahme.*

Abb. 51a. Zeitaufnahme eines Fördervorganges (AWF 416 Vorderseite).

~~Auswahl v. H.~~	Fleiß	Geschicklichkeit	Schwankgs.-faktor:
~~Auszähl-Spalte~~	~~Über Durchschn.~~ Durchschnitt ~~Unter Durchschn.~~	~~Über Durchschn.~~ Durchschnitt ~~Unter Durchschn.~~	/

Nr.	von	bis	**) E	Unterbrechung
5/1	*11,18*	*13,08*	1,90	*Magnetkran bestellen*
8/1	*20,78*	*21,90*	1,12	,, ,,
5/2	*49,73*	*50,27*	0,54	,, ,,
8/2	*57,50*	*59,00*	1,50	,, ,,

Nr.	von	bis	**) E	Unterbrechung
5/3	*24,34*	*25,27*	0,93	*Magnetkran bestellen*
8/3	*32,31*	*33,31*	1,00	,, ,,
5/4	*0,32*	*2,44*	2,12	,, ,,
8/4	*8,74*	*8,86*	0,12	,, ,,
5/5	*37,91*	*38,25*	0,34	,, ,,
8/5	*46,01*	*46,16*	0,15	,, ,,
				Zusammen 12,96 : 5 = 2,59 Verlustzeit je Fahrt

Lfd. Nr.	Unterteilung	Ladegut Menge	Ladegut kg	*)L s	nv s	**)	Für die gl. Teilarbeit aufgen. Zeit 1	2	3	4	5	Ges.-Aufn. Summe 1—5	Arb.-Zahl	Mittelwert Hauptzeit Msch.	Mittelwert Hauptzeit Hand	Mittelwert Nebz. Hand	Einzelabweichung
1	*Kupplungsbügel von Hand laden*	*300*	*1350*			A											
						E	9,51	9,65	8,25	9,73	9,51						
						F	*9,51*	*44,83*	*17,69*	*51,41*	*26,72*	*46,65*	*1*			*9,33*	
2	*Zur Fahrt bereit machen*					A											
						E	0,16	0,10	0,17	0,12	0,17						
						F	*9,67*	*44,93*	*17,86*	*51,53*	*26,89*	*0,72*	*1*			*0,14*	
3	*Fahrt aus der Schmiede*					A											
						E	0,81	0,95	0,58	0,84	0,81						
				25		F	*10,48*	*45,88*	*18,44*	*52,37*	*27,70*	*3,99*	*1*		*0,80*		
4	*Fahrt zum Material-lager*					A											
						E	0,70	0,83	0,84	0,96	0,98						
				91		F	*11,18*	*46,71*	*19,28*	*53,33*	*28,68*	*4,31*	*1*		*0,86*		
5	*Kupplungsbügel mit Magnetkran abladen*	*300*	*1350*			A											
						E	6,44	5,03	5,83	5,00	6,49						
						F	*17,62*	*51,74*	*25,11*	*58,33*	*35,17*	*28,79*	*1*			*5,76*	
6	*Zur Fahrt bereit machen*					A											
						E	0,20	0,12	0,18	0,15	0,19						
						A	*17,82*	*51,86*	*25,29*	*58,48*	*35,36*	*0,84*	*1*			*0,17*	

7	*Leerfahrt zum Altmateriallager*					A											
						E	1,06	2,08	1,03	1,15	1,08						
				30		F	*18,88*	*53,94*	*26,32*	*59,63*	*36,44*	*6,40*	*1*			*1,28*	
8	*Alte Bügel mit Magnetkran laden*					A											
		300	*1350*			E	5,44	5,81	5,17	7,06	7,01						
						F	*24,32*	*59,75*	*31,49*	*6,69*	*43,45*	*30,49*	*1*			*6,10*	
9	*Zur Fahrt bereit machen*					A											
						E	0,10	0,12	0,17	0,15	0,20						
						F	*24,42*	*59,87*	*31,66*	*6,84*	*43,65*	*0,74*	*1*			*0,15*	
10	*Rückfahrt zur Schmiede*					A											
						E	1,26	1,22	1,15	1,11	1,28						
				79		F	*25,68*	*1,09*	*32,81*	*7,95*	*44,93*	*6,02*	*1*		*1,20*		
11	*Fahrt in der Schmiede*					A											
						E	0,73	0,49	0,89	0,80	0,63						
				25		F	*26,41*	*1,58*	*33,70*	*8,75*	*45,56*	*3,54*	*1*		*0,71*		
12	*Bügel von Hand abladen*					A											
		300	*1350*			E	8,77	7,86	7,98	8,46	8,90						
						F	*35,18*	*9,44*	*41,68*	*17,21*	*54,46*	*41,97*	*1*			*8,39*	
						A											
						E											
						F									*3,57*	*31,32*	
						A											
						E											
						F											
						A											
						E											
						F											
	Summe																

*) L = Weglänge in m; a = Spantiefe in mm; v = Schnittgeschwindigkeit in m/min; n = Drehzahl bzw. Doppelhübe je min
**) F = Fortschrittzeit; E = Einzelzeit; A = Auswahl. (Diese Reihen werden zweckmäßig verschiedenfarbig ausgefüllt)

Abb. 51b. Zeitaufnahme eines Fördervorganges (AWF 416 Rückseite).

der Förderwege aufgestellt werden, wobei die einzelnen Stockwerke durch Glasplatten dargestellt und die Betriebsmittel durch geeignete Markierung veranschaulicht werden. Da ein derartiges Modell immerhin sehr kostspielig ist, behilft man sich z. B. durch perspektivische Aufzeichnung der einzelnen Gebäude und Stockwerke auf einem Gesamtplan. Eine solche Darstellung gibt dann einen guten Überblick über die vorhandenen Förderwege und ist ein brauchbares Mittel zur Aufstellung des Förderplanes.

Zu 3. Handelt es sich um eine allgemeine Festlegung der Werkstattförderung in einem Betrieb, in dem eine gleichmäßige Erzeugung einen in der Hauptsache gleichbleibenden Fluß in bestimmter Richtung und in nicht zu unterschiedlichen Mengen erfordert, so ist zu prüfen, ob die vorhandenen Fördermittel den gestellten Anforderungen in bezug auf Fassungsvermögen und Schnelligkeit entsprechen. Ist wirtschaftliche Förderung durch bessere Fördergeräte möglich, so ist durch eine Wirtschaftlichkeitsberechnung nachzuweisen, ob leistungsfähigere Fördermittel angeschafft werden sollen. Das Fördergut kann sehr verschiedene Fördergeräte erfordern. Es ist möglich, daß Handfördergeräte — häufig nur einfache Rutschen — bei kurzen Förderstrecken durchaus wirtschaftlich sind, besonders dann, wenn durch starke Einengungen der Werkstätten die Betriebsmittel sehr dicht beieinanderstehen und keine Zugangsmöglichkeit für Elektrokarren oder Ladegestelle vorhanden sind.

Die Anzahl der für die Bedienung des Fördergerätes erforderlichen Förderarbeiter wird durch die Art, das Gewicht und die Sperrigkeit des Fördergutes beeinflußt. Es muß danach getrachtet werden, jedes Fördergerät, besonders bei kleineren Abmessungen, nur von einem Mann bedienen zu lassen. Bei größeren Fördergeräten, z. B. große Elektrokarren usw., wird es meist zweckmäßig sein, dem eigentlichen Bedienungsmann, dem Elektrokarrenführer, einen Helfer beizuordnen, damit die Schnelligkeit der Förderung nicht durch zu langes Be- und Entladen in Frage gestellt wird. Ob Ein- oder Zweimannbetrieb das Gegebene ist, wird von Fall zu Fall zu entscheiden und am besten durch eine Zeitaufnahme zu untersuchen sein. Auch durch Anwendung geeigneter Ladegestelle und -tische[1] (vgl. Abb. 42 und 46) kann die Förderzeit verkürzt werden.

Zu 4. Den organisatorischen Maßnahmen zur Verbesserung der Werkstattförderung geht die Untersuchung des Förderv organges[2] voraus. Sie hat sich für jede Förderung auf

die eigentliche Fahrzeit,
den gewählten Förderweg,
die Abfertigungszeit für das zu empfangende bzw. abzuliefernde Fördergut,

[1] Lit.-Verz. 16a. [2] Lit.-Verz. 20.

Menge, Gewicht und Art des Fördergutes sowie auf auftretende Störungen sonstiger Art zu erstrecken.

Diese Aufzeichnungen sind erforderlich für die Auswertung der Aufnahmen und Aufstellen des Förderplanes. In den Fällen, in denen sich die Förderbezirke der einzelnen Förderarbeiter oder -gruppen überschneiden, empfiehlt es sich, diese zu gleicher Zeit zu beobachten, um richtige Untersuchungsergebnisse zu erhalten. Als Beobachtungsbogen werden zweckmäßig die vom AWF herausgebrachten Vordrucke[1] verwendet. Ein Beispiel eines ausgefüllten Vordruckes (AWF 416) zeigt Abb. 51a, b (siehe Seite 70 bis 73), der zwar für allgemeine Zwecke gedacht ist, jedoch, wie das Beispiel zeigt, sich auch für die Erfassung von Fördervorgängen eignet.

Nach Prüfung der Beobachtungen, die sich auf sämtliche Vorgänge zu erstrecken haben, ergibt sich, in welcher Weise der Werkstättenförderdienst verbessert werden kann. Die Fördervorgänge sind zu gliedern

- in solche, die zwischen den gleichen Abfertigungsstellen in gleichem Umfange sich regelmäßig wiederholen,
- in solche, die sich zwischen verschiedenen Abfertigungsstellen in ungleichem Umfange unregelmäßig wiederholen,
- in von Fall zu Fall auszuführende Förderungen (Sonderförderung).

Für jeden einzelnen Fördervorgang sind die Abfertigungsstellen in einen Werkplan einzutragen, die kürzesten Förderwege festzulegen und die Fahrzeiten von einer Abfertigungsstelle zur anderen zu vermerken.

Sind durch Zeitstudien die für wirtschaftlichen Ablauf des Förderdienstes maßgebenden technischen Überlegungen vorgenommen und die Förderzeitwerte einmal ermittelt, so sind damit Grundlagen für ein günstiges Zusammenarbeiten zwischen Förderdienst und Fertigungsvorbereitung und -ablauf gegeben.

Vorgabezeit — Stückzeit.

Die Vorgabezeit ist der Zeitwert, der einem Arbeiter für die Ausführung einer Akkordarbeit vorgegeben wird. Die Bewertung der Arbeit in Zeit hat gegenüber der Bewertung in Geld folgende Vorteile:

Die Arbeitsbewertung erfolgt unabhängig von der Wirtschaftslage und der Kaufkraft des Geldes,

die Richtigkeit der Vorgabezeit kann treffender beurteilt und dadurch können Streitfälle für die Bewertung einer Arbeit auf ein Mindestmaß verringert werden,

---

[1] Vordrucke für Arbeitszeit-Messungen (vgl. Anhang zu Lit.-Verz. S. 252), ferner Lit.-Verz. 37—39.

die Abrechnung wird vereinfacht und entlastet die beteiligten Dienststellen, in der Arbeitsvorbereitung kann die Vorgabezeit unmittelbar für die Arbeitsverteilung und Terminverfolgung angewendet werden.

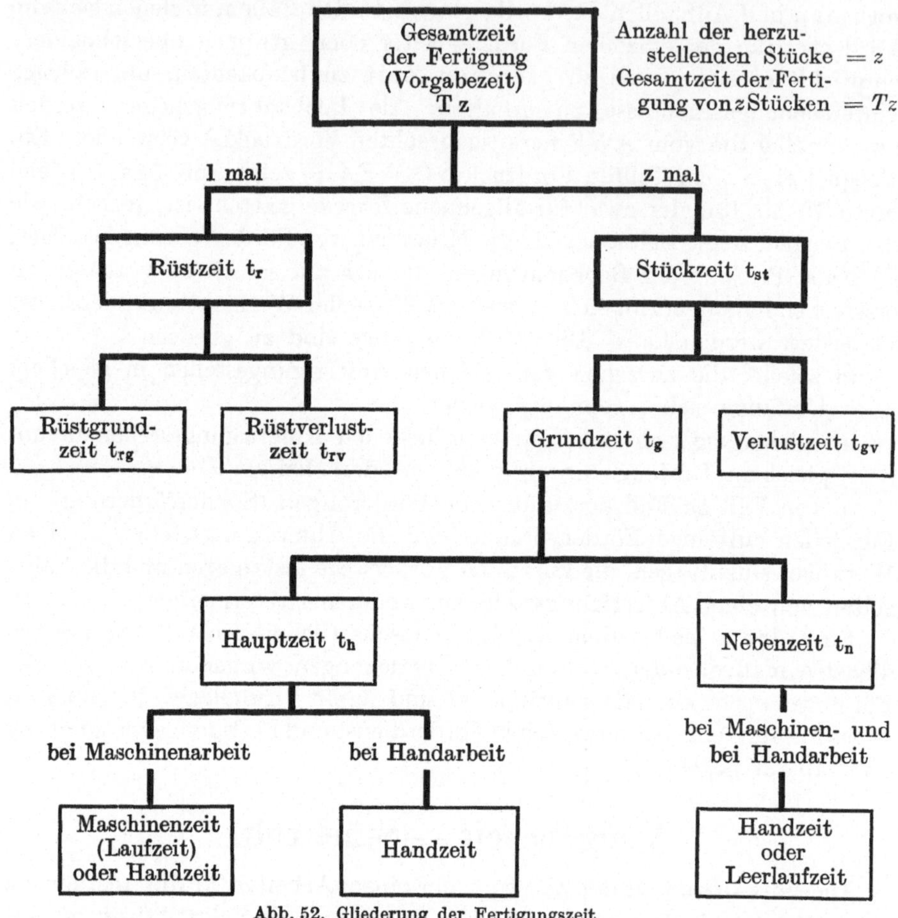

Abb. 52. Gliederung der Fertigungszeit.

Abb. 52 zeigt die Gliederung der Fertigungszeit[1], die eine Übersicht über den Aufbau der Vorgabezeit gibt. Für die darin enthaltenen Zeitarten sind folgende Begriffe und Begriffsbestimmungen festgelegt.

Gliederung der Fertigungszeit.

Hauptzeit: Teil der Grundzeit, während dessen ein Fortschritt im Sinne des Fertigungsauftrages unmittelbar am Stück entsteht.

---

[1] Lit.-Verz. 26, 91, 97.

Nebenzeit: Teil der Grundzeit, der regelmäßig aber nur mittelbar zu einem Fortschritt im Sinne des Fertigungsauftrages notwendig ist.

Grundzeit: Für die Ausführung eines Arbeitsganges berechnete oder durch Zeitaufnahme gemessene genaue Fertigungszeit.

Verlustzeit: Zeit, die sich unregelmäßig auf die einzelnen Arbeitsgänge verteilt und deren Dauer von den jeweiligen Betriebsverhältnissen und von der Werkstättenorganisation abhängt[1].

Stückzeit: Summe der Grundzeit und der Verlustzeit.

Rüstgrundzeit: Zeit, die ausschließlich der Vorbereitung des Arbeitsplatzes, der Einrichtung der Maschine und des Werkzeuges, sowie der Abrüstung dient und nur einmal für jede beliebige Stückzahl vorkommt.

Rüstzeit: Zeit, die aus der Rüstgrundzeit und der Verlustzeit besteht.

Gesamtzeit der Fertigung = Vorgabezeit: Summe von Rüstzeit und Stückzeit, wobei die Stückzeit mit der Stückzahl zu multiplizieren ist.

Maschinenzeit als Hauptzeit (Laufzeit): Für die Formänderung des Werkstückes auf der Maschine verbrauchte Zeit, einschließlich Vor-, Rück- und Überlaufzeit, soweit sie zwangläufig von der Maschine bestimmt wird.

Handzeit als Hauptzeit: a) bei Maschinenarbeit: Zeit, während der eine Form-, Lage- oder Zustandsänderung des Werkstückes im Sinne des Fertigungsauftrages zwar von der Maschine geleistet, aber durch Handarbeit beeinflußt wird.

b) bei Handarbeit: Zeit, während der eine Form-, Lage- oder Zustandsänderung des Werkstückes im Sinne des Fertigungsauftrages nur durch Handarbeit erfolgt.

Handzeit als Nebenzeit: Zeit, die nur mittelbar zur Form-, Lage- oder Zustandsänderung des Werkstückes verbraucht wird, ohne daß irgendwelche Arbeitsmerkmale im Sinne des Fertigungsauftrages entstehen.

Die Gleichung für den Aufbau der Vorgabezeit lautet unter Verwendung der im Schema angegebenen Kurzzeichen:

$$\begin{aligned} T_z &= t_r + z\cdot t_{st} \\ &= (t_{rg} + t_{rv}) + z\cdot(t_g + t_{gv}) \\ &= (t_{rg} + t_{rv}) + z\cdot(t_h + t_n) + t_{gv}. \end{aligned}$$

Im folgenden sei in einem Beispiel gezeigt, wie sich die Zeitwerte bei einer Kalkulation zur Gesamtzeit aufbauen.

Rüst-Grundzeit	$t_{rg} = 10$ Min.	Hauptzeit	$t_h = 20$ Min.
Verlustzeit zur Rüstzeit (10% von t_{rg} angenommen)	$t_{rv} = 1$ „	Nebenzeit	$t_n = 10$ Min.
Rüstzeit	$t_r = 11$ Min.	Grundzeit	$t_g = 30$ Min.
		Verlustzeit zur Grundzeit (10% von t_g angenommen)	$t_{gv} = 3$ „
		Stückzeit	$t_{st} = 33$ Min.
Gesamtzeit der Fertigung = Vorgabezeit			
für 1 Stück $T_1 = t_r + t_{st} = 11 + 33$			= 44 Min.
für z Stücke (z. B. 10 Stück) $T_z = t_r + z\cdot t_{st} = 11 + 10\cdot 33$			= 341 Min.

[1] Sie wird als prozentualer Zuschlag zur Rüstgrundzeit und zur Grundzeit gegeben.

Die Rüstzeit wird stets nur einmal für einen Auftrag vorgegeben, die Stückzeit $z$mal (z = Anzahl der Stücke). Der vorgegebene Zeitwert wird für die Entlohnung des Arbeiters in Geldwert umgerechnet. Es gibt 3 Möglichkeiten der Umrechnung, die in Abb. 53 dargestellt sind. In dem vom AWF und Refa empfohlenen Fall B geschieht die Umrechnung durch Multiplikation des Zeitwertes mit einem Geldfaktor, der auf die Minute oder Stunde bezogen und in den meisten Fällen durch tarifliche Vereinbarung festgelegt ist. Im Fall A gilt nur die Grundzeit als vorzugebende Stückzeit, die Verlustzeit ist nicht berücksichtigt. Soll der gewollte Verdienst erreicht werden, muß der Geldfaktor entsprechend hoch gewählt werden. Im Fall C enthält die Stückzeit außer der Grundzeit und Verlustzeit noch einen Zeitzuschlag für Mehrverdienst, wodurch eine Verfälschung der Stückzeit eintritt. Für den aus irgendwelchen Gründen zu niedrig festgesetzten Geldfaktor wird ein Ausgleich gesucht, durch den der gewollte Durchschnittsverdienst erreicht wird. Die Fälle A und C können im Sinne der vom AWF und Refa geschaffenen Richtlinien nicht empfohlen werden.

Stückzeit	*Fall: A* = *Grundzeit* t_g	*Fall: B* = *Grundzeit* + *Verlustzeit* $t_g + t_{gv}$	*Fall: C* = *Grundzeit* + *Verlustzeit* + *Zeitzuschlag für Mehrverdienst* $t_g + t_{gv} + t_m$
K Geldfaktor, der dem gewollten Durchschnittsverdienst entspricht = 1,4 Pfg/min = 84 Pfg/Std. K_1 Geldfaktor, der je nach Fall A, B oder C zu verrechnen ist. t_{gv} = Verlustzeit, ist mit 10% angenommen. t_m = Zeitzuschlag für Mehrverdienst, ist mit 25% angenommen	$t_g = t_{st}$ = 30 min; t_n = 10 min; t_h = 20 min; K = 1,4 Pfg/min; K_1 = 1,54 Pfg/min	$t_{st} = t_g + t_{gv}$ = 33 min; 10% angenommen; t_{gv} = 3 min; t_n = 10 min; t_h = 20 min; K = 1,4 Pfg/min; K_1 = 1,4 Pfg/min	$t_{st} = t_g + t_{gv} + t_m$ = 41,25 min; t_m = 8,25 min; 25% angenommen; t_{gv} = 3 min; t_n = 10 min; t_h = 20 min; K = 1,4 Pfg/min; K_1 = 1,12 Pfg/min
Stückzeit × Verrechn.-Geldfaktor = Stückpreis *Errechnung des Geldfaktors*	*30 × 1,54 =* ***46,2 Pfg.*** K_1 = *84 : 54 = 1,54 Pfg/min* (*54 = 60 min − 10% für* t_{gv})	*33 × 1,4 =* ***46,2 Pfg.*** K_1 = *84 : 60 = 1,4 Pfg/min* *Nur Fall B kann zur Anwendung empfohlen werden*	*41,25 × 1,12 =* ***46,2 Pfg.*** K_1 = *84 : 75 = 1,12 Pfg/min* (*75 = 60 + 25% für* t_m)

Abb. 53. Umrechnungsverfahren: Zeit — Geld.

Für die Vorrechnung der Arbeitszeiten[1] werden die in Abb. 54 aufgeführten Verfahren angewendet.

[1] Lit.-Verz. 7, 57, 58, 64, 70, 91—96, 108, 110.

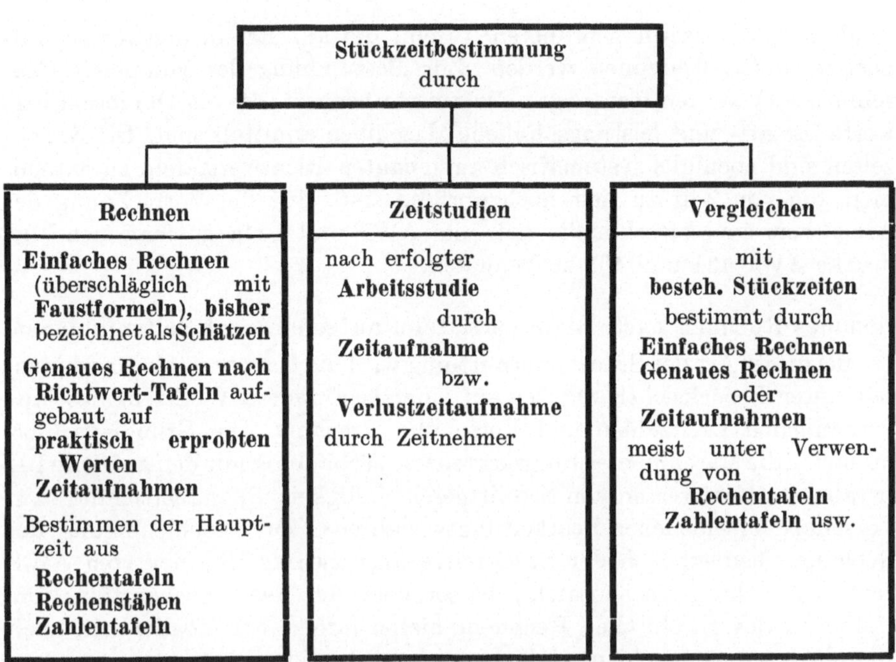

Abb. 54. Verfahren der Stückzeitbestimmung.

Bestimmung der Stückzeit durch Rechnen.

Einfaches Rechnen.

Dieses Verfahren (bisher als Schätzen bezeichnet) wird angewendet, wenn Arbeitsgänge von kurzer Dauer für wenige Stückzahlen vorkommen. Hierbei soll die Stückzeit in kürzester Zeit für die Arbeitsvorgabe in der Werkstatt hinreichend genau ermittelt werden. Es genügt, den Arbeitsgang so weit zu unterteilen, daß die einzelnen Arbeitsverrichtungen noch mit genügender Sicherheit übersehen und die einzelnen Zeitwerte überschlägig festgelegt werden können. Die Hauptzeit als Maschinenzeit wird durch vereinfachte Rechnungen, z. B. durch Faustformeln ermittelt, deren Ausgangswerte auf praktisch erprobten Durchschnittswerten beruhen. Die Nebenzeiten werden nach Erfahrung festgelegt und für wiederkehrende Arbeitsverrichtungen zusammengefaßt.

Genaues Rechnen nach Richtwerttafeln, aufgebaut auf praktisch erprobten Werten.

Diese Art des Rechnens unterscheidet sich vom einfachen Rechnen dadurch, daß die Arbeitszeiten nicht durch Überschlagsrechnung ermittelt, sondern systematisch geordneten Tafeln, die auf Erfahrungswerten aufgebaut sind, entnommen werden. Zur Bestimmung der Hauptzeit (Maschinenzeit) werden festgelegte Richtwerte benutzt, die als Durchschnittswerte für art- und leistungsähnliche Maschinen ermittelt sind. Die Nebenzeiten sind ebenfalls systematisch aufgebauten Richtwerttafeln zu entnehmen, die von Zeit zu Zeit nachzuprüfen sind. Für die Vorrechnung der Arbeitszeit sind zweckmäßig die vom AWF und Refa geschaffenen Vordrucke AWF 431 und 433 zu benutzen.

Genaues Rechnen nach Richtwerttafeln, aufgebaut auf Zeitaufnahmen. Bei dieser Art der Stückzeitermittlung wird die Hauptzeit als Maschinenzeit unter Berücksichtigung der auf einer bestimmten Werkzeugmaschine vorhandenen Drehzahlen und Vorschübe errechnet. Die Grundlage hierfür bilden die Maschinenleistungskarten[1] in Verbindung mit den auf Seite 101 erwähnten Richtwerten von Schnittgeschwindigkeit, Spanquerschnitt bzw. Vorschub verschiedener Bearbeitungsverfahren[2]. Zur Beschleunigung der Rechnung bedient sich der Stückzeitrechner zweckmäßig der vom AWF herausgebrachten Rechentafeln, besser noch der Sonderrechenstäbe. Die Methoden des graphischen Rechnens bieten infolge der Möglichkeit, auch kompliziertere Formeln in einfachster und übersichtlichster Weise darzustellen und Zwischenrechnungen zu vermeiden, große Vorzüge. — Zur Bestimmung der Nebenzeit dienen nach Griffarten gegliederte und erweiterte Nebenzeittabellen. Bei Formung durch Zerspanung gibt es Richtwerttafeln, z. B. für Rüsten, Spannen, Stahl anstellen, Messen usw.; Nebenzeittabellen für verschiedene Bearbeitungsarten sind in den Refa-Mappen vorhanden. Sie sollen als Vorlage für die Art des Aufbaues bei der Aufstellung von Richtwerttafeln dienen, können aber auch unmittelbar benutzt werden, nachdem die darin festgelegten Richtwerte auf möglichst weitgehende Übereinstimmung mit den vorliegenden Betriebsverhältnissen nachgeprüft worden sind.

Werden diese Voraussetzungen für das genaue Rechnen erfüllt, so liefern die beiden letztgenannten Verfahren Stückzeiten, die den im Durchschnitt wirklich gebrauchten Arbeitszeiten weitgehend entsprechen.

Bestimmung der Stückzeit durch Zeitstudien.

Zweck und Ziel der Zeitstudie[3] ist, einen Betrieb in bezug auf die wirtschaftliche Art der Fertigung zu durchforschen. Zur besonderen Aufgabe

---

[1] Vordrucke für Maschinenausnutzung (vgl. Anhang zu Lit.-Verz. S. 251), ferner Lit.-Verz. 35.

[2] Lit.-Verz. 17, 24, 30.

[3] Lit.-Verz. 26, 53, 64, 71, 87, 91—97, 110.

der Zeitstudie gehört es, die für die Ausführung einer Arbeit richtige Stückzeit zu bestimmen. Als richtig ist diejenige Stückzeit anzusehen, bei der eine wirtschaftliche Ausnutzung der benutzten Betriebsmittel ohne gesundheitsschädliche Überanstrengung des Arbeiters und bei Einhaltung der vorgeschriebenen Arbeitsgüte erreicht wird. Zur Erreichung dieses Zieles soll der betreffende Arbeitsgang zunächst auf die bei Verwendung der vorhandenen Betriebseinrichtungen beste Art der Arbeitsausführung hin geprüft werden. Gegebenenfalls sollen Verbesserungsmöglichkeiten vorgeschlagen und durchgeführt und erst im Anschluß daran die nunmehr aufzuwendende Grundzeit durch Zeitaufnahmen festgelegt und zur Stückzeit ausgewertet werden.

Demzufolge werden die Vorgänge bei der Durchführung von Zeitstudien im allgemeinen in die Arbeitsstudie, verbunden mit der meist vorzunehmenden Aufteilung des Arbeitsganges, und in die Zeitaufnahme mit nachfolgender Auswertung[1] unterteilt. Eine ausführliche Behandlung der Durchführung von Zeitstudien ist in dem Buch AWF 225 „Grundlagen für Arbeitsvorbereitung — Zeitstudien" gegeben.

Die Arbeitsstudie ist die Vorbedingung für eine erfolgreiche Durchführung der Zeitaufnahme. Im allgemeinen hat sie die Aufgabe, alle Ursachen, welche der wirtschaftlichen Herstellung eines Erzeugnisses entgegenstehen, zu ermitteln, und vor Durchführung der Zeitaufnahme, die zur endgültigen Ermittlung der Stückzeit dient, zu beseitigen. Die bisher erforderlichen Arbeitszeiten sind für die einzelnen Arbeitsunterteilungen zu messen und in den Beobachtungsbogen so einzutragen, daß ein wahres Bild des bisherigen Arbeitsablaufes entsteht. Bereits bei der Arbeitsstudie sind Beobachtungen anzustellen, inwieweit Verbesserungen sofort oder später durchgeführt werden können. Nachdem alle Möglichkeiten der Rationalisierung der betreffenden Arbeitsverrichtung, soweit es die jeweiligen Betriebsverhältnisse zulassen, erfüllt sind, wird vorab eine Anzahl von Werkstücken nach dem verbesserten Arbeitsverfahren gefertigt. Erst dann wird mit der eigentlichen Zeitaufnahme begonnen.

Die zweckmäßige Unterteilung des Arbeitsganges ist eine wichtige Aufgabe der Zeitaufnahme. Der Umfang der Unterteilung wird in erster Linie durch die Art des aufzunehmenden Gegenstandes bedingt, desgleichen durch das Arbeitsverfahren und die Zeitdauer des Arbeitsganges, sowie durch die für den vorliegenden Arbeitsauftrag zu fertigende Stückzahl. Auch die Werkzeichnung bietet eine Unterlage für die Unterteilung des Arbeitsganges. Bei Zeitaufnahmen, die zur Vorbereitung von Fließarbeit dienen sollen, wird anders verfahren als bei solchen für die kleine Reihen-

[1] Lit.-Verz. 26, 91, 97.

Arbeitsgang: *Bohrung schruppen*

AWF-Beobachtungsbogen Nr. *136/32*

Akkordschein Nr.: *16* | Fertigungsauftrag Nr. *M. 11*
Vorgegeb. Stückzahl: *300* | Zugleich bediente Masch.: *1*

Gegenstand: *Gehäuse*
Type: *X* | Zeichng.-Nr.: *MT. 45569*
Werkstoff: *Gußeisen* | Teil: *1*

Beobachter: *Müller* | Aufgenommen am: *1. 2. 32*
in Abtlg.: *6* | Meister: *Schmidt*
Beginn: *10*[a] | Ende: *11*[50 a]

Arbeiter: *Buchholz*
Tarifkl.: *2* | Kontr. Nr. *250*
Leistungsgrad: *105 v H*
5 Jahre m. ähnl. Arbeit. beschäft.

Maschine: *Rev.-Bank*
Inv.-Nr.: *1608*
Gruppe: *V*

Einrichtezeiten Beginn: Ende:

Lfd. Nr.	Unterteilung	*) F	*) E
1	*Spannfutter aufnehmen*		*4,0*
2	*Spannfutter säubern u. Backen auswechseln*		
	(Spezialbacken)		*7,0*
3	*Meßwerkzeuge u. Stähle besorgen*		*5,0*
4	*Stähle einspannen und nach Muster ein-*		
	stellen		*5,0*
5	*Zeit für Drehen d. ersten 5 Stück (abzüglich*		
	Fertigungszeit = 12,5 min) = Zeit für		
	Anschläge einstellen usw.		*9,0*
	Summe der Einzelzeiten		*30,0*

Skizzen und Bemerkungen:

100 — *90*[⌀] — *105*⌀

Auswertung der Zeitaufnahme
nach *Zentralwert*-Methode

	Beobachtete Zeit in min	Leistungs-Ausgl. v. H.	Ausgewertete Zeit in min
Rüst-Grundzeit	*30*	— v H.	*30*

15 v. H. Rüst-Verlustzeit *4,5* min

Vorzugeb. Rüstzeit *34,5* min

	Beobachtete Zeit in min	Leistungs-Ausgl. v. H.	Ausgewertete Zeit in min
Hauptzeit			
Maschinenzeit	*1,51*	— v. H.	*1,51*
Handzeit	*0,08*	*105* v. H.	*0,084*
Nebenzeit			
Handzeit	*0,91*	*105* v. H.	*0,96*

Grundzeit *2,554* min
15 v. H. Verlustzeit *0,383* min

Stückzeit *2,937* min
Vorzugebende Stückzeit für *1* **Stück** *2,95* min

Zeitaufnahmest.	Tag	Name
ausgeführt	*1. 2. 32*	*Schulze*
geprüft	*2. 2. 32*	*Berger*

*) F = Fortschrittzeit; E = Einzelzeit

Abb. 55a. Zeitaufnahme auf Beobachtungsbogen AWF 414 (Vorderseite) — Auswertung nach Zentralwertmethode.

Auswahl 55 v. H. / Auszählspalte 11	Fleiß: Über Durchschnitt	Geschicklichkeit: Durchschnitt	Nr.	von	bis	**) E	Unterbrechung	Nr.	von	bis	**) E	Unterbrechung	Schwankgs.-faktor:
			19/4	4460	4588	128	Stahl schleifen						—

Lfd. Nr.	Unterteilung	Werkzeug u. Vorricht.	*) L	v	**)	Für die gleiche Teilarbeit aufgenommene Zeit																				Ges.-Aufn.	Rüstzeit	Zentralwert Hauptzeit		Zentralwert Nebz.	Minimum	Einzelabweichung
			a	s		1	2	3	4	5	6	7	8	9	10	11	12	13	14	15	16	17	18	19	20	Summe 1—20		Msch.	Hand	Hand		
1	Gehäuse einspannen				A	14	15	15	15	15	16	16	16	16	17	17	17	17	17	18	18	18	19	20	20					17		
					E	15	17	15	15	14	18	15	20	17	18	18	17	16	16	16	16	17	19	17	20							
					F	15	55	93	35	77	24	87	30	73	20	64	2707	44	88	28	76	23	66	18	40							
2	Stahl einstellen				A	17	17	17	18	19	19	19	19	19	20	20	20	20	20	20	21	21	21	21	21					20		
					E	17	17	17	21	21	21	19	20	20	20	19	18	19	19	20	21	21	19	20	20							
					F	32	72	510	56	98	45	1506	50	93	40	83	25	63	3207	48	97	44	85	38	60							
3	2. Seite planen			45	A	20	20	20	21	21	21	21	21	21	21	22	22	22	22	22	22	23	23	24	25			22				
					E	22	23	24	21	22	23	21	20	21	22	21	20	21	22	21	25	21	22	22	20							
			2,5	0,59	F	54	95	34	77	1020	68	27	70	2014	62	2504	45	84	29	69	3722	65	4207	60	80							
4	Support zurück Stahl anstellen				A	19	20	20	20	20	20	20	20	20	21	21	21	21	21	22	22	23	23	24	25					21		
					E	20	22	21	25	20	22	20	20	23	20	21	19	20	21	24	21	21	23	20	20							
					F	74	317	55	802	40	90	47	90	37	82	25	64	3004	50	93	43	86	30	4608	4900							
5	Bohrung schruppen			45	A	127	127	127	127	127	128	128	128	128	129	129	129	129	129	129	130	130	130	130	131			129				
					E	128	128	127	129	129	130	127	127	129	129	129	128	131	127	130	128	129	130	127	130							
			3,5	0,59	F	202	445	682	931	1169	1420	1677	1919	2166	2411	2652	2892	3135	3377	3623	3871	4115	4360	4735	5030							
6	Kante brechen				A	7	7	7	7	7	7	8	8	8	8	8	8	8	8	8	8	8	8	8	8				8			
					E	7	8	8	7	8	8	7	8	7	8	7	8	8	8	8	8	7	8	8	8							
					F	9	53	90	38	77	28	81	27	73	19	59	2900	43	85	31	79	22	68	43	38							
7	Support zurück				A	3	3	3	3	4	4	4	4	4	4	4	4	4	4	4	4	4	4	4	4					4		
					E	4	4	4	4	3	4	4	3	4	4	4	3	4	4	4	4	3	4	4	4							
					F	13	57	94	42	80	32	85	30	77	23	63	03	47	89	35	83	25	72	47	42							
8	Messen				A																					Anteil				4		
					E						24													52								
					F	—	—	—	—	—	46	—	—	—	—	—	—	—	—	—	—	—	—	99								
9	Ausspannen u. ablegen				A	21	21	21	22	23	23	23	25	25	25	25	25	25	26	26	26	26	26	27	29					25		
					E	25	21	26	21	26	26	25	26	25	23	27	25	25	23	25	23	22	29	21	26							
					F	38	78	720	63	1206	72	1710	56	2202	46	90	28	72	3412	60	3906	47	4401	4820	68							
					A																							151	8	91		
					E																											
					F																											
					A																											
					E																											
					E																											
					A																											
					E																											
					F																											

*) L = Weg- bzw. Arbeitslänge in mm; a = Spantiefe in mm; v = Schnittgeschw. in m/min; n = Umdrehung bzw. Doppelhübe je min. **) F = Fortschrittzeit; E = Einzelzeit; A = Auswahl. (Diese Reihen werden zweckmäßig verschiedenfarbig ausgefüllt.)

Abb. 55 b. Zeitaufnahme auf Beobachtungsbogen AWF 414 (Rückseite) — Auswertung nach Zentralwertmethode.

fertigung oder bei Arbeiten, die vorwiegend aus Hand- oder Maschinenarbeit bestehen.

Nachdem die Arbeitsausführung eindeutig festgelegt und die Arbeitsunterteilung vorgenommen ist, wird der Arbeitsablauf in einer für die Auswertung geeigneten Form niedergeschrieben. Für die Messung des Arbeitsablaufes stehen eine Reihe brauchbarer handelsüblicher Zeitmeßgeräte zur Verfügung. Die für die Zeitaufnahme insbesondere gebrauchten Zeitmeßgeräte werden in zwei Hauptgruppen unterteilt:

1. Zeitmeßgeräte zum Ablesen bzw. Stempeln,
2. Registrierende Zeitmeßgeräte.

Ausführliche Angaben über Zeitmeßgeräte sind auf S. 231 u. ff. gebracht.

Die Tätigkeit des Zeitnehmers während einer Zeitaufnahme besteht in der Beobachtung des Arbeitsvorganges und in der Niederlegung der für die einzelnen Unterteilungen ermittelten Zeit. Die Niederschrift erfolgt zweckmäßig auf den vom AWF herausgegebenen AWF-Beobachtungsbogen (s. Abb. 55a, b).

Die am besten im Anschluß an die Zeitaufnahme vorgenommene Auswertung wird auf dem gleichen Vordruck durchgeführt. Die ausgewerteten Zeiten einer Zeitaufnahme bilden die Grundlage für

Vorgabezeiten in der Werkstatt,

Aufstellung von Richtwerttafeln zur Stückzeitbestimmung, ferner für

Arbeitsverteilung, Festsetzen der Liefertermine und für die Kostenrechnung.

Das Ziel der Auswertung ist, diejenige Zeit zu ermitteln, die der Durchschnittsleistung entspricht. Die Bestimmung der Durchschnittsleistung soll auf Grund praktischer Betriebserfahrungen unter Beachtung der Erkenntnisse der Arbeitsphysiologie und -psychologie erfolgen. Unter Durchschnittsleistung ist die Leistung eines mittleren Arbeiters zu verstehen, der mit der Ausführung seiner Arbeit voll vertraut ist und mindestens diejenige Leistung erreicht, die in dem betreffenden Betrieb als Durchschnitt verlangt wird.

In der Praxis sind verschiedene Auswertungsmethoden gebräuchlich, die von verschiedenen Zeitwerten ausgehen.

In Abb. 56 sind in schematischer Form die verschiedenen Arten der Auswertungsverfahren gegliedert. Es werden unterschieden die Minimamethode (I) und die Mittelwertmethode (II). Jedes der beiden Verfahren gliedert sich wieder in mehrere Unterarten, so z. B. die Minimamethode in die Unterart A, die vom gemessenen Minimum ausgeht, also einem tatsächlich beobachteten Wert, ferner die Methode B, die vom Durchschnittsminimum ausgeht, welches nach einem besonderen Verfahren nach Merrick

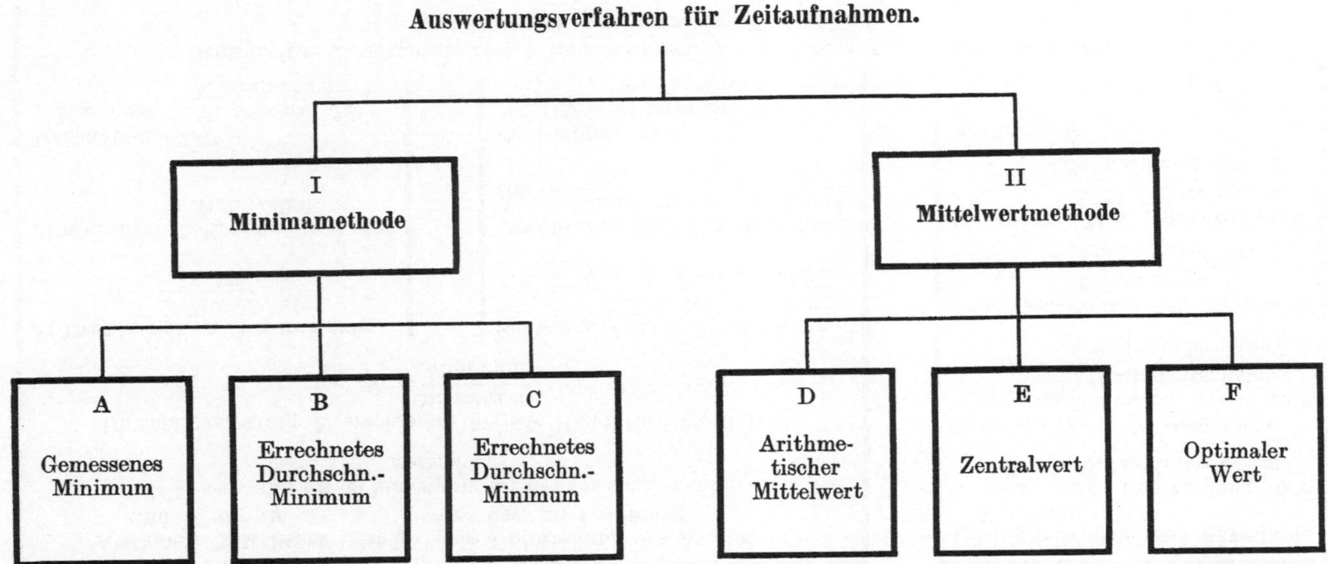

Ermittlung der Grundzeit u. Stückzeit erfolgt unter Hinzufügung verschiedener Zuschläge je nach Auswertungsmethoden: z. B. bei der Minimamethode Handzeitzuschläge nach abgestimmter Barthscher Kurve, bei der Minima- u. Mittelwertmethode Verlustzeitzuschlag zur Grundzeit nach Beobachtungswerten.

Abb. 56. Gliederung der Auswertungverfahren von Zeitaufnahmen.

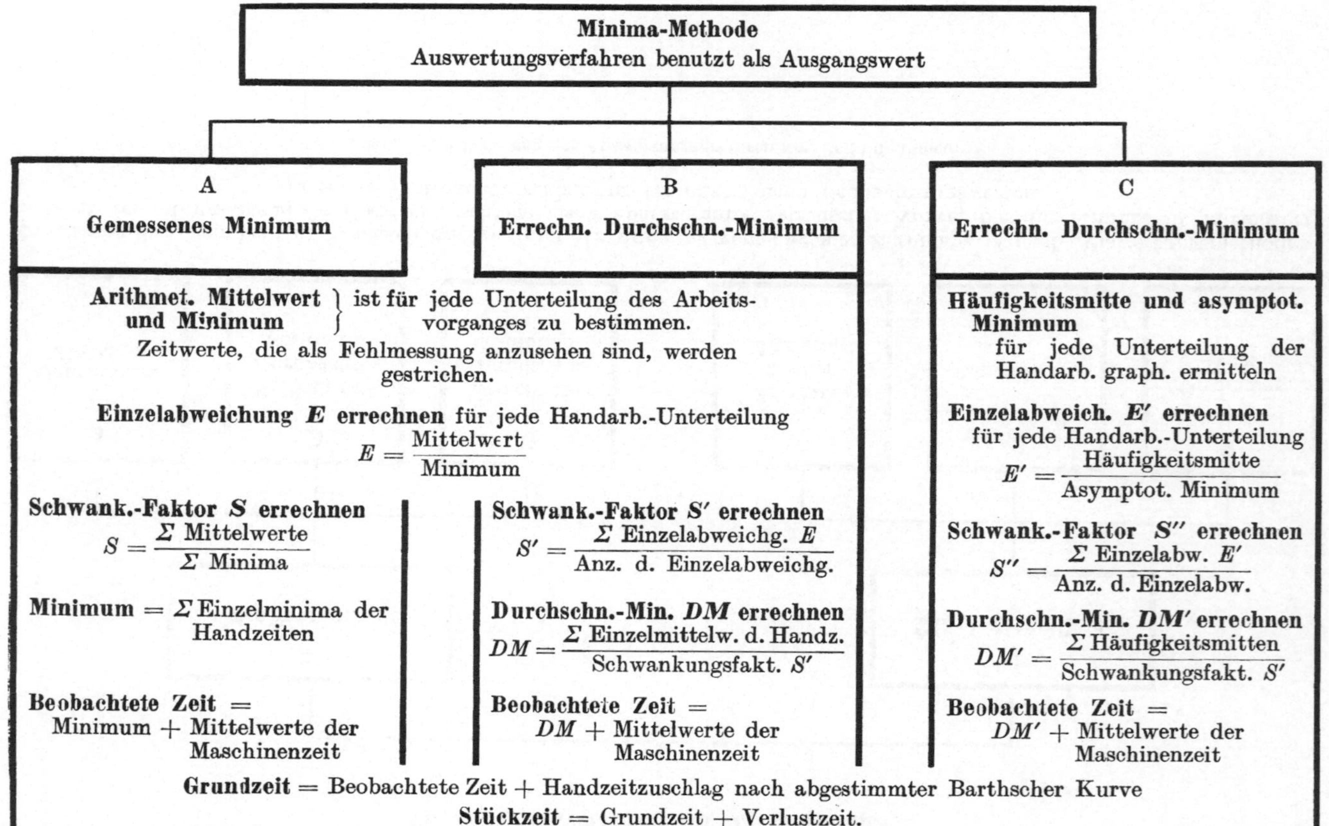

Abb. 57. Auswertung nach Minima-Methode.

ermittelt wird, ferner die Methode C, die ebenfalls von einem errechneten Durchschnittsminimum ausgeht. Die feineren Unterschiede dieser drei Auswertungsverfahren sind in Abb. 57 in einer weitergehenden Gliederung veranschaulicht. In der Art der Ermittlung der Grundzeit und in bezug auf den Zuschlag für Handzeit zum ausgewerteten Minimum arbeiten alle drei Unterarten der Minimamethode grundsätzlich mit den Zuschlagswerten einer nach den jeweiligen Betriebsverhältnissen abgestimmten Barthschen Kurve[1]. Die vorgegebene Stückzeit setzt sich aus der Grundzeit und Verlustzeit zusammen. Die Werte für die Verlustzeit sind je nach

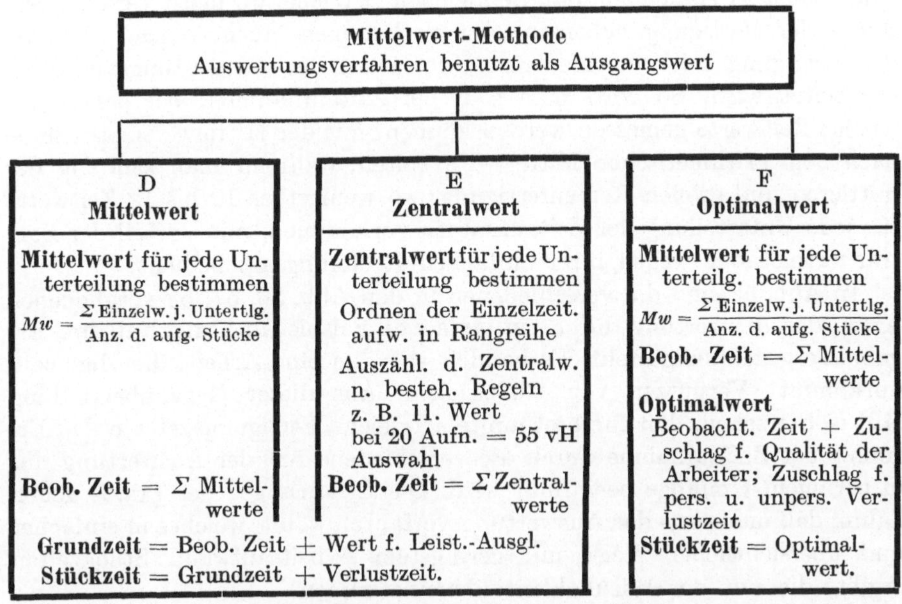

Abb. 58. Auswertung nach Mittelwertmethode.

der Art der Auswertung in bezug auf ihren prozentualen Wert und je nach den vorliegenden Betriebsverhältnissen in ihrer Höhe unterschiedlich.

Die in Abb. 56 dargestellte Mittelwertmethode (II) zerfällt in die Unterarten D bis F. Das Verfahren D geht vom arithmetischen Mittelwert aus, die Zentralwertmethode E nimmt als Ausgangswert einen ausgezählten Mittelwert, der Zentralwert genannt wird, während die Methode F vom optimalen Wert ausgeht[2]. Dieser wird, ebenfalls vom arithmetischen Mittelwert ausgehend, in seiner weiteren Auswertung durch bestimmte Zuschläge für die Bewertung des Arbeiters beeinflußt. Am gebräuchlichsten

[1] Lit.-Verz. 26, 64, 91, 110. [2] Lit.-Verz. 53.

sind die Verfahren D und E. Je nach der Art der Fertigung in bezug auf die Zahl der Stücke und Größe der Zeitwerte wählt man diejenige Methode aus, welche die wirklichkeitsgetreuesten Auswertungsergebnisse liefert.

Abb. 58 gibt eine Gliederung der Unterarten der Mittelwertmethode D bis F. Jedes der verschiedenen Verfahren, die zum Teil nur geringe grundsätzliche Unterschiede aufweisen, ist bei richtiger Anwendung in der Praxis brauchbar. Verschiedene Verfahren erfordern einen geringen Zeitaufwand bei der Auswertung und liefern doch Werte, die wahrheitsgetreu sind. Es ist zu empfehlen, daß im gleichen Betriebe, wo meist verschiedene Arten der Fertigung nebeneinander vorkommen, auch je nach der Art der Fertigung mit verschiedenen Unterarten der Auswertungsverfahren gearbeitet wird. So wird man z. B. bei Zeitaufnahmen, bei denen nur wenige Zeitwerte gemessen werden können, mit der Mittelwertmethode — nach dem arithmetischen Mittel — arbeiten, während man sich bei der mittleren und großen Reihenfertigung, wo wenigstens 10 bis 12 Zeitwerte für jede Unterteilung der Zeitaufnahme vorkommen, mit Vorteil der Zentralwertmethode wegen ihrer einfachen Rechnungsart bedient.

In Abb. 59 sind die verschiedenen in den Abb. 56, 57, 58 verglichenen Arten der Auswertung durch ein einfaches Beispiel in bezug auf ihre Ergebnisse gegenübergestellt. Es handelt sich um eine Arbeit, die allgemein vorkommt: Verputzen von Gußstücken. Aus dieser Gegenüberstellung läßt sich ersehen, daß für bestimmte artgleiche Fertigungsgebiete das Ergebnis der Zeitaufnahme durch die verschiedene Art der Auswertung nur in geringem Umfange beeinflußt wird. Die Erfahrungen der Praxis gehen dahin, daß man stets das Auswertungsverfahren wählt, welches in einfacher und übersichtlicher Weise mit geringstem Arbeitsaufwand Stückzeiten ergibt, die mit der Wirklichkeit übereinstimmen.

Die während der Zeitaufnahme gemessene und ausgewertete Arbeitszeit stellt die Grundzeit dar. Diese bedarf zum weiteren Aufbau der Stückzeit noch verschiedener Zuschläge. Man unterscheidet folgende Zuschläge:

Maschinenzeitzuschlag (Laufzeitzuschlag) für Drehzahlabfall der Werkzeugmaschinen bei auf Grund der Leerlaufdrehzahl der Arbeitsspindel errechneten Laufzeit;

Handzeitzuschlag für Leistungsabfall, z. B. bei besonders ermüdenden Muskel- und Sinnesleistungen;

Verlustzeitzuschlag zum Ausgleich der bei jeder Arbeit aus den verschiedensten Ursachen entstehenden unvermeidbaren Arbeitsunterbrechungen, deren Höhe von der jeweils vorliegenden Organisationsstufe

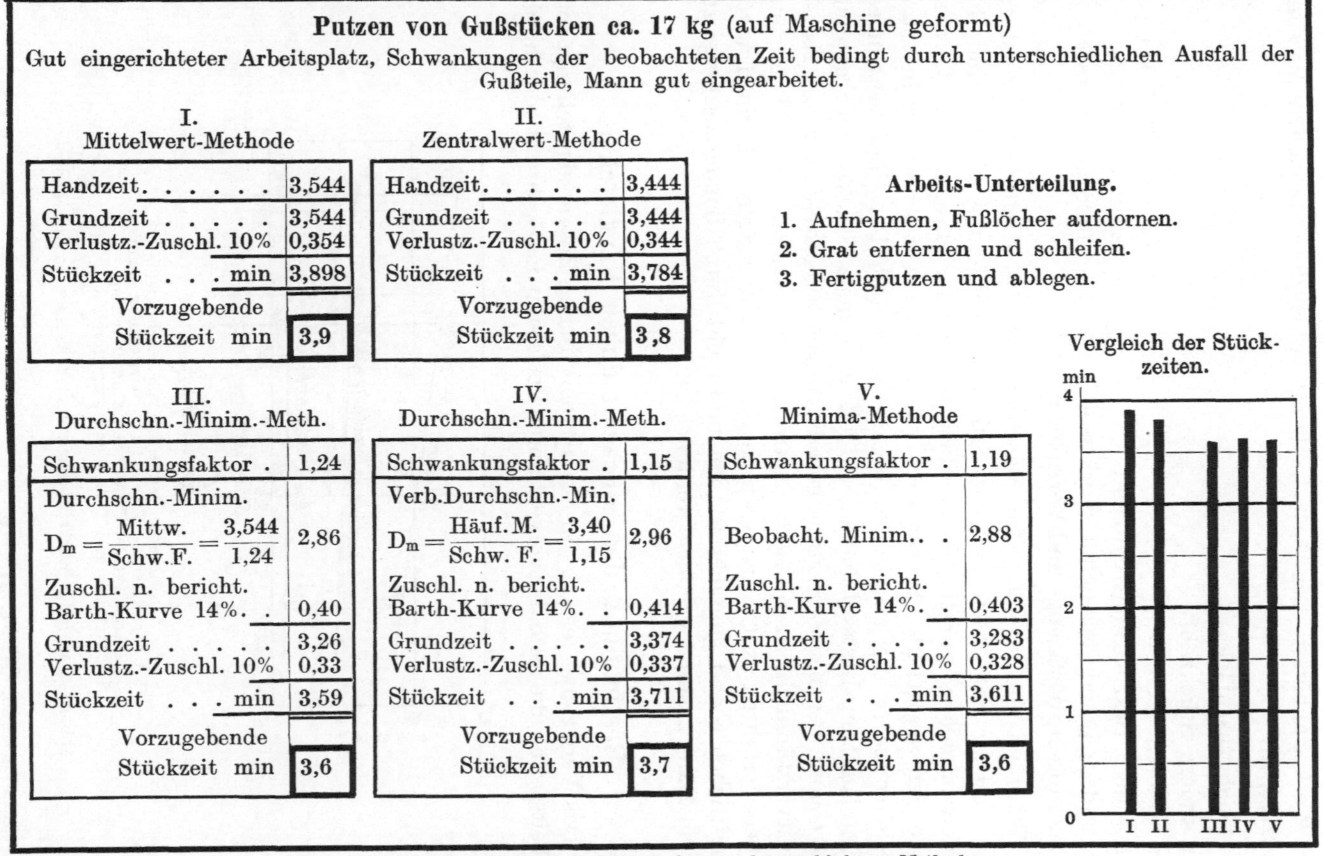

Putzen von Gußstücken ca. 17 kg (auf Maschine geformt)

Gut eingerichteter Arbeitsplatz, Schwankungen der beobachteten Zeit bedingt durch unterschiedlichen Ausfall der Gußteile, Mann gut eingearbeitet.

I. Mittelwert-Methode

Handzeit.	3,544
Grundzeit	3,544
Verlustz.-Zuschl. 10%	0,354
Stückzeit . . . min	3,898
Vorzugebende Stückzeit min	**3,9**

II. Zentralwert-Methode

Handzeit.	3,444
Grundzeit	3,444
Verlustz.-Zuschl. 10%	0,344
Stückzeit . . . min	3,784
Vorzugebende Stückzeit min	**3,8**

Arbeits-Unterteilung.

1. Aufnehmen, Fußlöcher aufdornen.
2. Grat entfernen und schleifen.
3. Fertigputzen und ablegen.

III. Durchschn.-Minim.-Meth.

Schwankungsfaktor .	1,24
Durchschn.-Minim. $D_m = \frac{\text{Mittw.}}{\text{Schw.F.}} = \frac{3{,}544}{1{,}24}$	2,86
Zuschl. n. bericht. Barth-Kurve 14%. .	0,40
Grundzeit	3,26
Verlustz.-Zuschl. 10%	0,33
Stückzeit . . . min	3,59
Vorzugebende Stückzeit min	**3,6**

IV. Durchschn.-Minim.-Meth.

Schwankungsfaktor .	1,15
Verb.Durchschn.-Min. $D_m = \frac{\text{Häuf. M.}}{\text{Schw. F.}} = \frac{3{,}40}{1{,}15}$	2,96
Zuschl. n. bericht. Barth-Kurve 14%. .	0,414
Grundzeit	3,374
Verlustz.-Zuschl. 10%	0,337
Stückzeit . . . min	3,711
Vorzugebende Stückzeit min	**3,7**

V. Minima-Methode

Schwankungsfaktor .	1,19
Beobacht. Minim.. .	2,88
Zuschl. n. bericht. Barth-Kurve 14%. .	0,403
Grundzeit	3,283
Verlustz.-Zuschl. 10%	0,328
Stückzeit . . . min	3,611
Vorzugebende Stückzeit min	**3,6**

Abb. 59. Auswertung einer Zeitaufnahme nach verschiedenen Methoden.

des Werkes abhängt. Der Verlustzeitzuschlag ist durch besondere Messung festzulegen;

Sonderzuschläge

für andere Stückzahl
für anderen Werkstoff
für andere Bearbeitungszugaben
für andere (minderleistende) Werkzeugmaschinen, Werkzeuge und Vorrichtungen
} als der ursprünglichen Stückzeitvorrechnung zugrunde gelegt waren.

Während die Zuschläge für Maschinenzeit, Handzeit und Verlustzeit von Fall zu Fall einen Teil der Stückzeitvorrechnung bilden, sind die Sonderzuschläge[1] nur ein Mittel, um bereits früher unter anderen Voraussetzungen festgelegte Stückzeiten vorübergehend für die veränderten Verhältnisse richtig zu stellen. Wenn die veränderten Voraussetzungen einen längeren Bestand haben, so soll eine neue Stückzeitvorrechnung auf Grund der neuen Fertigungsbedingungen aufgestellt werden. Es ist selbstverständlich, daß etwa zeitweise angewendete unvollkommene Arbeitsverfahren mit allen verfügbaren Mitteln wieder auf einen wirtschaftlichen Stand gebracht werden und nicht durch Sonderzuschläge zu einem Dauerzustand erhoben werden.

Bestimmung der Stückzeit durch Vergleichen.

Das Vergleichen besteht in der systematischen Zusammenstellung von Arbeitszeiten, die nach den vorgenannten Verfahren des Rechnens oder durch

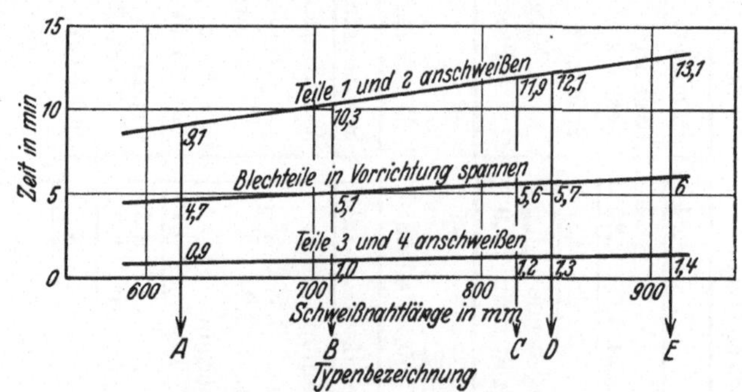

Arbeitsgang: Schweißen von Blechteilen.
I. Arbeitsstufe: Blechteile in Vorrichtung spannen,
II. Arbeitsstufe: Teile *1* und *2* anschweißen,
III. Arbeitsstufe: Teile *3* und *4* anschweißen.

Abb. 60. Kurven für Stückzeitbestimmung: Schweißen von Blechteilen.

---

[1] Lit.-Verz. 26, 64. 91, 97, 110.

Zeitstudien gewonnen sind. Durch Zwischenwertbildung (Interpolation) werden die Stückzeiten gleichartiger, jedoch in der Größe abweichender Werkstücke festgestellt. Die Genauigkeit dieses Verfahrens hängt demnach von der Genauigkeit ab, mit der die Ausgangswerte ermittelt worden sind. Die Zeiten werden für das Vergleichsverfahren in Tafeln niedergelegt oder besser in einem graphischen Netz in Kurvenform dargestellt, wie es z. B. in Abb. 60 für das Schweißen von Blechteilen gezeigt ist. In diesem Beispiel ist als Ausgang der Stückzeitbestimmung als Abszisse die vorkommende Schweißnahtlänge angenommen und als Ordinate die für das Zusammenschweißen der verschiedenen Teile zu einer Gruppe gebrauchten Stückzeiten. Die Zeiten für die mit *A* bis *E* bezeichneten Werkstücke von verschiedener Schweißnahtlänge sind durch Zeitaufnahmen ermittelt. Die Stückzeiten anderer Werkstücke mit dazwischen liegenden Schweißnahtlängen sind durch Ablesung an der entsprechenden Stelle leicht zu bestimmen.

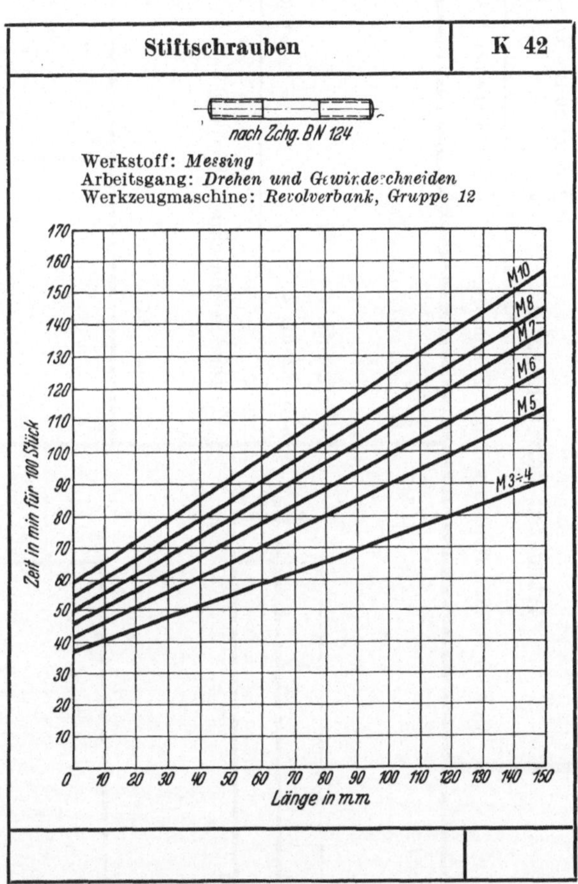

Abb. 61. Kurven für Stückzeitbestimmung: Drehen und Gewindeschneiden von Stiftschrauben.

Ein weiteres Beispiel (Abb. 61) zeigt, wie die Stückzeiten für Drehen und Gewindeschneiden von Stiftschrauben als Vergleichswerte abgelesen werden können. Auch hierbei sind zunächst für die verschiedenen Längen die dafür aufgewendeten Zeiten durch Zeitaufnahmen gewonnen und in das Netz eingetragen.

(Firma)

Arbeitszeit-Vorrechnung (Blatt 1)

Gehört zu Arbeitsplan gleicher Zeichnungs-Nr.

Zeichnungs-Nr.: *26105*
Teil: *1*
Arbeitsgang: *hobeln*

Skizze und Bemerkungen:

180; a; b; $78^{-0,3}$; c; d; $97^{-0,3}$

Rohmaße 180·100·20 mm

Gegenstand: *Unterlage*
Type: *G F 5*
Werkstoff: *St 3411*
Stückzahl: *2*
Rohgewicht: *2,8 kg*

Verwendete Maschine: *Shaping*
Inv.-Nr.: —
Gruppe: *34*
Abt.-Nr.: *4*

Rüstgrundzeit t_{rg} *10* min	**Hauptzeit t_h** Maschzeit: *24* min; Handzeit: — ,, **Nebenzeit t_n** Handzeit: *10,5* ,,
Rüstverlustzeit *10* v. H. t_{rv} *1* ,,	Grundzeit t_g: *34,5* min; *10* v. H. Verlustz.: t_{gv} *3,5* ,,
Rüstzeit t_r *11* min	Stückzeit t_{st} *38,0* min
Vorzugebende Rüstzeit t_r = *11* min	Vorzugebende Stückzeit bei Bedienung von 1 Maschine t_{st} = *38* min; 2 Maschinen t_{st} = *25* ,,

Lfd. Nr.	Arbeitsunterteilung	Bearb. Fläche	DIN-Passung Bearb.-Zeich.	Werkzeug-Vorrichtg.	D	L	B	i	Verwendete Kalkulations-Unterlagen	Rüst-Zeit t_r	Hauptzeit t_h		Nebz. t_n
					a	s (s')	v	n		min	Masch. min	Handz. min	Handz. min
1	*Hobeln*	*a*		*Schraubstock*			*105*						
2	,,	*b*		,,			*105*						
3	,,	*c*		,,			*25*						
4	,,	*d*		,,			*25*						
						Sa.	*260*						
						2·210	*260*	*1*			*24*		
						0,3	*15 000*						
5	*4 × spannen*		*(4 × 1,25)*										*5*
6	*4 × Stahl anstellen u. messen*		*(4 × 1)*										*4*
7	*entgraten*												*1,5*
											24		*10,5*

	Tag	Name	Änderungen
ausgef.	*26. 7. 31*	*Mü.*	
geprüft	*27. 7. 31*	*Re.*	

D = Drehdurchm. in mm; L = Arbeitsweg des Werkzeuges in der Länge in mm; B = Arbeitsweg des Werkzeuges in der Breite in mm; i = Anz. der Späne; a = Spantiefe in mm; s = Vorschub in mm je Umdrehung; s' = Vorschub in mm je min; v = Schnittgeschwindigkeit in m je min; n = Drehzahl je min.

Abb. 62. Arbeitszeit-Vorrechnung: **Einfaches Rechnen.**

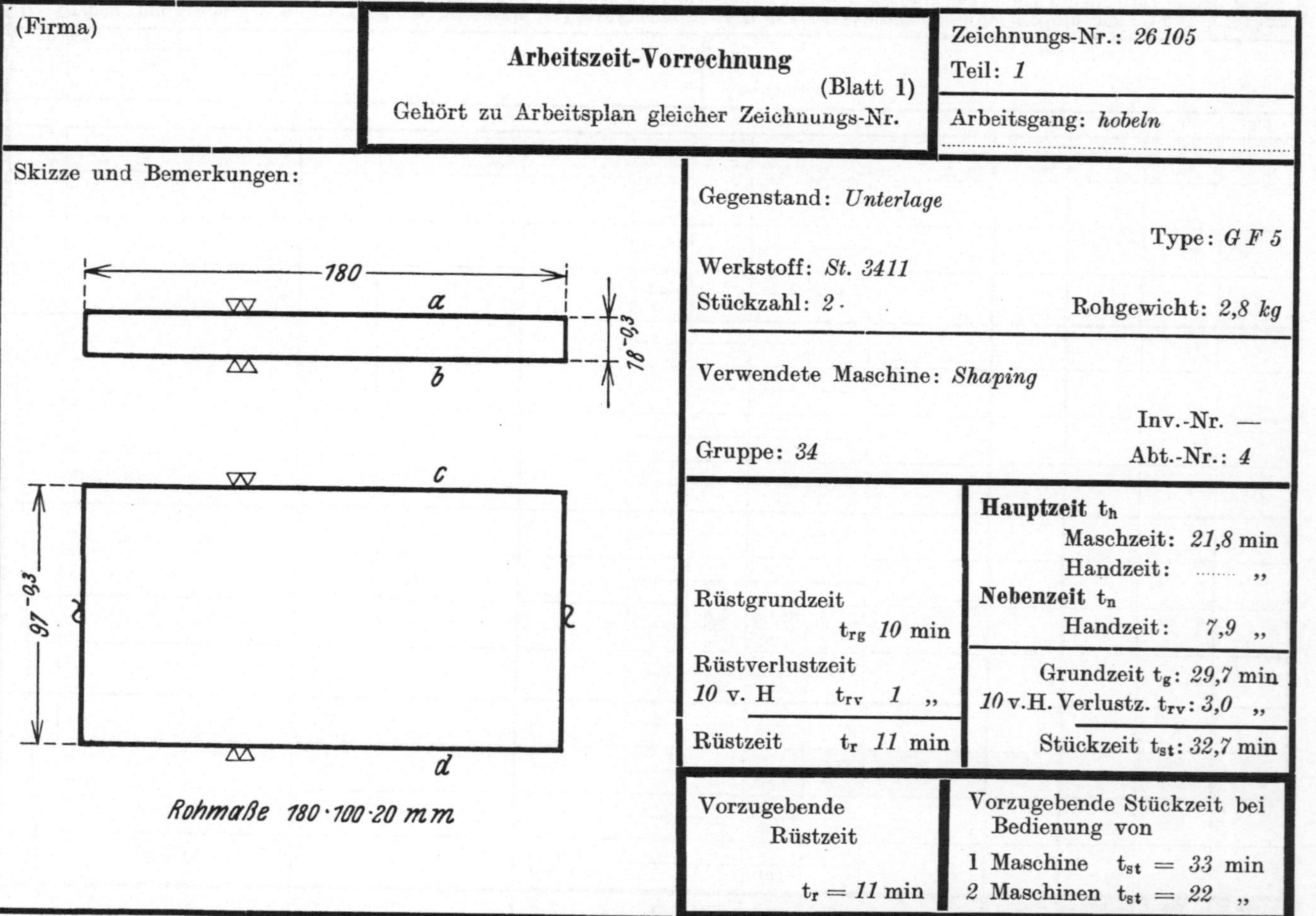

(Firma)

Arbeitszeit-Vorrechnung (Blatt 1)

Gehört zu Arbeitsplan gleicher Zeichnungs-Nr.

Zeichnungs-Nr.: *26 105*
Teil: *1*
Arbeitsgang: *hobeln*

Skizze und Bemerkungen:

Gegenstand: *Unterlage*
Type: *G F 5*
Werkstoff: *St. 3411*
Stückzahl: *2*
Rohgewicht: *2,8 kg*

Verwendete Maschine: *Shaping*
Inv.-Nr. —
Gruppe: *34*
Abt.-Nr.: *4*

Rüstgrundzeit t_{rg} *10* min	**Hauptzeit** t_h Maschzeit: *21,8* min
	Handzeit: .... „
	Nebenzeit t_n Handzeit: *7,9* „
Rüstverlustzeit *10* v. H t_{rv} *1* „	Grundzeit t_g: *29,7* min
	10 v.H. Verlustz. t_{rv}: *3,0* „
Rüstzeit t_r *11* min	Stückzeit t_{st}: *32,7* min

Vorzugebende Rüstzeit	Vorzugebende Stückzeit bei Bedienung von
	1 Maschine t_{st} = *33* min
t_r = *11* min	*2* Maschinen t_{st} = *22* „

Lfd. Nr.	Arbeitsunterteilung	Bearb. Fläche	DIN-Passung Bearb.-Zeich.	Werkzeug-Vorrichtg.	D	L	B	i	Verwendete Kalkulations-Unterlagen	Rüst-Zeit	Hauptzeit th		Nebz. tn
					a	s (s')	v	n		tr min	Masch. min	Handz. min	Handz. min
1	*Einspannen*								*H 24*				*0,6*
2	*Maschine einschalten Stahl anstellen u. messen*								*H 25*				*0,7*
3	*Hobeln*	*a*		*Schraubstock*		*0,3*	*105*	*1 / 40*	*H 20*		*8,8*		
4	*Maschine ausschalten umspannen*								*H 24*				*1,0*
5	*Maschine einschalten Stahl anstellen u. messen*												*0,7*
6	*Hobeln*	*b*		„		*0,3*	*105*	*1 / 40*			*8,8*		
7	*Maschine ausschalten umspannen*												*1,0*
8	*Maschine einschalten Stahl anstellen u. messen*												*0,7*
9	*Hobeln*	*c*		„		*0,3*	*25*	*1 / 40*			*2,1*		
10	*Maschine ausschalten umspannen*												*1,0*
11	*Maschine einschalten Stahl anstellen u. messen*												*0,7*
12	*Hobeln*	*d*		„		*0,3*	*25*	*1 / 40*			*2,1*		
13	*Maschine ausschalten ausspannen*												*0,3*
14	*entgraten u. messen*												*1,2*
											21,8		*7,9*

	Tag	Name
ausgef.	*26. 7. 31*	*Mü.*
geprüft	*27. 7. 31*	*Re.*

Änderungen:

D = Drehdurchm. in mm; L = Arbeitsweg des Werkzeuges in der Länge in mm; B = Arbeitsweg des Werkzeuges in der Breite in mm; i = Anz. der Späne; a = Spantiefe in mm; s = Vorschub in mm je Umdrehung; s' = Vorschub in mm je min; v = Schnittgeschwindigkeit in m je min; n = Drehzahl je min.

Abb. 63. Arbeitszeit-Vorrechnung: **Genaues Rechnen nach Richtwerten (aufgebaut auf Erfahrungswerten).**

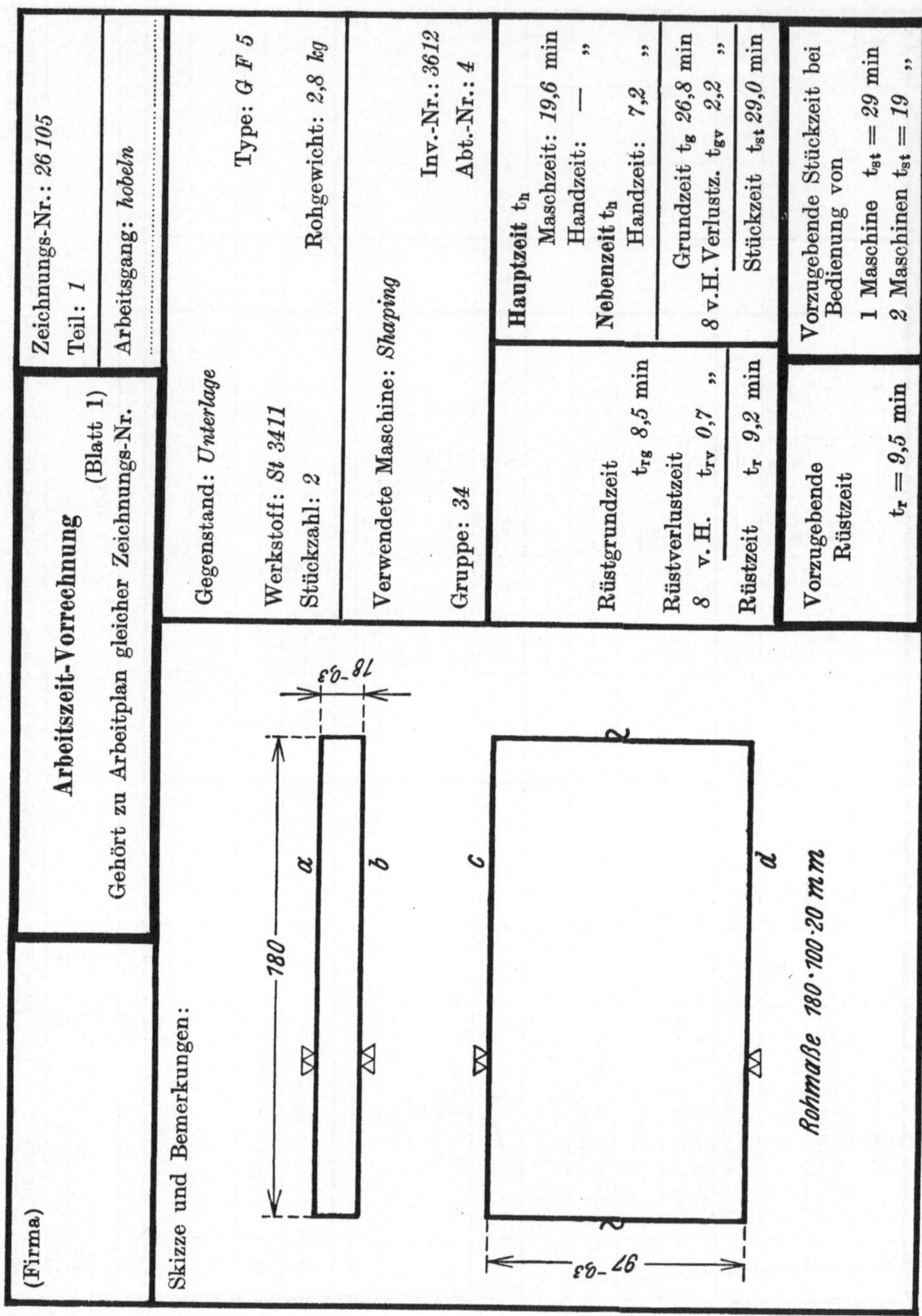

(Firma)

Arbeitszeit-Vorrechnung (Blatt 1)

Gehört zu Arbeitplan gleicher Zeichnungs-Nr.

Zeichnungs-Nr.: *26 105*

Teil: *1*

Arbeitsgang: *hobeln*

Gegenstand: *Unterlage*

Type: *G F 5*

Werkstoff: *St 3411*

Stückzahl: *2*

Rohgewicht: *2,8 kg*

Verwendete Maschine: *Shaping*

Inv.-Nr.: *3612*

Gruppe: *34*

Abt.-Nr.: *4*

Rüstgrundzeit t_{rg}	*8,5* min
Rüstverlustzeit *8* v. H. t_{rv}	*0,7* „
Rüstzeit t_r	*9,2* min

Hauptzeit t_h	
Maschzeit:	*19,6* min
Handzeit:	— „
Nebenzeit t_n	
Handzeit:	*7,2* „
Grundzeit t_g	*26,8* min
8 v.H. Verlustz. t_{gv}	*2,2* „
Stückzeit t_{st}	*29,0* min

Vorzugebende Rüstzeit $t_r = 9,5$ min

Vorzugebende Stückzeit bei Bedienung von

1 Maschine $t_{st} = 29$ min

2 Maschinen $t_{st} = 19$ „

Skizze und Bemerkungen:

Lfd. Nr.	Arbeitsunterteilung	Bearb. Fläche	DIN-Passung Bearb.-Zeich.	Werkzeug Vorrichtg.	D / a	L / s(s')	B / v	i / n	Verwendete Kalkulations-Unterlagen	Rüst-Zeit tr min	Hauptzeit th Masch. min	Hauptzeit th Handz. min	Nebz. tn Handz. min
1	*Einspannen*								*H 15*				*0,55*
2	*Maschine einschalten Stahl anstellen u. messen*								*H 16*				*0,60*
3	*Hobeln*	*a*		*Schraubstock*		*0,35*	*105*	*1* / *38*	*Maschinen-karte*		*7,9*		
4	*Maschine ausschalten aussp. u. Tisch zurückkurb.*								*H 16*				*0,40*
5	*Einspannen*								*H 15*				*0,55*
6	*Maschine einschalten Stahl anstellen u. messen*								*H 16*				*0,60*
7	*Hobeln*	*b*		„		*0,35*	*105*	*1* / *38*	*Maschinen-karte*		*7,9*		
8	*Maschine ausschalten aussp. u. Tisch zurückkurb.*								*H 16*				*0,40*
9	*Einspannen*								*H 15*				*0,55*
10	*Maschine einschalten Stahl anstellen u. messen*								*H 16*				*0,60*
11	*Hobeln*	*c*		„		*0,35*	*25*	*1* / *38*	*Maschinen-karte*		*1,9*		
12	*Maschine ausschalten aussp. u. Tisch zurückkurb.*								*H 16*				*0,40*
13	*Einspannen*								*H 15*				*0,55*
14	*Maschine einschalten Stahl anstellen u. messen*								*H 16*				*0,60*
15	*Hobeln*	*d*		„		*0,35*	*25*	*1* / *38*	*Maschinen-karte*		*1,9*		
16	*Maschine ausschalten aussp. u. Tisch zurückkurb.*								*H 16*				*0,40*
17	*entgraten u. messen*												*1,00*
											19,6		*7,20*

	Tag	Name
ausgef.	*26. 7. 31*	*Mü.*
geprüft	*27. 7. 31*	*Re.*

D = Drehdurchm. in mm; L = Arbeitsweg des Werkzeuges in der Länge in mm; B = Arbeitsweg des Werkzeuges in der Breite in mm; i = Anz. der Späne; a = Spantiefe in mm; s = Vorschub in mm je Umdrehung; s′ = Vorschub in mm je min; v = Schnittgeschwindigkeit in m je min; n = Drehzahl je min.

Abb. 64. Arbeitszeit-Vorrechnung: **Genaues Rechnen nach Richtwerten (gewonnen aus Zeitaufnahmen).**

Die Wahl des Verfahrens[1] wird beeinflußt durch den verlangten Genauigkeitsgrad der Kalkulationsrechnung und ist vor allem abhängig von der Zahl der innerhalb eines Zeitabschnittes voraussichtlich vorkommenden Werkstücke. Die für die Stückzeitermittlung von Fall zu Fall aufzuwendende Zeit soll in einem erträglichen Verhältnis zum Gesamtumfang der Fertigung stehen. Die Größe dieses Anteiles hängt von der Organisationsstufe des Betriebes ab. Für kleinere Gesamtzeiten können z. B. einfaches Rechnen und Vergleichen am Platze sein, während für größere Gesamtzeiten genaues Rechnen, Zeitstudien und Vergleichen in Frage kommen. Dieser Fall z. B. ist in der Reihen- und Massenfertigung durch die Höhe der Stückzahlen gegeben. In der Einzelfertigung wird hauptsächlich mit den Verfahren des Rechnens und Vergleichens gearbeitet werden. Das Zeitstudienverfahren dagegen wird dann am Platze sein, wenn es sich um Zeiten für Griffgruppen handelt, die sich bei gleichen oder verschiedenen Teilen wiederholen. Die Fortentwicklung der Zeitstudien, insbesondere bei der Handarbeit, führte in Deutschland durch die Bestrebungen von F. Ludwig zur besonderen Beachtung der Bewegungsform und -geschwindigkeit sowie der Arbeitsleistung. Die gesetzmäßigen Zusammenhänge, die im Aufsatz von Klein: „Untersuchungen zur Bestimmung optimaler Handarbeitszeiten für die industrielle Fertigung“ (Maschinenbau 1931, Heft 9) ausfürlich behandelt sind, geben die Möglichkeit, Stückzeiten für Handarbeiten nach Richtwerttafeln durch Ermittlung der mittleren Bewegungsgeschwindigkeit und Arbeitsleistung zu bestimmen.

Eine andere Möglichkeit, die für die Stückzeitvorrechnung eines Arbeitsauftrages erforderliche Zeit einzuschränken, besteht darin, verschiedene Arten der Stückzeitvorrechnung nebeneinander zu verwenden; so z. B. die Rüstzeit durch einfaches Rechnen, die Hauptzeit durch genaues Rechnen und die Nebenzeit aus durch Zeitaufnahmen entwickelten Unterlagen. Zur Ermittlung von Stückzeiten sind vom AWF und Refa die Vordrucke AWF 432 und 433 entwickelt. Richtige Stückzeiten können nur bei planmäßigem Aufbau der Vorrechnung erzielt werden. Die genannten Vordrucke haben den Vorteil, daß man für eine Neuaufstellung, bei der zum Teil gleichartige oder ähnliche Arbeitsgänge vorkommen, die auf dem Vordruck übersichtlich eingetragenen Zahlen als Grundlage für die neue Arbeitszeitermittlung unverändert übernehmen kann. Für die Nachprüfung ist es wertvoll, wenn alle Einzelheiten der beim Aufbau verwendeten Unterlagen eingetragen sind.

---

[1] Lit.-Verz. 26, 64, 91, 97.

Abb. 62 zeigt ein Beispiel der Arbeitszeitvorrechnung nach dem Verfahren des einfachen Rechnens. Die Arbeitsunterteilung ist nur soweit durchgeführt, als es die Genauigkeit dieses Verfahrens verlangt. Die Hauptzeiten sind überschlägig ermittelt unter Anwendung vereinfachter Formeln (Faustformeln). Die Nebenzeiten sind Erfahrungswerte. Abb. 63 zeigt eine Arbeitszeitvorrechnung für denselben Arbeitsgang wie vorher, jedoch nach dem Verfahren des genauen Rechnens. Die Arbeitsunterteilung ist mit Rücksicht auf die verlangte größere Genauigkeit des Ergebnisses weitgehender durchgeführt. Haupt- und Nebenzeiten sind planmäßig aufgebauten Richtwerttafeln entnommen. Eine weitere Arbeitszeitvorrechnung des gleichen Arbeitsganges, bei der die Hauptzeiten unter Anwendung von Richtwerttafeln, die auf Grund von Arbeits- und Zeitstudien gewonnen sind, ist in Abb. 64 gegeben. Die Hauptzeiten sind hierbei unter Berücksichtigung einer ganz bestimmten Maschinenart und -leistung unter Verwendung der Maschinenleistungskarte errechnet. Entweder werden zur Bestimmung der Rechnungsdaten, z. B. Drehzahl, Vorschub usw., die Maschinenleistungskarten verwendet, oder die Hauptzeiten für bestimmte Drehlänge, z. B. 10 mm, aus Tafeln entnommen, die unter Zugrundelegung einer bestimmten Maschine aufgestellt sind. Die Nebenzeiten sind Richtwerttafeln entnommen, die auf Grund von Zeitaufnahmen entwickelt sind. Der Verlustzeitzuschlag ist durch Verlustzeitaufnahmen an der betreffenden Maschine bzw. Maschinengruppe festgelegt.

Stückzeitstammkarte (Akkordkarteikarte).

Alle Arbeitszeitwerte, die durch einfaches Rechnen, genaues Rechnen, Zeitstudien, Vergleichen ermittelt wurden, sind in eine Stückzeitstammkartei aufzunehmen. Jede Stückzeitkarte enthält jeweilig alle Stückzeiten der an einem Teil in einer Werkstatt vorkommenden Arbeitsgänge und bildet somit die Grundlage für die Arbeitszeitvorgabe in der Werkstatt. Es empfiehlt sich, die Stückzeitkarten z. B. nach Zeichnungs-Teilnummern oder Typenbezeichnungen abzulegen. Ein Beispiel einer solchen Karte zeigt Abb. 65. Änderungen in Stückzeitstammkarten dürfen nur vom Arbeitsbüro (Gruppe: Vorkalkulation) vorgenommen werden.

Richtwerttafeln.

Man unterscheidet Entwicklungs- und Gebrauchstafeln für Richtzeitwerte. Die Aufstellung von Entwicklungstafeln beginnt mit der systematischen Sammlung von Zeitwerten. Je nach der vorgesehenen Art der

Stückzeitstammkarte	Gegenstand: *Unterer Drehgestellbalken 2A 4H 1*	Zchg.: *D 2 A 45* Teil: *45*
	Type: *D 2 A*	Werkstoff: *S 42.21*

Lfd. Nr.	Stck. m kg	Arbeitsgänge	Werkzg. Vorrichtung Nr.	Abtlg. Arbeitsplatz	Maschinengruppe	Unk.-Klasse	Arb.-Klasse	Rüstzeit tr Min.	Rüstzeit tr Min.	Stückzeit t_{st} Min.	Stückzeit t_{st} Min.	Stückzeit t_{si} Min.	Skizzen und Bemerkungen
1	*1*	*Auf Länge schneiden* . .	*BS 12*	*MS 4*	*10*	*34*	*III*	*5*		*3,55*			
2	*1*	*Ecken ausklinken* . . .	*BS 15*	*MS 7*	*10*	*34*	*III*	*12*		*4,68*			
3	*1*	*Bohren*	*SH 45*	*MB 5*	*14*	*25*	*III*	*3*		*4,47*			
4	*1*	*Sattelstücke annieten* . .	*MEF 3*	*HA 21*	*9*	*46*	*II*	*5*		*21,55*			

Die Zeiten gelten bei gleichzeitiger Anfertigung von mindestens *100* Stck.		Aufgestellt am: *26. 2. 30* „ von: *Lei.*

Abb. 65. Stückzeitstammkarte.

Stückzeitbestimmung, z. B. einfaches Rechnen, genaues Rechnen, Zeitstudien oder Vergleichen, werden solche Entwicklungstafeln in ihrem Aufbau mehr oder weniger fein unterteilt, und je nach der Art der Ermittlung werden die Zeitwerte genauer oder abgerundeter in den Richtwerttafeln sein. Je besser das Sammelwerk solcher Unterlagen in einem Betrieb gegliedert ist und je sorgfältiger die Richtwerttafeln für einen Betrieb aufgebaut sind, desto besser werden die ermittelten Stückzeiten mit der Wirklichkeit übereinstimmen. Die Richtwerttafeln können als Zahlentafeln und auch als Nomogramme aufgestellt werden, z. B. als

Richtwerttafeln für Rüstzeiten[1],

Richtwerttafeln für Nebenzeiten[1],

Richtwerttafeln für Spanquerschnitte[2], Schnittgeschwindigkeiten und Vorschübe.

Aus den Entwicklungstafeln werden zur schnelleren Durchführung der Stückzeitermittlung Gebrauchstafeln aufgebaut. Solche Gebrauchstafeln enthalten Zeitwerte, gruppiert nach bestimmten Gesichtspunkten. Als Beispiel dienen die in Abb. 66 und 67 gezeigten Refa-Blätter. Je größer die vorgegebenen Stückzahlen sind und je mehr sich eine Fertigung der Massenfertigung nähert, um so einfacher lassen sich derartige Gebrauchstafeln aufstellen. Ein Beispiel einer solchen Tafel aus der großen Reihenfertigung „Drehen von Wellen" ist in Abb. 68 gebracht. In dieser Nebenzeittafel sind im oberen Teil die Griffe zusammengefaßt, aus denen die auf der unteren Seite der Tafel gebildeten Griffgruppen entstanden sind und welche in die vom AWF und Refa entwickelten Vordrucke eingesetzt werden können. Gebrauchstafeln können für Reihenfertigung auch als Nomogramme durchgebildet werden, wie sie in Abb. 60 und 61 gezeigt sind. Gut durchgebildete Gebrauchstafeln tragen wesentlich dazu bei, den Zeitaufwand für die Stückzeitermittlung zu vermindern.

---

[1] Lit.-Verz. 58, 64, 92—95.

[2] Lit.-Verz. 17, 50, 58, 64, 92—95.

ADB[1] Refa[2]	Rüstzeit für Horizontalfräsen				VIII Fräs 9

Gebrauchstafel für das Rüsten an mittelgroßen Horizontal-Fräsmaschinen, entwickelt nach Blatt VIII Fräs 8

Rüstzeiten für Horizontal-Fräsarbeiten ohne Gegenhalter

Ziffer	Maschine rüsten für	mit einfachem Fräser	mit Satzfräser	mit 2 Scheibenfräsern	mit 4 Scheibenfräsern
1	Spannen auf dem Tisch	20,5	30,5	25,5	28,5
2	Spannen im Schraubstock	20,5	30,5	25,5	28,5
3	Spannen in einer kleinen Vorrichtung	20,5	30,5	25,5	28,5
4	Spannen in einer großen Vorrichtung	26	36	31	34
5	Spannen am kleinen Winkel	23,5	33,5	28,5	31,5
6	Spannen am großen Winkel	28	38	33	36

Rüstzeiten für Horizontal-Fräsarbeiten mit Gegenhalter

Ziffer	Maschine einrichten für	mit einfachem Fräser	mit Satzfräser	mit 2 Scheibenfräsern	mit 4 Scheibenfräsern
1	Spannen auf dem Tisch	22	32	27	30
2	Spannen im Schraubstock	22	32	27	30
3	Spannen in einer kleinen Vorrichtung	22	32	27	30
4	Spannen in einer großen Vorrichtung	27,5	37,5	32,5	35,5
5	Spannen am kleinen Winkel	25	35	30	33
6	Spannen am großen Winkel	29,5	39,5	34,5	37,5

Rüstzeiten für Horizontal-Fräsarbeiten mit Gegenhalter und Gegenhalterstütze.

Ziffer	Maschine einrichten für	mit einfachem Fräser	mit Satzfräser	mit 2 Scheibenfräsern	mit 4 Scheibenfräsern
1	Spannen auf dem Tisch	24	34	29	32
2	Spannen im Schraubstock	24 *	34	29	32
3	Spannen in einer kleinen Vorrichtung	24	34	29	32
4	Spannen in einer großen Vorrichtung	29,5	39,5	34,5	37,5
5	Spannen am kleinen Winkel	27	37	32	35
6	Spannen am großen Winkel	31,5	41,5	36,5	39,5

Falls für die Erledigung eines Arbeitsganges außer dem bereits berechneten Fräser für eine weitere Arbeitsstufe ein anderer Fräser noch benötigt wird, ist für das Rüsten dieser neuen Arbeitsstufe eine neue Rüstzeit erforderlich, die in der Form eines Zuschlages wie folgt berechnet wird:

Für die Einstellung eines weiteren einfachen Fräsers . . 6 Minuten
Für die Einstellung eines weiteren Satzfräsers . . . . . 16 Minuten
Für die Einstellung von 2 Scheibenfräsern . . . . 11 Minuten
Für die Einstellung von 4 Scheibenfräsern . . . . 14 Minuten

Die Zeiten enthalten keine Zuschläge für allgemeine Verluste.

* Entwicklung siehe Blatt VIII Fräs 7

Oktober 1926 Ausgearbeitet von dem Lehrkörper des Berliner Refa-Kuratoriums (den Herren C. W. Drescher, K. Hegner und Dr. Ing. J. Kunz)

[1] Arbeitsgemeinschaft Deutscher Betriebsingenieure im Verein Deutscher Ingenieure

[2] Reichsausschuß für Arbeitszeitermittlung

Abb. 66. Refablatt: Gebrauchstafel. — Rüstzeit für Fräsen.

ADB[1] Refa[2]	Kalkulationsunterlagen in der Fräserei	VIII Fräs 2 VI

Handzeiten.

In dieser Tafel sind auf Grund von Zeitaufnahmen eine Reihe von Handzeiten aufgeführt, die zum Anstellen von Spänen in der Fräserei notwendig sind. Die Zeiten sind an Gruppen von ähnlich gestalteten Maschinen aufgenommen, und zwar sind zwei solcher Gruppen gebildet. Leichte Maschinen mit einer Tischaufspannfläche von ca. 800×300 mm und mittelschwere Maschinen mit einer Tischaufspannfläche von 1000×450 mm.

Länge der Bewegung	Verstellung des Aufspannschlittens parallel zur Arbeitsspindel		Verstellung des Aufspannschlittens quer zur Arbeitsspindel für leichte oder mittelschwere Maschine	Verstellung des Konsols mittelschwere Maschine		Verstellung des Konsols leichte Maschine
	mittelschwere Maschine	leichte Maschine		Aufwärtsbewegung	Abwärtsbewegung	Aufwärts- oder Abwärtsbewegung
50 mm	0,08	0,06	0,15	0,30	0,25	0,12
100 „	0,16	0,12	0,30	0,65	0,55	0,24
150 „	0,24	0,18	0,45	1,00	0,85	0,36
200 „	0,32	0,24	0,60	1,40	1,20	0,48
250 „	0,40	0,30	0,75	1,85	1,55	0,60
300 „	0,48	0,36	0,90	2,35	1,95	0,72
350 „	0,56		1,05	2,90	2,40	0,84
400 „	0,64		1,20	3,50	2,90	0,96
450 „	0,74		1,35	4,15	3,45	—
500 „			1,50	4,85	4,05	—

Anstellen und Messen
(die Zeit für die Verstellung des Aufspannschlittens oder des Konsols kommt außerdem hinzu)

Anstellen bei Einhalten von einem Maß	mittelschwere Maschine	leichte Maschine
a) Toleranz bis 0,5 mm	0,35	0,25
b) „ „ 0,1 „	0,85	0,60
c) „ „ 0,01 „	1,7	1,2
Anstellen bei Einhaltung von zwei von einander abhängigen Maßen		
a) Toleranz bis 0,5 mm	0,55	0,40
b) „ „ 0,1 „	1,30	0,90
c) „ „ 0,01 „	2,50	1,80
Anstellen bei stufenweisen Arbeiten (siehe VIII Dr VI 16 Refa)		
a) Toleranz bis 0,5 mm	0,25	0,20
b) „ „ 0,1 „	0,35	0,30
c) „ „ 0,01 „	0,50	0,45

Juni 1925

[1] Arbeitsgemeinschaft Deutscher Betriebsingenieure im Verein Deutscher Ingenieure

[2] Reichsausschuß für Arbeitszeitermittlung

Abb. 67. Refablatt: Gebrauchstafel. — Nebenzeiten für Fräsen.

Abmessungen in mm	Anstellen						
	Griffzeiten in Minuten						
Durchmesser der Zapfen	Lfd. Nr. 1 Maschine einrücken		2 Vorschub einstellen Pos. a		3 Span anstellen Pos. b		Bemerkung
	Type RU II	Type RU III	Type RU II	Type RU III	Type RU II	Type RU III	
bis 10	*0,04*		*0,11*		*0,04*		*für Zapfen an Wellenende*
11–19	*0,045*		*0,12*		*0,045*		
20–39	*0,05*		*0,15*		*0,05*		
40–50		*0,055*		*0,17*		*0,055*	
bis 39	*0,03*		*0,09*		*0,03*		*für Zapfen nicht an Wellenende*
40–50		*0,045*		*0,13*		*0,045*	

Abmessungen in mm	Anstellen: Rundungen u. Nuten einstechen					
	Griffzeiten in Minuten					
Länge der Zapfen	4 Support zurückkurbeln Pos. c		5 Umschalten d. Rev.-Kopfes Pos. d		6 Span anstellen Pos. b	
	Type RU II	Type RU III	Type RU II	Type RU III	Type RU II	Type RU III
bis 25	*0,07*	*0,08*	*0,05*	*0,05*	*siehe Anstellen in bezug auf ∅ lfd. Nr. 3*	*siehe Anstellen in bezug auf ∅ lfd. Nr. 3*
26– 50	*0,075*	*0,09*				
51– 75	*0,08*	*0,09*				
76–100	*0,09*	*0,10*				
101–150	*0,10*	*0,11*				
151–200	*0,12*	*0,12*				
201–250	*0,13*	*0,13*				
251–300	*0,145*	*0,15*				
301–350	*0,15*	*0,15*				
351–400	*0,16*	*0,16*				

Abmessungen in mm		Spannen: Aufnehmen und Einspannen der Welle									
		Griffzeiten in Minuten									
Länge der Welle	Größter ∅ der Welle	11 Werkstück aufnehmen		12 Körner ölen		13 Drehherz aufspannen		14 Werkstück zwischen Spitzen führen		15 Pinole Pos. e vorkurbeln und Knebel Pos. f festziehen	
		Type RU II	Type RU III	Type RU II	Type RU III	Type RU II	Type RU III	Type RU II	Type RU III	Type RU II	Type RU III
bis 500	*bis 35*	*0,02*		*0,02*		*0,03*		*0,02*		*0,05*	
501–700	*36–50*		*0,02*		*0,025*		*0,035*		*0,02*		*0,06*
550–700	*bis 50*		*0,025*		*0,03*		*0,045*		*0,025*		*0,075*

Abb. 68. Gebrauchstafel für Nebenzeiten:

Abmessungen in mm	Anstellen: Abrundungen drehen — Griffzeiten in Minuten								Abmessungen in mm	Messen — Zeiten in Minuten		
Länge der Zapfen	7 Support zurückkurbeln Pos. c — Type		8 Planzug v.Hd. kurbeln Pos. b — Type		9 Span anstellen Pos. b — Type		10 Maschine ausrücken — Type		Größter Ø der Welle	Auslauf der Bank	Messen A-Seite	Messen B-Seite
	RU II	RU III	RU II	RU III	RU II	RU III	RU II	RU III				
					Siehe Anstellen in bezug auf Ø lfd. Nr. 3	*Siehe Anstellen in bezug auf Ø lfd. Nr. 3*			*6–13*	*0,10*	*0,05*	*0,15*
									15–22	*0,11*		*0,17*
bis 75	*0,04*	*0,05*	*0,05*	*0,05*			*0,04*	*0,04*	*25–30*	*0,12*		*0,18*
76–100	*0,05*	*0,07*	*0,05*	*0,05*			*0,04*	*0,04*	*31–35*	*0,13*		*0,19*
101–150	*0,07*	*0,08*	*0,05*	*0,05*			*0,04*	*0,04*	*40*	*0,14*		*0,20*
151–200		*0,09*		*0,05*				*0,04*	*45*	*0,17*		*0,23*
									50	*0,20*		*0,27*

Spannen: Ausspannen und Ablegen der Welle — Griffzeiten in Minuten							
16 Knebel Pos. f lösen und Pinole Pos. e zurückkurb. — Type		17 Werkstück aus Spitzen nehmen — Type		18 Drehherz abspannen — Type		19 Werkstück weglegen — Type	
RU II	RU III	RU II	RU III	RU II	RU III	RU II	RU III
0,05		*0,02*		*0,03*		*0,02*	
	0,06		*0,02*		*0,035*		*0,02*
	0,075		*0,025*		*0,045*		*0,025*

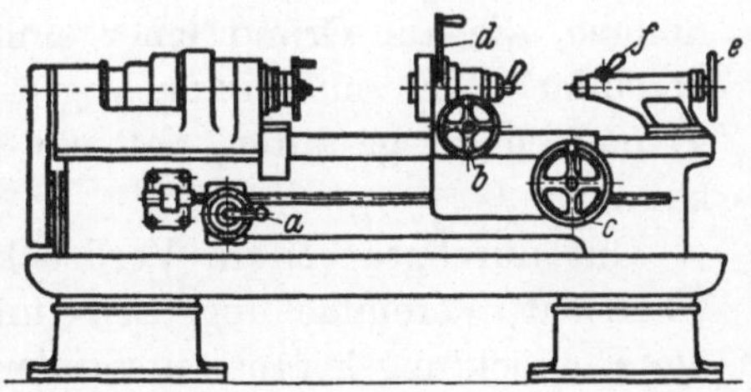

Drehen von Wellen auf Revolverbänken.

III. Auftragsbearbeitung.

Die Auftragsbearbeitung bildet einen wichtigen Teil der Fertigungsvorbereitung, bringt Zwangläufigkeit und Übersicht in das Auftragswesen, trägt zur Verminderung von Fehlern in der Disposition und in der Abrechnung sowie zur Einhaltung der Termine bei.

Liegt in einem Betriebe das Auftragswesen[1] so einfach, daß bei geringer Verschiedenheit der Art der Auftragsgegenstände und bei geringer Zahl der Bestelleingänge zur Auftragsbearbeitung ein selbständig arbeitendes Personal zur Verfügung steht, so kann u. U. für kleinste Betriebe die mündliche Art der Auftragserteilung genügen. Meist sind es kleine gewerbliche oder handwerkliche Unternehmungen, Ausbesserungswerkstätten oder dgl., die sich dieser Art der Auftragsbearbeitung bedienen.

Die nächste Organisationsstufe sieht bereits die handschriftliche Eintragung der einlaufenden Bestellungen vor. Meist verwendet man dann einfache Zettel, die in mehr oder weniger planmäßiger Form in die Werkstatt gegeben werden.

Für Betriebe mit verschiedenartiger Fertigung und größerem Bestelleingang ist diese Art handschriftlicher Auftragsbehandlung jedoch unzulänglich.

Schwer lesbare Handschrift, zeitraubende Rückfragen oder Fehler in der Auftragsausführung, haben Veranlassung gegeben, bei der Auftragsausschreibung die Maschinenschrift anzuwenden. Um wiederkehrende Leitworte, wie Anzahl, Einheit, Gegenstand, Termin, Bearbeiter, Buchungs- und Ablegungsvermerke nicht bei jeder Auftragsausschreibung wiederholen zu müssen, hat sich in der Praxis der Vordruck entwickelt. Die büromäßige Vorbereitung der Aufträge wird durch kurze und klare Bezeichnungen, die auf Grund einer einheitlichen Systematik gewählt werden, vereinfacht. Es muß danach gestrebt werden, die Auftragsbearbeitung so einfach zu gestalten, daß sie von Hilfskräften durchgeführt werden kann.

Gut durchgearbeitete Vordrucke bringen Zwangläufigkeit, Ordnung, Übersicht, Vereinfachung, Zeit- und Kostenersparnis mit sich. Eine aus der Entwicklung heraus entstandene Form und Anwendungsart der Auftragsvordrucke, ohne Eingliederung in eine planmäßige Arbeitsvorbereitung, wie sie noch in vielen Betrieben anzutreffen ist, führt, besonders wenn die Art der Erzeugnisse häufig wechselt, zu einer starken Belastung des Betriebes.

[1] Lit.-Verz. 25, 117.

Die Auftragsvorbereitung hat sich, um Zeit zu sparen, Verluste zu verringern und Übersicht zu schaffen, in der Praxis immer weiter entwickelt. Sie erfüllt aber erst dann ihren Zweck, wenn sie planmäßig durchdacht ist. Als Ausgangspunkt der Fertigungsvorbereitung gilt demnach nur die Auftragsvorbereitung, die sich vernunftgemäß in die gesamte Fertigungsvorbereitung eingliedert. Knappe und klare Auftragsausschreibung, möglichst mehrfache Anwendbarkeit der Vordrucke, zwangsläufige Kontrolle, sind einige der wichtigsten Punkte. Oberflächliche Behandlung der Auftragsvorbereitung hat manchen erfolgversprechenden Versuch, zu einer geordneten Arbeitsvorbereitung zu kommen, oft genug zum Scheitern gebracht. Deshalb kann nicht genug betont werden, daß die Auftragsvorbereitung mit größter Sorgfalt durchgeführt sein muß, um die Grundlage für eine fortschrittliche Fertigungsvorbereitung zu sein.

Die Vorbereitung der Aufträge verlangt Erkennen der Zusammenhänge und begriffliche Klarheit im Auftragswesen. Der Ausschuß für wirtschaftliche Fertigung (AWF) hat gemeinsam mit dem Ausschuß für wirtschaftliche Verwaltung (AWV) vor einigen Jahren eine Klärung der Zusammenhänge im Auftragswesen[1] geschaffen und einheitliche Begriffe festgelegt.

Die Auftragsvorbereitung beginnt mit dem Abschluß des Vorganges, der einen Auftrag auslösen soll, und ist beendet mit dem Ausschreiben der Aufträge, die die Ausführung unmittelbar bewirken.

Begriffsbestimmung:

„Auftragsvorbereitung als Teil der Arbeitsvorbereitung ist die Gesamtheit der Mittel und Maßnahmen, die dazu dienen, das Ausschreiben der Aufträge planmäßig so zu gestalten, daß die Arbeitsausführung mit einem Mindestmaß an Aufwand vor sich gehen kann.“

Durch unterschiedliche Bezeichnungen gleicher Begriffe entsteht Verwirrung; vielfach hat Auftrag, Kommission, Order, sogar nur Zettel und Karte, gleiche Bedeutung.

„Auftrag ist eine Willenserklärung, die die empfangende Stelle zur Ausführung einer innerwerklichen Leistung verpflichtet.“

Willensäußerungen von Stellen, die außerhalb des Betriebes stehen (z. B. von Kunden), werden nicht als Aufträge, sondern als Bestellungen oder dgl. bezeichnet.

---

[1] Lit.-Verz. 25, 41, 106a.

Willensäußerungen von Stellen innerhalb des Betriebes, die nicht befugt sind, Aufträge zu erteilen, werden als Meldung, Anforderung oder Antrag bezeichnet.

Die schematische Darstellung Abb. 69 zeigt die gegenseitige Abhängigkeit der Auftragsarten. Die Auftragsarten der ersten Reihe, die *Hauptaufträge* (Kunden-, Vorrats-, Ersatz-, Betriebs-, Anlagenauftrag), bilden jeweils den Ausgang einer entsprechenden Auftragsvorbereitung. Diese setzt ein, wenn

eine *Bestellung* der Kundschaft hinsichtlich Ausführbarkeit geklärt und bestätigt ist, oder

eine *Bedarfsanmeldung* zum Zweck der Auffüllung des Lagers, oder

eine *Ersatzanforderung* zum Zwecke des Ersatzes bei Fehlarbeit, oder

ein *Antrag auf Instandsetzung* von Maschinen oder Werkseinrichtungen zur Durchführung von Versuchen und Neukonstruktionen, oder

ein *Antrag zur Neuanschaffung* oder *Neuanfertigung* einer Anlage geprüft und genehmigt ist, und endet mit dem Ausschreiben des Lagerversand-, des Einkaufs- oder des Fertigungsauftrages mit seinen Bereitstell-, Förder-, Arbeits- und Prüfaufträgen. Nach Prüfung und Genehmigung der Bestellung vom Kunden, der Bedarfsanmeldung usw. werden die entsprechenden Hauptaufträge ausgeschrieben. Dabei ist zu entscheiden, ob diese Aufträge durch Lagerversand-, Einkaufs- oder Fertigungsauftrag ausgeführt werden sollen. Die Aufträge der nachfolgenden Reihe in der Darstellung (Lagerversand-, Fertigungs- und Einkaufsauftrag) treten immer in Abhängigkeit von den Aufträgen der ersten Reihe, den Hauptaufträgen, auf. Der Einkaufsauftrag kann aber auch mittelbar durch den Fertigungsauftrag, z. B. durch Bezug von Guß, Halbfabrikaten oder dgl., ausgelöst werden. In der Darstellung ist dies durch die Linie, vom Fertigungsauftrag zum Einkaufsauftrag, angedeutet.

Die Benennung der Auftragsarten bezieht sich auf den ausgelösten Vorgang. Eine Ausnahme bildet der *Kundenauftrag*, da er verschiedene Vorgänge, nämlich Lieferung vom Lager, Lieferung durch Fertigung und durch Bezug von auswärts, auslösen kann, die nicht unter einer Zweckbezeichnung zusammenzufassen sind. Der Auftrag ist in diesem Fall nach dem Urheber, dem Kunden, bezeichnet. Ferner sind unter *Betriebsauftrag* verschiedene, auf Gemeinkostenkonto zu verrechnende Aufträge, wie Versuchs-, Instandsetzungs-, Konstruktionsaufträge u. dgl., zusammengefaßt.

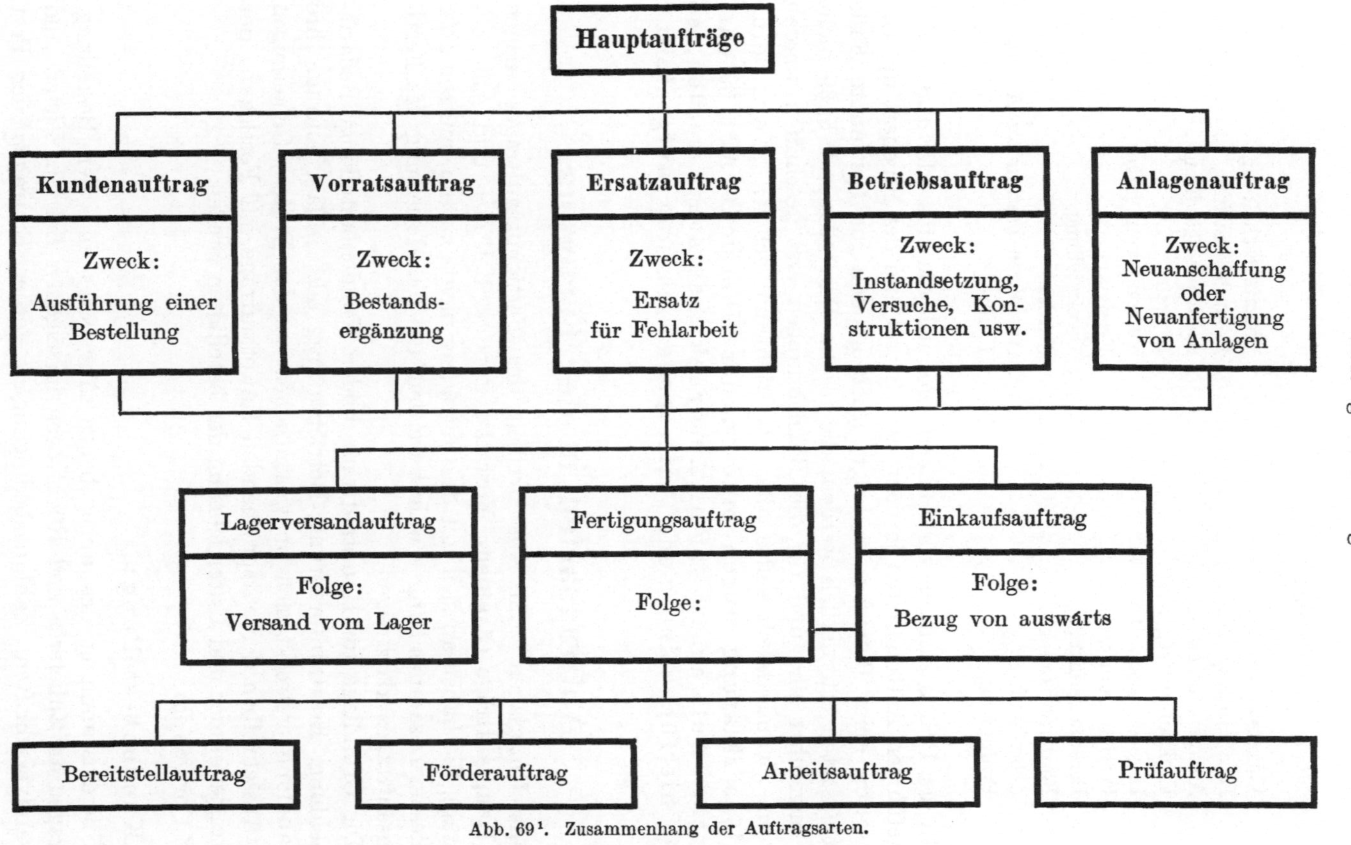

Abb. 69[1]. Zusammenhang der Auftragsarten.

[1] Aus AWF 224: Arbeitsvorbereitung — Richtlinien für Auftragsvorbereitung.

Ausgelöst wird durch:

Vorratsauftrag	Vorratsbeschaffung
Ersatzauftrag	Ersatzbeschaffung
Anlagenauftrag	Anlagenbeschaffung
Einkaufsauftrag	Einkauf
Lagerversandauftrag	Versand vom Lager
Fertigungsauftrag	Fertigung
Bereitstellauftrag	Bereitstellung
Förderauftrag	Fördern
Arbeitsauftrag	Ausführen bestimmter Arbeiten
Prüfauftrag	Prüfung

In der Praxis kann es vorkommen, daß sich die eine oder andere der aufgeführten Auftragsarten je nach dem Stand und der Eigenart der Organisation eines Betriebes erübrigt. Auch können für bestimmte Fälle Auftragsarten erforderlich werden, die in der Darstellung Abb. 69 nicht mit angeführt sind und für die Bezeichnungen erst geschaffen werden müssen. Grundsätzlich sollte aber als Richtlinie gelten: „Kann eine Willenserklärung durch eine in der Übersicht Abb. 69 enthaltene Auftragsart zum Ausdruck gebracht werden, so wird hierfür keine neue Auftragsbezeichnung aufgestellt.“

Auftragsarten in der Fertigung.

Als Unterlagen zum Ausschreiben des Fertigungsauftrages dienen die Hauptaufträge (Kunden-, Vorrats-, Ersatz-, Betriebs- und Anlagenauftrag). Sie haben an sich mit der Fertigung nichts zu tun, müssen aber in diesem Zusammenhang erwähnt werden, um die Herleitung des Fertigungsauftrages klarzulegen.

Die Grundlage für Hauptaufträge bilden Kundenbestellung, Bedarfsanmeldung, Ersatzanforderung, Betriebsantrag oder Anlagenantrag. Ihre Behandlung erstreckt sich im wesentlichen auf das Prüfen, Genehmigen und Ausschreiben der entsprechenden Hauptaufträge mit Festlegung der Auftragsnummer und Unterrichtung der beteiligten Stellen.

Zu prüfen ist

bei Kundenbestellung:

Übereinstimmung des abgegebenen Angebotes mit der Bestellung, Anfragen an Zulieferer und Rückfragen im eigenen Betrieb, Liefer- und Versandvorschriften, Zahlungsbedingungen; ferner Eintragen der Post und Bestätigen des Einganges, Einholen von Auskünften über unbekannte Besteller, Auftragsbestätigung;

bei Bedarfsanmeldung:

Verbrauchs- oder Absatzmöglichkeit, wirtschaftliche Fertigung, Verbesserungsmöglichkeit der Konstruktion, Liefertermin;

bei Ersatzanforderung:

Ursache der Fehlarbeit, schon erfolgte Bearbeitung an dem Fehlstück, Möglichkeit einer weiteren Verwertung des Fehlstückes, Verrechnungsart, frühester Liefertermin;

bei Betriebsantrag:

Zweckmäßigkeit, Wirtschaftlichkeit, Liefertermin;

bei Anlagenantrag:

Begründung, Zweckmäßigkeit, Wirtschaftlichkeit, Gutachten, Art der Ausführung, Bauzeit.

Die Bearbeitung der fünf Hauptaufträge erfolgt grundsätzlich nach gleichartigen Gesichtspunkten und führt zum Ausschreiben der Fertigungsaufträge oder, wird ein Auftrag überhaupt nicht oder nur teilweise im eigenen Werk ausgeführt, zum Ausschreiben eines Einkaufsauftrages. Beim Kundenauftrag besteht außerdem noch eine weitere Möglichkeit der Auftragsausführung, nämlich der durch Lagerversandauftrag, wenn der Auftragsgegenstand unmittelbar vom Lager entnommen werden kann.

Führt ein Hauptauftrag zum Fertigungsauftrag, so erfährt er folgende Bearbeitung:

Zusammenstellung der technischen Unterlagen (Sonderwünsche), Prüfung auf Vollständigkeit (Neukonstruktionen und Änderungen), Festlegung der Liefertermine für Werkstatt, Zusammenbau und Abnahme (beim Kundenauftrag auch für Versand), Ausschreibung des Fertigungsauftrages, Unterrichtung der beteiligten Betriebsstellen.

Besteht der Auftragsgegenstand aus mehreren Gruppen oder Teilen, die von verschiedenen selbständigen Abteilungen eines Unternehmens zu liefern sind, so wird der Hauptauftrag zweckmäßig in so viel Gruppen- bzw. Teilaufträge zerlegt, als liefernde Stellen an dem Auftrag beteiligt sind. Eine solche Zerlegung in Teilaufträge kommt praktisch nur für Kunden-, Vorrats- und Anlagenaufträge in Frage.

Die Vorarbeiten für die Hauptaufträge sind auch im Falle einer weiteren Zerlegung in Teilaufträge dieselben wie oben. Die Bearbeitung der Gruppen- bzw. Teilaufträge entspricht der der Hauptaufträge, nur daß vor ihrer

Ausschreibung die Art der Zerlegung und die technischen Zusammenhänge zwischen den verschiedenen Gruppen oder Teilen (Anschlußmasse, Zusammenbaupläne usw.) festzustellen sind.

Lagerversand- und Einkaufsauftrag entstehen aus einem Hauptauftrag, wenn ein Fertigungsauftrag nicht in Frage kommt. Sie haben, ebenso wie die Hauptaufträge, mit der Fertigung direkt nichts zu tun, werden aber in diesem Zusammenhang gebracht, um ein abgerundetes Bild aller Auftragsarten zu geben. Der Lagerversandauftrag hat auch indirekt keine Beziehung zur Fertigung, während der Einkaufsauftrag unter bestimmten Voraussetzungen mit dem Fertigungsauftrag zusammenhängt.

Als Lagerversandauftrag gilt ein Auftrag zur Auslieferung vom Lager. Dazu ist Voraussetzung, daß der verlangte Gegenstand im gewünschten Zustand am Lager ist. Er muß also durch einen Vorratsauftrag oder einen anderen Hauptauftrag für das Lager beschafft worden sein, entweder auf Grund eines Einkaufsauftrages durch Bezug von einer anderen Firma oder eines Fertigungsauftrages im eigenen Werk.

Liegt der Entschluß vor, einen bestellten Gegenstand vom Lager zum Versand zu bringen, so wird auf einen Kundenauftrag hin ein Lagerversandauftrag ausgestellt, der dem Lager zugeht. Dieses veranlaßt nach entsprechender Bearbeitung des Auftrages die Förderung des Gegenstandes zur Versandstelle. Die Fertigung selbst wird also durch den Lagerversandauftrag nicht berührt. Tritt der Fall ein, daß der Gegenstand zwar vorhanden ist, aber einige Teile neu beschafft werden müssen, dann kann kein Lagerversandauftrag ausgeschrieben werden, sondern die Bestellung löst einen Fertigungs- oder einen Einkaufsauftrag aus (oder beides).

Der Einkaufsauftrag[1] dient zur Beschaffung von Gegenständen von fremden Lieferern oder von eigenen selbständigen Werken. Er kommt in Frage, wenn ein Gegenstand weder vom Lager genommen, noch im eigenen Werk angefertigt wird. Der Auftrag wird auf Grund eines Hauptauftrages (Kunden-, Vorrats-, Ersatz-, Betriebs- oder Anlagenauftrag) oder eines Fertigungsauftrages ausgeschrieben. Liegt bei Bearbeitung eines Hauptauftrages der Entschluß vor, den Gegenstand von außerhalb zu beziehen, so wird ein Einkaufsauftrag ausgeschrieben und den beteiligten Stellen zugeleitet. Auf Grund des Einkaufsauftrages wird die Bestellung aufgegeben. Von der Bestellung werden auch die Stellen benachrichtigt, die den terminmäßigen Eingang überwachen und die Abnahme des bestellten Gegenstandes vornehmen.

Wird ein Gegenstand im eigenen Werk hergestellt und sind hierzu Teile

[1] Lit.-Verz. 25, 41, 44.

notwendig, die von auswärts bezogen werden müssen, so wird auf Grund des Fertigungsauftrages ein Einkaufsauftrag ausgeschrieben.

Fertigungsauftrag.

Fertigungsauftrag kennzeichnet den Gesamtumfang einer Fertigung (früher Kommission, Order, Bestellung genannt) zum Zwecke der Fertigungseinleitung und -durchführung[1].

Er hat die Aufgabe, die Vorbereitung und Durchführung der Fertigung des Auftragsgegenstandes einzuleiten und zu überwachen. Dazu gehört Bestimmung des Arbeitsplatzes bzw. der Arbeitsplatzgruppe, Bereitstellen des Werkstoffes und der Werkzeuge, Durchführen der eigentlichen Fertigung und Prüfen der Arbeitsausführung nach der Bearbeitung. Zu deren Ausführung dienen Bereitstell-, Förder-, Arbeits- und Prüfaufträge.

Auf den prinzipiellen Unterschied zwischen dem Auftrag als solchem und seinem Träger, dem Vordruck, sei hingewiesen. Die Vordrucke für die einzelnen Aufträge sind in der Praxis oft unter verschiedenen Bezeichnungen anzutreffen. So findet man z. B. für den Arbeitsauftrag die Bezeichnung Stückzeitschein, Akkordzettel, Gedingezettel u. dgl. Mehrere Aufträge können gegebenenfalls auf einem Vordruck vereinigt werden, z. B. Bereitstell- und Förderauftrag oder Arbeits- und Prüfauftrag. Eine solche Zusammenfassung, die aber erst nach sorgfältiger Prüfung vorgenommen werden sollte, ist unter gewissen Umständen bei einem Hauptauftrag und dem Fertigungsauftrag möglich. Der Unterschied zwischen dem Fertigungs- und einem Hauptauftrag, z. B. einem Kundenauftrag, liegt hauptsächlich darin, daß die Angaben des Fertigungsauftrages sich lediglich auf die Vorbereitung und Durchführung der Fertigung beschränken, während der Kundenauftrag die Angaben für die gesamte Entwicklung des Auftrages von der Prüfung und Genehmigung an bis zur Überwachung des Versandes und der Rechnungsausstellung enthält. Es werden also in einem Hauptauftrag Angaben enthalten sein, die für die Fertigung von wenig Interesse sind. Im Kundenauftrag können verschiedenartige Gegenstände aufgeführt sein, von denen die einen nur in bestimmter Anzahl im eigenen Werk, auf Grund eines Fertigungsauftrages hergestellt werden, während der Rest seine Erledigung durch Lagerversand- oder durch Einkaufsauftrag findet. Unter Umständen könnte es möglich sein, den Hauptauftrag anschließend als Fertigungs- (oder Lagerversand- oder Einkaufs-) Auftrag zu verwenden.

[1] Lit.-Verz. 25.

Der Fertigungsauftrag kann von solchem Umfang sein, daß er in Gruppen- oder Teilfertigungsaufträge zerlegt werden muß. Eine solche Teilung wird, soweit Gruppen oder Teile des Auftrages in besonderen Werkstätten oder Abteilungen gefertigt werden, zweckmäßig nach der konstruktiven Gliederung des Fertigungsgegenstandes vorgenommen, z. B. bei einer Drehbank in Bett, Spindelkasten, Support usw. Hierdurch tritt u. a. auch eine größere Übersicht in der organisatorischen Abwicklung der Fertigungsvorbereitung ein und unter Umständen eine schnellere Auslieferung des Erzeugnisses, z. B. durch Gliederung der Stückliste nach Gruppen. Der Fertigungsauftrag enthält als wichtigste Angaben die Auftragsnummer, Anzahl, Einheit und Gegenstand bzw. Kurzzeichen hierfür und den Liefertermin. Zweckmäßig ist es, die zugehörigen technischen Unterlagen, wie Zeichnungsnummer, Stücklistennummer u. dgl., sowie Bestimmung und Zugehörigkeit des Auftrages darauf zu vermerken. Bei der Bearbeitung des Fertigungsauftrages wird der Liefertermin festgesetzt bzw. nachgeprüft, ob der angegebene Liefertermin auch eingehalten werden kann. Darauf erfolgt die Einreihung des Auftrages in den Auftragsfolgeplan, vgl. S. 143.

Im nachstehenden Schema sind die wesentlichen Aufgaben zusammengestellt, welche sich aus dem Hauptauftrag ergeben:

Hauptauftrag
(Kunden-, Vorrats-, Ersatz-, Betriebs- und Anlagenauftrag)
Bearbeitung des Hauptauftrages (vgl. S. 112 bis 113)
Fertigungsauftrag
Bearbeitung des Fertigungsauftrages

Einreihen in den Auftragsfolgeplan (S. 143)
Einsetzen der Haupt-, Gruppen- und Einzeltermine (S. 127 bis 128)
Anforderung der für die Ausführung erforderlichen technischen Unterlagen (S. 11)
Aufstellung der Auftragsstückliste (S. 21)
Ergänzung der Abteilungs- und Werkstattbelastungspläne (S. 156 und 168)
Ausschreiben von:
- Bereitstellaufträgen für Material, Werkzeuge und Vorrichtungen
- Arbeitsaufträgen
- Förderaufträgen
- Prüfaufträgen

Bereitstellauftrag.

Auftrag zum Bereitstellen der zur Ausführung eines Fertigungsauftrages erforderlichen Werkstoffe, Teil- und Fertigerzeugnisse, sowie Werkzeuge, Vorrichtungen und sonstigen Mittel.

Der Bereitstellauftrag soll Modelle, Muster, Abgüsse, Schmiede- und Abschnittmaterial, Halb- und Zwischenfabrikate, Hilfsstoffe, ferner Werkzeuge, Vorrichtungen und Meßwerkzeuge zu gegebener Zeit greifbar machen, damit die Fertigung störungsfrei ablaufen kann. Andererseits soll das Material nicht zu lange vorher festgelegt und dadurch größere Kosten verursacht werden. Bereitstellen verlangt planmäßige Lagerhaltung, wobei das Lager so abgestimmt ist, daß das aller Voraussicht und Berechnung nach notwendige Material immer vorhanden ist ohne unnötig frühe Beschaffung.

Bereitstellaufträge werden ausgeschrieben, wenn Zeichnungen, Stücklisten, Arbeitspläne u. dgl. für einen Fertigungsauftrag vorliegen. Der Auftrag enthält neben der Fertigungsauftragsnummer Angaben über Art, Abmessung, Zustand und Bereitstelltermin.

Arbeitsauftrag.

Auftrag zur Ausführung einer Arbeit, z. B. für einen in sich abgeschlossenen, durch Stückzeitschein (Akkordschein) oder Lohnschein abgegrenzten Teil des Fertigungsauftrages.

Er wird an Hand des Fertigungs- bzw. Gruppen- oder Teilfertigungsauftrages und des Arbeitsplanes ausgeschrieben und entsprechend des gestellten Termins in der Arbeitsausgabe bis zu seiner Vorgabe aufbewahrt. Sobald der vorgesehene Arbeitsplatz frei ist, wird der Arbeitsauftrag, der neben Auftragsnummer und Arbeitsangabe auch die vorgegebene Zeit enthält, dem Arbeiter ausgehändigt und nach Vollendung der Arbeit der Arbeitsausgabe zurückgegeben. Anfang und Ende der Arbeit, Name und Kontrollnummer des Arbeiters und Nummer des Arbeitsplatzes werden auf dem Arbeitsauftrag (vgl. Abb. 102, 132, 135) vermerkt. Zuletzt geht der Arbeitsauftrag nach bescheinigter Arbeitsprüfung zur Nachrechnung und dann zur Ablage.

Der Arbeitsauftrag bildet nach seiner Ausfertigung und Übernahme durch den Arbeiter einen Vertragsabschluß zwischen Arbeitgeber und Arbeitnehmer. Der Auftrag gibt an, daß eine bestimmte Arbeit innerhalb einer bestimmten Zeit zu leisten ist. Die Grundlage für die Bewertung der Arbeit, die vorgegebene Arbeitszeit, ist deshalb auf dem Arbeitsauftrag zu vermerken. Die Ausgestaltung des Auftragsvordruckes richtet sich nach der Organisation des Betriebes. Grundsätzlich sind DIN-Formate zu verwenden. Vom AWF sind folgende Richtlinien für die Ausgestaltung des Arbeitsauftrages[1] aufgestellt worden, nach denen der Vordruck enthalten soll

im Kopf des Vordruckes:

Tag der Ausgabe, Abteilung, Platz und Nummer des Arbeiters, Fertigungsauftragsnummer, Betriebsmittelnummer und -gruppe;

[1] Lit.-Verz. 26.

im Hauptteil des Vordruckes:

Angabe des Werkstoffes, der Zeichnungs- und Teil- bzw. Gruppennummer, Art und Folge der Bearbeitung mit Angabe zugehöriger Arbeitsunterweisung, Stückzeit und Rüstzeit in Minuten oder Stunden (einmalig für jeden Arbeitsauftrag), Stückzahl, die gefertigt werden soll, Prüfergebnis mit Spalte für entstandenen Ausschuß, unterteilt nach Arbeitsfehler, Werkstoffehler und Fehler aus anderen Ursachen, sowie Angaben über etwaige Nacharbeit, Unterschrift des Meisters, Spalten zum Eintragen der vom Arbeiter aufgewendeten Zeit bzw. Registrieren dieser Zeit durch Zeitrechner, Calculagraph, Zeitstempel oder dgl.

Weitere Angaben unterliegen den Anforderungen der Werksorganisation. In großen Betrieben werden nach dem Lochkartensystem ausgebildete Arbeitsaufträge (Hollerith, Power) verwendet. Bei diesem bekannten Verfahren wird für jeden Verrechnungsvorgang eine Lochkarte ausgestellt. Der Vordruck des Arbeitsauftrages kann als Lochkarte ausgebildet werden, zuerst dem Arbeiter ausgehändigt und dann, nachdem er seinen Betriebszweck erfüllt hat, nach erfolgter Lochung der Abrechnungsstelle zugeführt werden. Derartige Karten werden Dual-Karten genannt. Eine Dual-Karte zeigt Abb. 135.

Förderauftrag.

Auftrag zum Fördern von bestimmten Gegenständen zu einer festgesetzten Zeit an einen bestimmten Ort.

Die Einleitung einer Förderung geschieht durch den Förderauftrag. Eine Ausnahme hiervon bilden die Fertigungsarten, bei denen Dauerförderer (mechanisch angetriebene Kreisförderer, Schwerkraftförderer, Bandförderer u. dgl.) verwendet werden. Bei solchen Fördervorgängen, bei denen nach einem Förderplan gearbeitet wird, ersetzt dieser den Förderauftrag. Es gibt jedoch in jedem Betrieb eine Anzahl von Sonderförderungen. Für diese Fälle werden besondere Förderaufträge ausgefüllt. (Vgl. Abb. 49.)

Der Förderauftrag enthält Auftragsnummer, Bezeichnung und Stückzahl der zu fertigenden Gegenstände, Gewicht und eindeutige Angabe der Absende- und Empfangsstelle, Namen und Nummer des Förderarbeiters und, wenn möglich, Zeitstempelung. (Vgl. Abb. 50.)

Prüfauftrag.

Auftrag zur Vornahme von Material-, Arbeits- und Leistungsprüfungen.

Prüfen eines Gegenstandes auf einen bestimmten Zustand, entweder als Roh-, Halb- oder Fertigerzeugnis bei Eingang in das Werk oder während der Fertigung nach bestimmten Arbeitsgängen oder als Halb- oder Fertigerzeugnis vor Verlassen der Werkstatt, wird durch einen Prüfauftrag eingeleitet. Die Prüfung kann je nach beabsichtigtem Zweck nach Ausführung eines Arbeitsauftrages oder in bestimmten Zeitabständen oder an vorher bestimmten Zeitpunkten, z. B. zu jeder Stunde, bei jedem ersten, zehnten usw. Stück, bei Eintritt augenfälliger Formabweichungen eines Fertigungsgegenstandes, bei eintretender Störung oder anderen Ursachen erfolgen. Ein Prüfauftrag kann außer- oder innerhalb des Rahmens eines Fertigungsauftrages ausgelöst werden. In den Fällen, in denen nach allgemeinen, stets gleichbleibenden Vorschriften geprüft wird, verzichtet man darauf, besondere Auftragsvordrucke auszuschreiben. Die Prüfung wird dann durch einen anderen Auftrag, z. B. den Arbeitsauftrag, eingeleitet und bescheinigt. Werden besondere Vordrucke für den Prüfauftrag verwendet, so wird dieser mit dem zugehörigen Arbeitsauftrag der Prüfstelle zugeleitet. Nach erfolgter Prüfung und Vermerk des Ergebnisses gehen beide Aufträge über die Lohnabrechnung zum Nachkalkulationsbüro. Dieser Weg ist jedoch abhängig von der Organisation des betreffenden Betriebes.

Je nach der Art der vorzunehmenden Prüfung muß der Vordruck des Prüfauftrages Angaben über Art, Menge und besondere Erfordernisse der Prüfung enthalten. Wo bestimmte Leistungsprüfungen auszuführen sind, wird in der Regel noch in besonderen Vorschriften die genaue Durchführung der Prüfung festgelegt. Vgl. S. 206.

Organisatorische Hilfsmittel im Auftragswesen.

Kennzeichen.

Unter Kennzeichnung ist die Verwendung von Zeichen zu verstehen, die Ordnung und Übersicht geben und erhalten sollen. Als solche werden markante Worte, Buchstaben, Zahlen, Farben, Sinnbilder u. dgl. verwendet. Sie sind für die Behandlung aller Aufträge unerläßlich. Die Kennzeichen werden in der Brief- und Zeichnungsablage, den verschiedenen Lagern und auch in der Fertigungsvorbereitung angewendet. Hier tragen sie in hohem Maße zur Vereinfachung der Aufträge, Stücklisten, Arbeitspläne u. dgl. und zu deren Übersicht bei. Auch für den Auftragsgegenstand und für die Stellen, die an der Bearbeitung und Verteilung der Aufträge beteiligt sind, haben die Kennzeichen Bedeutung.

In vielen Betrieben findet man zufallsmäßig im Laufe der Zeit entstandene Kennzeichen. Diese lassen sich schwer in eine einheitliche Kenn-

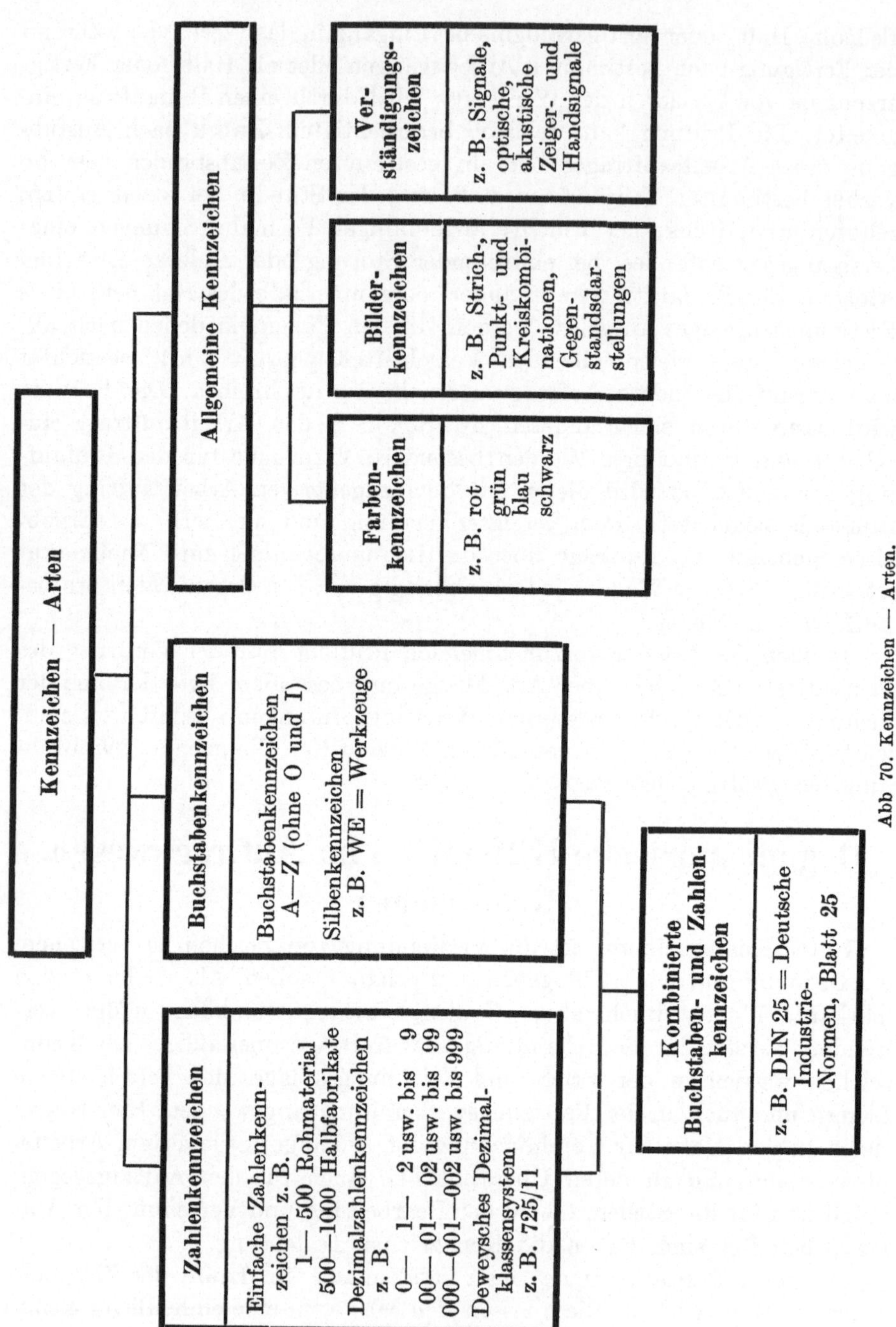

Abb 70. Kennzeichen — Arten.

zeichnung der Gesamtorganisation einreihen. Sie stellen wenig entwicklungsfähige oder zu umfangreiche Kennzeichen dar, die leicht zu Verwechslungen und Irrtümern Anlaß geben. In der Anwendung sind sie häufig so schwerfällig, daß es die Praxis vorzieht, den Namen des Gegenstandes, gegebenenfalls abgekürzt, zu verwenden.

Die Kennzeichnung soll sich in den bestehenden Gesamtplan der Fertigungsvorbereitung einreihen. Eine ihrer Hauptaufgaben ist, die Schreibarbeit zu verringern. Deshalb finden hauptsächlich Kurzzeichen Anwendung, die den Gegenstand symbolisch, bildhaft oder mnemotechnisch bezeichnen. Sie müssen eindeutig, leicht merkbar und erweiterungsfähig sein. In Abb. 70 sind die Kennzeichen in ihre Hauptarten gegliedert. Es werden unterschieden: Einfache Zahlenkennzeichen, Dezimalzahlenkennzeichen, Buchstabenkennzeichen, Silbenkennzeichen, kombinierte Buchstaben- und Zahlenkennzeichen, Farbenkennzeichen, bildhafte Kennzeichen, Verständigungszeichen.

Zahlenkennzeichen.

Darunter sind Zahlen zu verstehen, die eine fortlaufende Numerierung von Begriffen darstellen. Bei systematischer Anwendung und Eingliederung als geschlossene Bezeichnungsweise sind Zahlenkennzeichen brauchbar. Es könnten z. B. für bestimmte Begriffsgruppen bestimmte Zahlen reserviert bleiben. Wenn von vornherein die Grenzen eines Schlüsselbuches nicht weit genug gezogen sind, so besteht die Gefahr, daß bei nachträglicher Erweiterung verschiedene Teile willkürlich aneinandergereiht werden müssen.

Dezimalzahlenkennzeichen.

Das sind Kennzeichen, die z. B. nach dem Deweyschen Dezimalklassensystem aufgebaut sind, und zwar nach dem Gesetz der klassenweise abgestuften Wichtigkeit der Begriffsgruppen. Diese Kennzeichnung ist in der Technik vielfach bekannt und kommt wegen der steigenden Einführung mechanischer Sortier- und Tabelliermaschinen (Hollerith, Power usw.) mehr in Anwendung. Näheres hierüber ist aus dem von der Technisch-Wissenschaftlichen Lehrmittelzentrale (TWL) herausgegebenen Dezimalblatt DK 62 Ingenieurwesen ersichtlich.

In der Fertigungsvorbereitung lassen sich mit dieser Dezimalordnung bei sorgfältig vorgenommener Gliederung Begriffe, wie Dienststellen, Erzeugnisse, Arbeitsplätze, Werkzeuge, Bearbeitungsarten u. dgl. so erfassen, daß sie sich beliebig und in übersichtlicher Weise erweitern lassen.

Die Dezimalordnung sieht für jede Begriffsgruppe eine Ziffernreihe 0—9 vor, die sich in Unterklassen wie 00 bis 09 oder 30 bis 39 unterteilen lassen. So kann ein Kennzeichen 725/11 bedeuten: Werkzeuge und Vorrichtungen, Bohrwerkzeuge, Holzbohrer, Größe 11. Die Dezimalordnung sieht aber für jede Ziffernreihe nur 10 Einheiten vor. Da in der Praxis häufig mehr als 10 gleichgeordnete Begriffe einer Begriffsgruppe vorkommen, wird eine Erweiterung der Dezimalordnung durch Ausdehnung der Ziffernreihe bis auf 99 vorgenommen.

Buchstabenkennzeichen.

Die Buchstabenkennzeichnung ist im Betrieb so wie die Dezimalkennzeichnung nach dem Gesetz der klassenweise abgestuften Wichtigkeit der Begriffsgruppen aufgebaut. Sie läßt sich bei Auslassen der Buchstaben O und I, die zu Irrtümern Anlaß geben können, für jeweils 24 gleichgeordnete Begriffe gegenüber 10 Begriffen bei der Dezimalordnung anwenden. Ein Vorteil ist ihre Bezugsfähigkeit, indem der Anfangsbuchstabe des Begriffes oder, wenn dieser schon besetzt ist, der des umschriebenen Begriffes gewählt werden kann. Die Buchstabenkennzeichnung besitzt eine gute Erweiterungsmöglichkeit und prägt sich schnell ein. Allerdings darf die Aufteilung nicht zu weit getrieben werden, da das Kennzeichen dann zu lang wird und sich wieder schlechter merken läßt. In der Regel sollen nie mehr als 5 höchstens 6 Buchstaben hintereinander in einem Kennzeichen stehen.

Beispiel:

WM

Werkzeuge — Meßwerkzeuge

WM A — Anschlag- und andere Winkel
B
C
D
WM E — Endmaße
WM F — Feinmeßgeräte — Mikrometer
WM G — Gewindelehren
H
J
WM K — Kaliberdorne
WM L — Lineale
WM M — Maßstäbe
N
P
Q
WM R — Rachenlehren
WM S — Schieblehren
WM T — Taster
U
V
WM W — Wasserwaagen
WM X — Nicht anders eingeteilte Lehren
Y
WM Z — Zirkel.

Silbenkennzeichen.

Bei den Silbenkennzeichen werden die Konsonanten des Alphabetes mit den Vokalen zu Silben und diese wieder zu Worten vereinigt, ohne daß diese Silben oder Worte einen Sinn ergeben. Im übrigen ist sie aber wie die kombinierte Kennzeichnung aufgebaut. In Frage kommen die Konsonanten B, C, D, F, G, H, J, K, L, M, N, P, Q, R, S, T, V, W, X, Z und hierzu noch St und Sch, die Vokale A, E, I, O, U, ferner noch Ä, Ö, Ü und Ei, Eu, Au. Das Silbenkennzeichen muß stets mit einem Konsonanten beginnen, damit Verwechselungen vermieden werden.

Die Konsonanten C und K, F und V sind klanggleich; zu ihrer Unterscheidung müßte C wie tzsch und V wie pf ausgesprochen werden. Bei Worten, die mit zwei Konsonanten beginnen, wie Klemmfutter, wird im Kennzeichen der zweite Konsonant ausgelassen. Bei der Silbenkennzeichnung ist Wert darauf zu legen, daß das Kennzeichen nicht zu lang wird, da es sich sonst schlecht sprechen und merken lassen würde. Wenn mehr als vier Silben für ein Kennzeichen auftreten, muß spätestens hinter der vierten Silbe ein Trennungsstrich gezogen werden.

Bei Aufstellung der Silbenkennzeichen wird es vorkommen, daß Begriffe mit einem Vokal beginnen und deshalb nicht bezogen verwendet werden können. In diesem Fall muß versucht werden, diesen Begriff durch einen anderen zu ersetzen oder aber die Anfangsbuchstaben umzustellen, indem ein charakteristischer Buchstabe aus dem Wort an den Anfang gesetzt wird. Als Beispiele hierfür können gelten:

Tachometer = TA,
Ölpumpe = PÖ.

Für derartige nicht bezogene Kennzeichen müssen dann in der Kartei entsprechende Vermerke gemacht werden, damit sie leicht aufgefunden werden. Dabei ist zu beachten, daß Gegenstände nicht ihrer Art nach, sondern nur alphabetisch geordnet werden. Dagegen lassen sich für einen Oberbegriff jeweils alle zu einem Erzeugnis gehörenden Teile zusammenfassen.

Kombinierte Buchstaben- und Zahlenkennzeichen.

Bei der kombinierten Kennzeichnung werden Buchstabenkennzeichen nur für die Oberbegriffe benutzt, Unterbegriffe, wie Maße, Menge, Abmessung, Stromart u. dgl. in Zahlen ausgedrückt. Dadurch erhält das Kennzeichen eine viel größere Übersicht und läßt sich gut merken. Diese kombinierte Kennzeichnung läßt bis zu einem gewissen Grade eine geschlossene Bezeichnungsweise zu und genießt deshalb den Vorzug vor den anderen Kennzeichenarten. Bei der Ausarbeitung kann sich herausstellen, daß eine gleichartige Bezeichnung gleichgeordneter Begriffe nicht immer möglich ist, wenn man bestrebt ist, die Kennzeichnung so kurz wie möglich zu halten.

Die kombinierte Kennzeichnung[1] besitzt gegenüber den bisher aufgezählten Kennzeichen die größten Vorteile, auch wenn einzelne Kennzeichen in manchen Fällen etwas lang werden; sie ermöglicht Einteilung, Ordnung und Aufbewahrung aller im Betriebe verwendeten Unterlagen nach einheitlichen Gesichtspunkten. Bei der Silbenkennzeichnung können wie bei den Buchstaben- bzw. kombinierten Kennzeichen die Vorteile der Sortier- und Tabelliermaschinen durch Übertragung auf das Dezimalklassensystem erzielt werden.

Farbenkennzeichen.

Farben werden als Kennzeichen benutzt, um Dienststellen, Vordrucke u. a. rein äußerlich zu unterscheiden oder ihnen eine bestimmte Bedeutung zu geben. Trotzdem ein nicht geringer Teil der Menschen ganz oder teilweise farbenblind ist, so bieten die Farben dennoch eine gewisse Unterscheidungsmöglichkeit durch die Graustufe, die sich den Farbenblinden in den einzelnen Tönen unterschiedlich zeigt.

Kennfarben können in gewissem Sinne auch bezogen (mnemotechnisch) benutzt werden, z. B. rot = dringlich.

Obwohl eine Kennzeichnung durch Farben in vielen Fällen Vorteile bietet, kommt sie für eine verzweigte Organisation meist nicht in Frage, da mit ihr nur eine beschränkte Zahl von Begriffen erfaßt werden kann.

Bilderkennzeichen.

Diese sind meist Strich-, Punkt- und Kreiskombinationen. Ihr Anwendungsgebiet bleibt besonderen Zwecken, z. B. der schematischen Darstellung von Arbeitsabläufen vorbehalten. Bildhafte Kennzeichen, die skizzenhaft den Gegenstand erkennen lassen, werden oft in Stücklisten von Hand eingezeichnet. Bei häufig wiederkehrenden Kennzeichen werden Stempel verwendet. Als Beispiel sei auf die vom AWF festgelegten Kennzeichen für Stanzereiwerkzeuge sowie auf die DIN-Bearbeitungszeichen hingewiesen.

Vordrucke.

Leitweg.

Für Vordrucke und Schriftstücke ist es zweckmäßig, einen Leitweg festzulegen, d. h. den Weg, den das Schriftstück bei der Bearbeitung zu durchlaufen hat. Diesem Zweck dient die Leitleiste, in die jeweils die Erledigungsvermerke eingetragen werden. Eine solche Leitleiste wird bei Vor-

[1] Lit.-Verz. 81, 106a.

drucken meistens am unteren Rande aufgedruckt, sie kann aber auch nachträglich durch Stempel an beliebiger Stelle aufgebracht werden. Die Dienst-

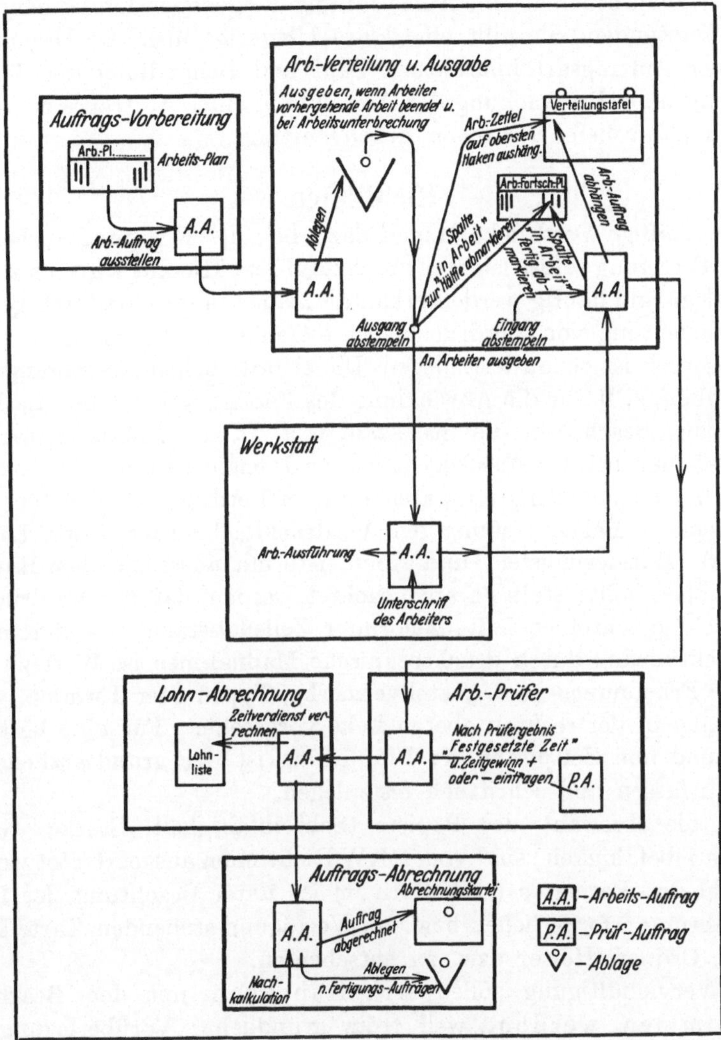

Abb. 71. Schema für Ablauf eines Arbeitsauftrages.

stellen, die in den Feldern der Leitleiste vorgedruckt sind bzw. eingeschrieben werden, tragen ihre Erledigungsvermerke unter Angabe des Datums in der Reihenfolge der Bearbeitung ein. Abb. 49 und 102 zeigen Vordrucke mit Leitleisten.

Für die Organisation eines Betriebes wird es in manchen Fällen nötig sein, den Leitweg in einem sogenannten Laufschema festzulegen. Darunter wird eine schematische Aufzeichnung des genauen Laufes der Schriftstücke verstanden. Sie gibt eine klare Übersicht über die Organisation, z. B. einer Auftragsart hinsichtlich Lauf und Behandlung und läßt eine Erklärung und Überwachung der Abwicklung eines Auftrages zu. Abb. 71 zeigt ein Laufschema für einen Arbeitsauftrag.

Richtlinien.

Zweckmäßige Vordrucke tragen dazu bei, die Fertigungsvorbereitung und die Fertigung selbst leichter durchzuführen. Hierauf wird oft zu wenig Wert gelegt und häufig werden erkannte Mängel Jahre hindurch getragen. Bei Ausarbeitung von Vordrucken ist folgendes zu beachten:

Der Zweck ist genau festzulegen. Die erforderlichen Eintragungen sind zu bedenken, z. B. für die Abwicklung des Fertigungsauftrages die Dienststellen bzw. Bearbeiter, die Stückzahl u. a. In der Praxis erprobte Lösungen können bei der Ausarbeitung gute Dienste leisten, auch empfiehlt es sich, die Dienststellen, die später mit dem Vordruck zu arbeiten haben, hinzuzuziehen. Bei Aufteilung der Vordruckfläche nach Kopf, Leitleiste (Leitweg), Markierungsfeld und Kennleiste mit ausreichendem Raum für Eintragungen sollte stets darauf geachtet werden, daß der Vordruck sich mit Maschine schreiben läßt (genormter Zeilenabstand = 4,25 mm). Auf gute Blickführung durch drucktechnische Maßnahmen ist Wert zu legen. Wichtige Erkennungs- und Abstellvermerke, Typen oder Termine, werden zweckmäßig in der rechten oberen Ecke vorgesehen. Für eine bestimmte Lösung und den Zeitpunkt der Einführung ist der grundsätzliche Entschluß zu fassen und schriftlich festzulegen.

Über die Auswahl des Papiers (Schreibfähigkeit, Stärke, Gewicht Durchschreibefähigkeit) sind vom RKW Richtlinien ausgearbeitet worden[1]. Die Wahl des Formates (DIN-Format) ist unter Beachtung der für die Aufbewahrung erforderlichen bzw. zur Verfügung stehenden Karteikästen, Taschen, Ordner, Hefter usw. zu entscheiden.

Vor Vervielfältigung sollen Arbeitsproben mit den Bearbeitern vorgenommen werden, weil trotz gründlicher Vorüberlegung noch eine Umstellung der Leitzeichen, Änderung oder Ergänzung notwendig werden kann. Erst wenn der Vordruck brauchbar ist, ist eine Vervielfältigung in größerer Auflage angebracht. Vor Einführung sind die Bearbeiter auf die Benutzung des Vordruckes einzuüben, wobei das Laufschema heranzuziehen sein wird. Es empfiehlt sich, ein Musterbeleg des

[1] Lit.-Verz. 98.

Vordruckes, mit Angaben über Preis u. dgl., die auf dem Rand vermerkt werden, aufzubewahren.

Nach Einführung des Vordruckes in den Geschäftsgang ist seine Brauchbarkeit weiter zu überwachen. Da es der Sinn des Vordruckes ist, Arbeit und Zeit zu sparen, muß an seiner Vervollkommnung ständig gearbeitet werden.

Terminwesen.

Das Terminwesen ist ein Teilgebiet der Fertigungsvorbereitung[1]. Bei der Festsetzung und Überwachung der Termine ist die Kenntnis der Dauer einer Fertigung Voraussetzung.

Begriffsbestimmungen.

In der Praxis sind die Ausdrücke „Frist" und „Termin" zur Kennzeichnung sowohl einer Zeitdauer, als auch eines Zeitpunktes üblich. Es ist notwendig, in den Worten für diese Begriffe den Unterschied zwischen Zeitdauer und Zeitpunkt auszudrücken. Der Fachausschuß für Terminwesen beim AWF hat hierzu folgendes festgelegt:

Frist: Zeitdauer (Woche, Monat), gekennzeichnet durch zwei Daten (Kalendertage oder Tageszeiten), also Anfang und Ende eines Ablaufes (von ... bis ...).

Termin: Zeitpunkt, gekennzeichnet durch ein Datum (Kalendertag oder Stunde).

Liefertermin: Zeitpunkt, bis zu dem ein Auftrag ausgeliefert sein muß.

Er richtet sich nach der Zeit, die für die Arbeitsvorbereitung, Fertigung und Auslieferung eines Erzeugnisses erforderlich ist. Bei Kundenaufträgen kann der Liefertermin Auslieferung ab Werk oder Auslieferung am Bestimmungsort sein, gegebenenfalls auch noch Aufbau, Probelauf und Abnahme in sich schließen.

Haupttermin: Zeitpunkt, zu dem die werkstattmäßige Fertigung des auf einen Auftrag herzustellenden Erzeugnisses beendet sein muß.

Um diesen Termin zu bestimmen, müssen außer den Fertigungszeiten die Zeiten für Prüfen, Fördern u. dgl., ferner die Zeiten für Zwischenlagerung berücksichtigt werden. Je nach der konstruktiven Gliederung des Erzeugnisses lassen sich Teile zu Gruppen zusammenfassen, für die dann Gruppentermine gegeben werden.

---

[1] Lit.-Verz. 32, 62, 106a.

Gruppentermin: Zeitpunkt, zu dem die zu einer Gruppe zugehörigen Teile hergestellt und zu der Gruppe zusammengebaut sein müssen.

Gruppentermine werden aus den Zeiten für die Fertigung der Teile und für deren Zusammenbau zur Gruppe bestimmt, wobei die Zeiten für Prüfen, Fördern, Abstellen u. dgl. zu berücksichtigen sind. Ein Erzeugnis umfaßt meist eine Anzahl von Gruppen, zu denen unter Umständen noch Teile treten, für die Einzeltermine gegeben werden müssen.

Einzeltermin: Zeitpunkt, zu dem die Herstellung eines Einzelteiles erfolgt sein muß.

Um den Einzeltermin zu bestimmen, werden die Zeiten für die Fertigung des Einzelteils, zuzüglich Bereitstell-, Förder-, Prüf-, Abstellzeiten u. dgl. zugrunde gelegt.

An einem Teil sind im allgemeinen mehrere Arbeitsgänge auszuführen, unter Umständen in verschiedenen Werkstätten oder Abteilungen. Für diese werden Grundtermine festgelegt.

Grundtermin: Zeitpunkt, bis zu dem ein Arbeitsgang an einem Teil beendet sein muß.

Maßgebend für den Grundtermin ist die für einen Arbeitsgang aufzuwendende Zeit.

Für listenmäßige Erzeugnisse werden die aufgewendeten Zeiten im allgemeinen vorliegen, z. B. in Lieferzeitübersichten oder dgl. Für die Angabe der Lieferfristen ist der Beschäftigungsgrad der Werkstätten zu berücksichtigen.

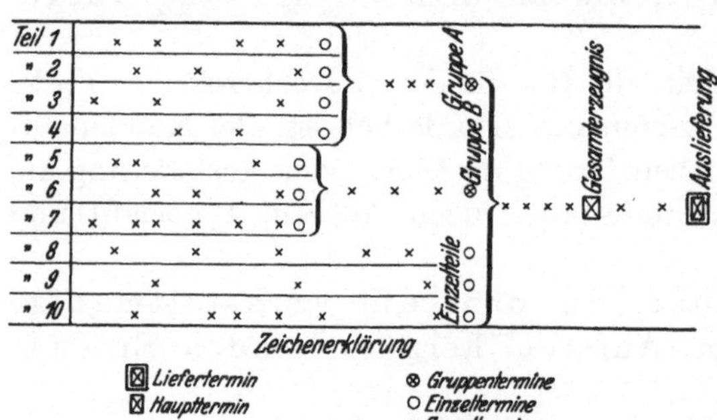

Abb. 72. Terminstufen (aus AWF 238).

Die Abgrenzung der Terminstufen, ihr Zusammenhang und zeitliche Verteilung ist aus der schematischen Darstellung Abb. 72 ersichtlich.

Bei Festsetzung der Terminstufen eines Auftrages bildet der vom Kunden bzw. vom Lager verlangte Liefertermin den Ausgangspunkt. Deshalb ist der Terminplan unter Zugrundelegen der Fristen für die einzelnen Arbeitsgänge entgegengesetzt der im Fertigungsplan gegebenen Reihenfolge aufzustellen.

Zur Abgabe von Lieferterminen ist eine

Übersicht der Lieferzeiten

aller Erzeugnisse eines Unternehmens zweckmäßig. Für diese Übersichten können Preislisten verwendet werden, deren Spalten (z. B. für Preise) durch die Lieferzeiten ergänzt werden.

Braucht ein Betrieb eingehendere Übersichten über den zeitlichen Aufwand, so lassen sich die Fertigungs- bzw. Arbeitspläne diesen Zwecken nutzbar machen. Als Hilfsmittel für die Betriebsleitung zur Gewinnung eines Gesamtüberblickes über die vorhandenen Fertigungsaufträge dient der Auftragsfolgeplan (s. S. 143). Er muß die hauptsächlichsten Zwischentermine und den Fertigungszustand der Aufträge erkennen lassen, sowie die Liefertermine und die Termine, an denen die Fertigung einsetzen muß. Die praktische Ausgestaltung dieses Planes richtet sich nach Zahl und Fertigungsdauer der einzelnen Aufträge.

Um die Anwendung der verschiedenen Terminbezeichnungen zu veranschaulichen, sei folgendes Beispiel aus der Herstellung von Drehgestellfahrzeugen gegeben. Es sind festzusetzen:

Liefertermin für die Auslieferung des Fahrzeuges,

Haupttermin für die Fertigstellung der Drehgestelle, des Fahrzeugkastens und für die Beendigung des Zusammenbaues,

Gruppentermin z. B. in der Abteilung für Fahrgestellbau, für Fertigstellung der Radsätze nebst Lagergehäusen; in der Abteilung Wagenbau für Fertigstellung der Wagen-Innenausrüstung,

Einzeltermin z. B. in der Abteilung Fahrgestellbau für Anfertigung der Lagergehäuse; in der Abteilung Wagenbau für Anfertigung der Blechbekleidung,

Grundtermin z. B. in der Radsatzwerkstatt für Ausführung einzelner Arbeitsgänge (Drehen der Laufräder, Schleifen der Schenkel).

Die Größe des Erzeugnisses, der einzelnen Teile oder der Umfang der Arbeiten haben im allgemeinen keinen Einfluß auf die Unterteilung in Terminstufen; lediglich die in der Konstruktion liegende Möglichkeit, ein Erzeugnis in Gruppen zerlegen oder, umgekehrt, bestimmte Teile zu Gruppen zusammenfassen zu können, ist dafür bestimmend. Demnach können für Herstellung eines gewissen Erzeugnisses Terminstufen zusammenfallen.

Hilfsmittel.

Zur leichten Verfolgung bestimmter Vorgänge ist die karteimäßige Aufbewahrung der Unterlagen ein brauchbares Verfahren. Die Vorteile der Kartei liegen bekanntlich darin, daß jederzeit, auch in eine bereits getroffene Ordnung, neue Vorgänge an gewünschter Stelle ohne Störung eingefügt werden können. In gewissen räumlichen Grenzen ist die Kartei genügend ausdehnungsfähig und gestattet jederzeit eine Aufteilung an mehrere Bearbeiter. Karteien als Hilfsmittel der Terminüberwachung können Steil- oder Sichtkarteien sein. Bei beiden ist es zweckmäßig, Abzüge oder Durchschriften der Fertigungsaufträge zu benutzen oder die in den Fertigungsablauf zu gebenden Lohn- oder Werkstoffbezugsunterlagen oder die Arbeitsbegleitkarten oder dgl. zu verwenden. Voraussetzung dafür ist einheitliche Formatgröße für die Vordrucke, die der Reihe der DIN-Formate entnommen wird. Ein weiterer Vorteil der Kartei ist, daß die in ihr nach einem bestimmten Ordnungsmerkmal abgelegten Unterlagen gleichzeitig auch nach einem oder mehreren anderen Gesichtspunkten deutlich gekennzeichnet werden können. Bei der Steilkartei geschieht dies durch Reiter, bei der Sichtkartei mit Hilfe von Signalen an den Unterlagen.

Für die Terminüberwachung eignen sich ferner graphische Hilfsmittel, bei denen eine große Zahl von Vorgängen und deren Zusammenhänge mit einem Blick übersehen werden können. Die Formen der graphischen Darstellung sind Strich- oder Flächendiagramme, in denen einzelne Vorgänge durch verschiedene Schraffuren oder Farben noch besonders hervorgehoben werden können (Abb. 18, 90, 95, 97 und 98).

Im Gantt-Verfahren[1] ist das graphische Verfahren nicht nur für die Terminüberwachung, sondern für die Festlegung von Anordnungen (Soll) und für die Erfassung der tatsächlichen Vorgänge und Auswirkungen (Ist), also für Kontrollzwecke jeder Art, durchgebildet (Abb. 73).

Graphische Verfahren werden dann angewendet, wenn es sich um langfristige und umfangreiche Aufträge (Gesamtanlagen, Großmaschinen oder dgl.) handelt, wo also die mit der Aufstellung graphischer Pläne verbundene Arbeit nicht ins Gewicht fällt und die Übersicht über die Zusammenhänge der Teilvorgänge am besten auf diese Weise sichtbar gemacht werden kann.

Die Büroeinrichtungsindustrie hat die bildlichen Darstellungsverfahren durch mechanische Einrichtungen vereinfacht. Abb. 74 zeigt ein tafelförmiges Säulendiagramm (sog. F-Status der Fabriknorm G. m. b. H.), bei dem die Vorgänge durch endlose, über Rollen gespannte, einstellbare Bänder dargestellt werden. Derartige Apparate eignen sich zur laufenden Festhaltung der Arbeitsbelastung der Werkstätten und Arbeitsplätze.

[1] Lit.-Verz. 45, 54.

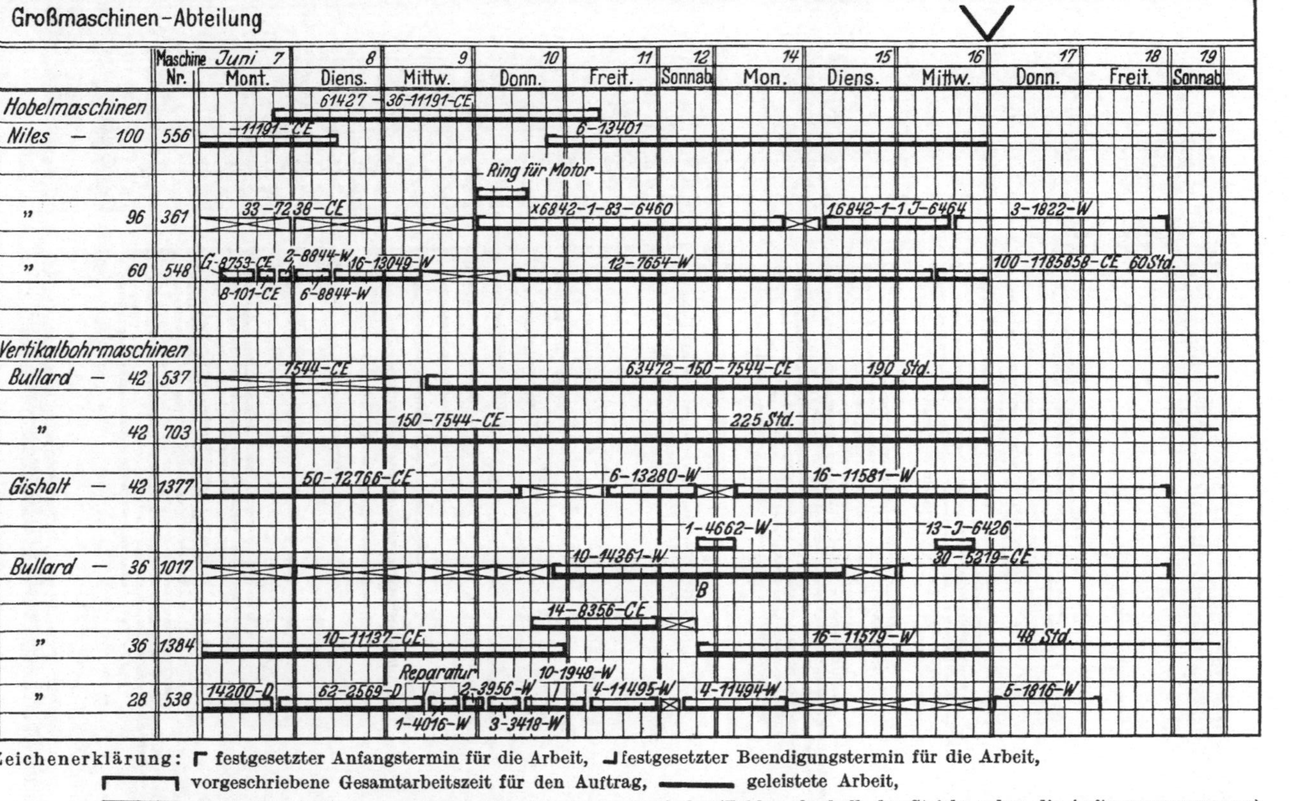

Zeichenerklärung: ┌ festgesetzter Anfangstermin für die Arbeit, ┘ festgesetzter Beendigungstermin für die Arbeit, ┌──┐ vorgeschriebene Gesamtarbeitszeit für den Auftrag, ▬▬ geleistete Arbeit, ⊠ erforderliche Zeit, um eingetretene Verzögerungen einzuholen (Zahlen oberhalb der Striche geben die Auftragsnummern an), **V** gibt an, wann die Karte einer Durchsicht unterzogen wurde und wie die Arbeit zu dieser Zeit stand.

Gründe für Einstellen der Arbeit: *B* = Maschinenbruch, *M* = Mangel an Material, *R* = Reparaturen, *H* = Mangel an Hilfe, *P* = Mangel an Kraft, *T* = Mangel an Werkzeugen.

Immer nur eine Arbeit konnte auf den in der Tafel aufgeführten schweren Werkzeugmaschinen verrichtet werden. Beim ersten Auftrag — Nr. 11191 CE — hätte die Arbeit nach der Schätzung des Meisters Dienstag mittag fertig sein sollen; sie war aber bereits Montag erledigt, es wurde daher mit Auftrag Nr. 61427 begonnen. Auch dieser Auftrag war vor der Zeit beendet und ein dritter Donnerstag nachmittag an Stelle von Freitag in Angriff genommen. Als die Karte überprüft wurde, hielt sich die Arbeit genau in den vorgeschriebenen Grenzen. — In ähnlicher Weise ist der Ablauf aller übrigen auf der Karte verzeichneten Werkstattaufträge zu verfolgen.

Abb. 73. „Darstellung von Arbeitsverteilung und Arbeitsfortschritt nach dem Gantt-Verfahren" entnommen aus „Leistungs- und Materialkontrolle nach dem Gantt-Verfahren" von Wallace Clark, NewYork, Verlag Oldenbourg, München.

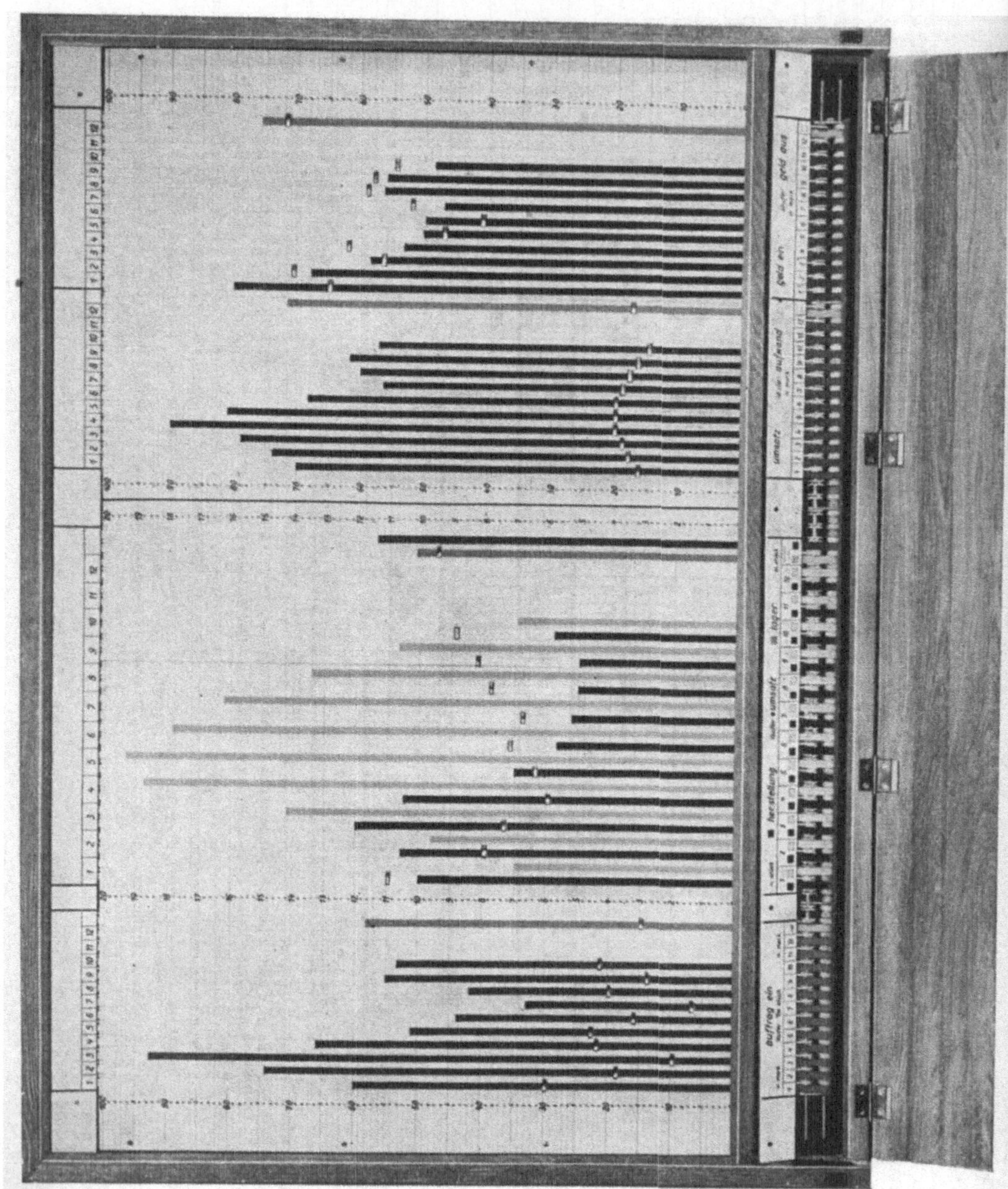

Abb. 74. Terminüberwachungsgerät „F-Status“ (handelsübliche Bezeichnung).

Zur bildlichen Darstellung der für den Arbeitsablauf getroffenen zeitlichen Anordnungen dienen *Termintafeln* (Abb. 75 und 96), die so ausgebildet sind, daß die Vorgänge durch die Arbeitsunterlagen gekenn-

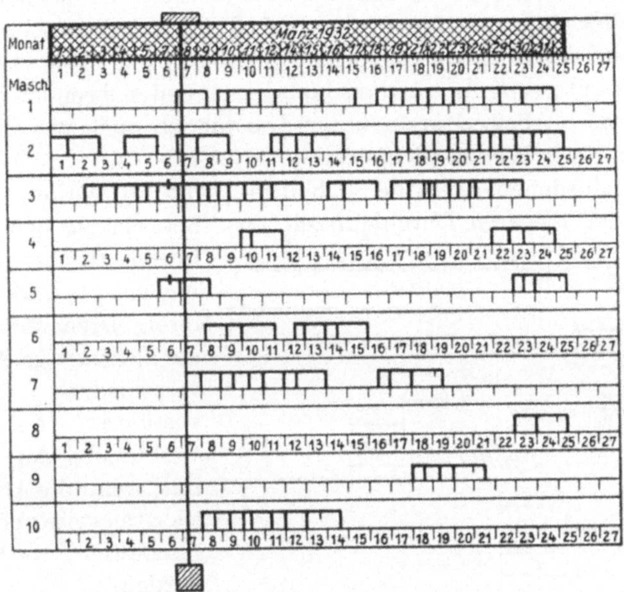

Abb. 75. AWF-Termintafel (aus AWF 238).

zeichnet werden. Die Tafeln dienen damit zugleich als Aufbewahrungsmittel für die Arbeitsunterlagen. Die erwähnten Hilfsmittel werden in den verschiedensten Ausführungen benutzt, als Terminpläne für einzelne Aufträge, als Belastungs- und Verteilungstafeln für Abteilungen, Werkstätten oder Arbeitsplätzen (vgl. auch S. 156 u. f.).

Terminpläne.

Je nach Art des Erzeugnisses kann ein Betrieb Arbeitsweisen anwenden, bei denen die auszuführenden Arbeiten hintereinander oder nebeneinander geschaltet sind.

Im ersten Fall durchläuft das Erzeugnis die einzelnen Arbeitsplätze zeitlich nacheinander (*Hintereinanderschaltung*). Im anderen Fall werden Teile eines Erzeugnisses an verschiedenen Arbeitsplätzen einer Abteilung oder Werkstatt gleichzeitig hergestellt (*Nebeneinanderschaltung*).

Als Zwischenstufe zu diesen beiden Arbeitsweisen ist die zeitliche Staffelung zu betrachten, bei der die einzelnen Arbeiten teilweise zeitlich nebeneinander verrichtet werden. Hierbei durchlaufen zwar die einzelnen Teile des Gesamterzeugnisses die Werkstätten nacheinander, die einzelnen Werkstätten können aber mit ihren Arbeiten schon beginnen, wenn die im Fertigungsablauf vorgeschalteten Werkstätten erst einen Teil der am Gesamterzeugnis zu verrichtenden Arbeiten beendet haben. Eine Staffelung der Arbeiten kann unter Umständen auch an einzelnen Arbeitsplätzen einer Werkstatt eintreten.

Die verschiedenen Arten der Schaltung (Abb. 76) wirken sich in einer kürzeren oder längeren Durchlaufszeit aus. Betriebe, in denen Betriebsmittel gleicher Art zusammengefaßt sind, z. B. Bohrerei, Dreherei usw., und die gleichartige Arbeiten für verschiedene Erzeugnisse ausführen, erreichen eine Verkürzung der Durchlaufszeit, wenn die Arbeiten ganz oder teilweise nebeneinander geschaltet vorgenommen werden.

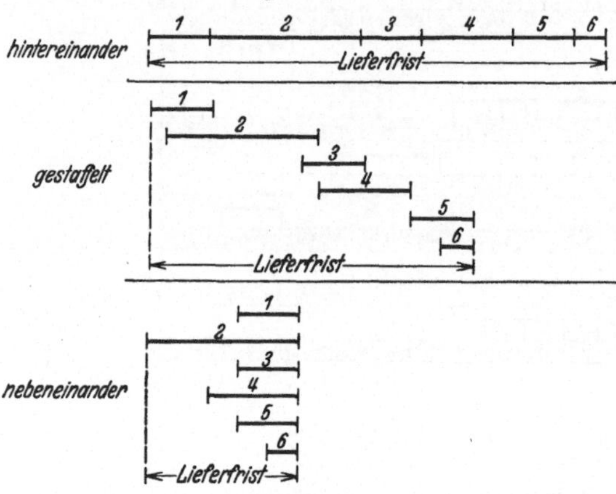

Abb. 76. Einfluß der Arbeitsschaltung auf die Lieferfrist (aus AWF 238).

Hintereinanderschaltung von Arbeiten erfordert meist längere Liegezeiten in den Werkstätten.

Bei Fließarbeit wird eine Kürzung der Durchlaufszeit dadurch erzielt, daß die Arbeitsgänge hintereinander geschaltet sind und die Erzeugnisse in ununterbrochenem Fluß gefertigt werden.

Der enge Zusammenhang der Fertigung mit Dienststellen, wie Konstruktionsbüro, Einkauf und Lager, erfordert jedoch die Einbeziehung auch dieser Stellen in die Überwachung der ihnen gesetzten Termine.

Auch im Konstruktionsbüro ist die Einhaltung der Termine ohne planmäßige Terminüberwachung nicht möglich. Für die Terminverfolgung im Konstruktionsbüro eignen sich Arbeitsaufträge nach Abb. 77. Sie werden in zwei Ausfertigungen ausgestellt, von denen die eine beim Leiter des Konstruktionsbüros zur Übersicht über die Belastung der Arbeitsplätze karteimäßig abgelegt, die andere dem Bearbeiter als Auftrag zugestellt wird.

Im Einkauf und Lager beziehen sich die Termine einerseits auf die Materialbeschaffung, andererseits auf die Materialbereitstellung. Treten hier Terminüberschreitungen auf, so wirken sich die Verzögerungen auf die Termine aller Werkstätten aus. Die Termine für Beschaffung der Materialien eines bestimmten Auftrages werden bei Aufstellung des Terminplanes auf Grund einer Lieferzeitübersicht eingesetzt. Für terminmäßigen Eingang ist der Einkauf dem Betrieb gegenüber verantwortlich.

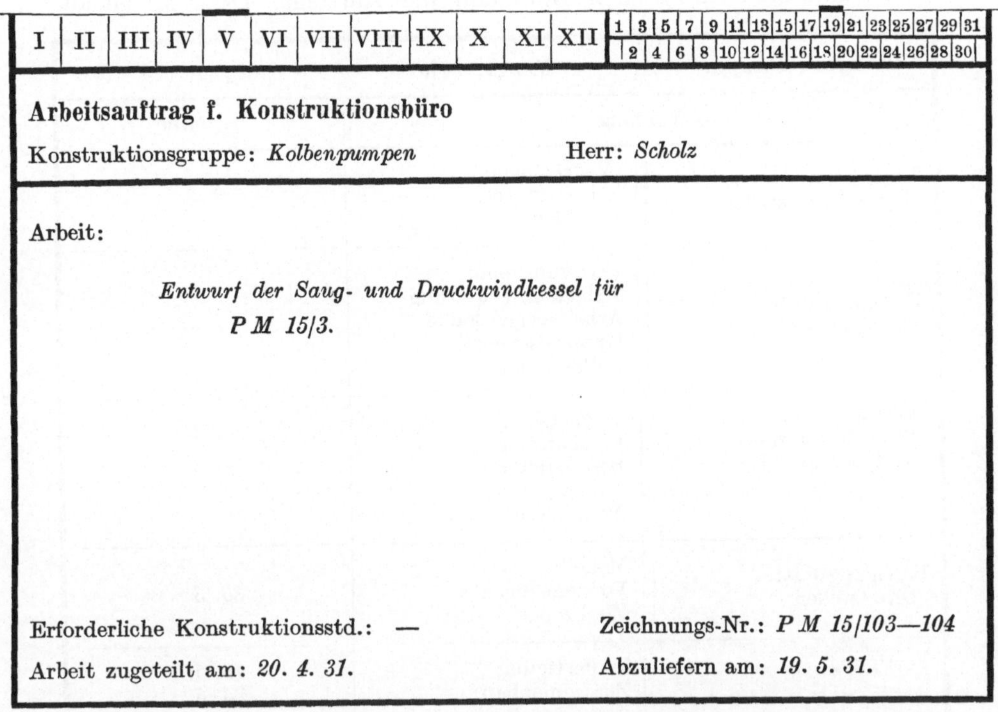

I II III IV V VI VII VIII IX X XI XII | 1 3 5 7 9 11 13 15 17 19 21 23 25 27 29 31 | 2 4 6 8 10 12 14 16 18 20 22 24 26 28 30

Arbeitsauftrag f. Konstruktionsbüro

Konstruktionsgruppe: *Kolbenpumpen* Herr: *Scholz*

Arbeit:

Entwurf der Saug- und Druckwindkessel für PM 15/3.

Erforderliche Konstruktionsstd.: — Zeichnungs-Nr.: *PM 15/103—104*

Arbeit zugeteilt am: *20. 4. 31.* Abzuliefern am: *19. 5. 31.*

Abb. 77. Arbeitsauftrag für Konstruktionsbüro (aus AWF 238).

Die Bereitstellung lagermäßiger Materialien zum festgelegten Zeitpunkt wird von der Arbeitsverteilungsstelle veranlaßt. Die Einhaltung der Bereitstelltermine ist eine der Hauptaufgaben der Lagerverwaltung.

Der Werkstatt werden die Termine vom Arbeitsbüro auf Grund des Arbeitsfolgeplanes vorgeschrieben. Für die Kontrolle des planmäßigen Arbeitsablaufes dient der Arbeitsfortschrittsplan bzw. der entsprechend ausgestaltete Werkstattbelastungsplan. (Nähere Angaben s. S. 168 u. ff.).

Der im Terminplan festgelegte Liefertermin ist maßgebend für die Anordnungen der Versandabteilung. Diese beziehen sich auf die rechtzeitige Bereitstellung der Verpackung, unter Umständen schon während das Erzeugnis in der Werkstatt zusammengebaut wird, Besorgung der Versandanweisung und Anforderung etwa notwendiger Fördermittel für die terminmäßige Auslieferung. Es empfiehlt sich, für diese Anordnungen besondere Terminpläne anzulegen.

Richtige Terminstellung vermeidet Zeitverluste und Leerlauf im Betriebe und beschleunigt den Durchlauf der Aufträge. Dazu ist genaue

Erzeugnis: *Pumpen*	Menge: *1500*	Auftrag: *729*
Vorgang		Termine
Technische Unterlagen bereitstellen	(Vorversuche) Zeichnungen Stücklisten	*12. 3.*
Fertigungsunterlagen aufstellen	Fertigungsplan Arbeitsunterweisung Arbeitsbegleitkarte Materialscheine Lohnscheine	*15. 3.*
Werkstoffe und Teile beschaffen und bereitstellen	Vormerkung Beschaffung Bereitstellung oder Anlieferung	*30. 3.*
Fertigungsmittel bereitstellen	Modelle Vorrichtungen Werkzeuge	*30. 3.*
Fertigung	Teilfertigung Zusammenbau	*15. 5.* *25. 5.*
Erzeugnis ausliefern	Versand (Verpackung) Aufstellung am Bestimmungsort	*20. 6.* —

Abb. 78. Terminplan in Listenform (aus AWF 238).

Kenntnis der Werkstattsbelastung hinsichtlich bereits vorliegender und schon in Ausführung begriffener Aufträge erforderlich. Die Übersicht über die Werkstattsbelastung muß den Stand der Arbeiten laufend nachweisen.

Terminpläne für einzelne Aufträge werden in Form von Tabellen oder graphischen Plänen aufgestellt (Abb. 78 und 79). Derartige Pläne enthalten außerdem den Zeitbedarf für Arbeiten an den Stellen, die nicht zur eigentlichen Fertigung gehören (s. S. 134). Sie sind bei erstmaliger Ausführung eines Erzeugnisses zweckmäßig. Wieweit bei laufender Ausführung besondere Terminpläne erforderlich sind, hängt von den Betriebsverhältnissen ab. Sie werden dort, wo es sich nur um ein bestimmtes, verhältnismäßig einfaches Erzeugnis handelt, nicht erforderlich sein. Werden für

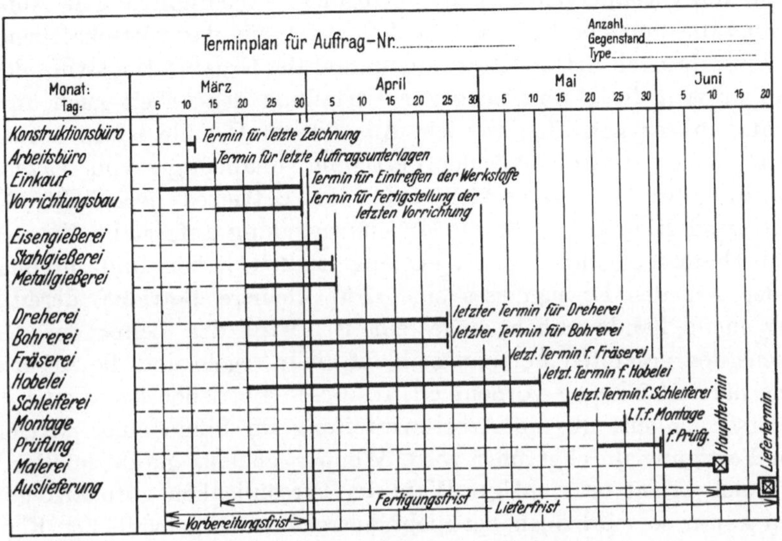

Abb. 79. Graphischer Terminplan (aus AWF 238).

einen großen Auftrag, z. B. eine ganze Anlage, die einzelnen Erzeugnisse in verschiedenen Betrieben und unter Umständen zu verschiedenen Zeiten gefertigt, so ist es für die Überwachung des Arbeitsfortschrittes von Nutzen, wenn diese auf Grund eines Arbeitsfortschrittsplanes erfolgt (vgl. S. 176 u. ff.).

IV. Arbeitsverteilung.

Für Betriebe, die nach Gesichtspunkten wirtschaftlicher Fertigung arbeiten, ist unter normalen Verhältnissen eine richtige Verteilung der Arbeit auf die vorhandenen Arbeitsplätze und Betriebsmittel eine Aufgabe, deren organisatorische Lösung von Bedeutung für das wirtschaftliche Ergebnis ist. Je nach Art der Erzeugnisse und der Organisationsstufe des Betriebes müssen die Maßnahmen zur Verteilung der Arbeit nach anderen Gesichtspunkten getroffen werden. Aus diesem Grunde ist es notwendig zu untersuchen, wie die Art der Fertigung, unabhängig vom Erzeugnis, die anzustrebende Organisationsstufe des Betriebes beeinflußt. Nachstehend sind Richtlinien für die Arbeitsverteilung aufgestellt, die, soweit das überhaupt möglich ist, Allgemeingültigkeit haben und unabhängig von der Art des Erzeugnisses sind. Für kleinere Betriebe, deren Fertigung mehr handwerklich eingestellt ist, wird der Leiter des Unternehmens den gesamten Fertigungsablauf allein regeln und die Arbeitsverteilung nach Erfahrung vornehmen. In diesen Betrieben ist es eine Frage der Persönlichkeit, ob die Arbeitsverteilung im Sinne einer wirtschaftlichen Fertigung durchgeführt wird. Wenn auch eine gefühlsmäßige Verteilung der Arbeit bei richtiger Wahl der Persönlichkeit gute Erfolge aufweisen kann, so wird doch bei nicht ausreichender persönlicher Eignung des Leiters das Unternehmen empfindlich geschädigt werden können. Man erkennt also, daß an Stelle der persönlichen, gefühlsmäßigen Arbeitsverteilung eine andere Form der Verteilung gesetzt werden muß. Eine solche Organisationsform findet sich in der Praxis in verschiedenen Entwicklungsstufen[1].

Besonderen Einfluß auf die Wahl und Fortentwicklung der Organisationsform hat zunächst die Größe eines Betriebes und der dem Werte nach zu betrachtende Geschäftsumfang des Unternehmens. Es sind also wirtschaftliche Gesichtspunkte, die die Wahl der Organisationsform beeinflussen. Aber auch die Organisationsform, die einen reibungslosen Ablauf der Arbeitsverteilung gewährleistet, kann den Niedergang des Betriebes herbeiführen, wenn die Organisation der Arbeitsverteilung hinsichtlich der Kosten für die Durchführung in keinem Verhältnis zum geschäftlichen Umsatz steht. Die Leitgedanken, die nachstehend entwickelt werden, erstrecken sich jedoch nicht auf die Kostenfrage, da hierfür Unterlagen für die Allgemeinheit in der Regel schwer zugänglich sind. Ähnliches gilt für die Gestaltung der für die Arbeitsverteilung erforderlichen Vor-

---

[1] Lit.-Verz. 1, 46, 56, 62, 74, 79, 81, 88, 103, 104, 106a, 118.

drucke und sonstigen Hilfsmittel. Die Art der Hilfsmittel ist sehr vom Fertigungserzeugnis abhängig und an Voraussetzungen gebunden, die in jedem Betrieb anders liegen können.

Vor der Erläuterung der Organisationsmittel werden nachstehend die festgelegten Begriffsbestimmungen, soweit das nicht schon in früheren Abschnitten geschehen ist, gebracht. Der Zusammenhang dieser Begriffe ist in der schematischen Darstellung (Abb. 80) gezeigt.

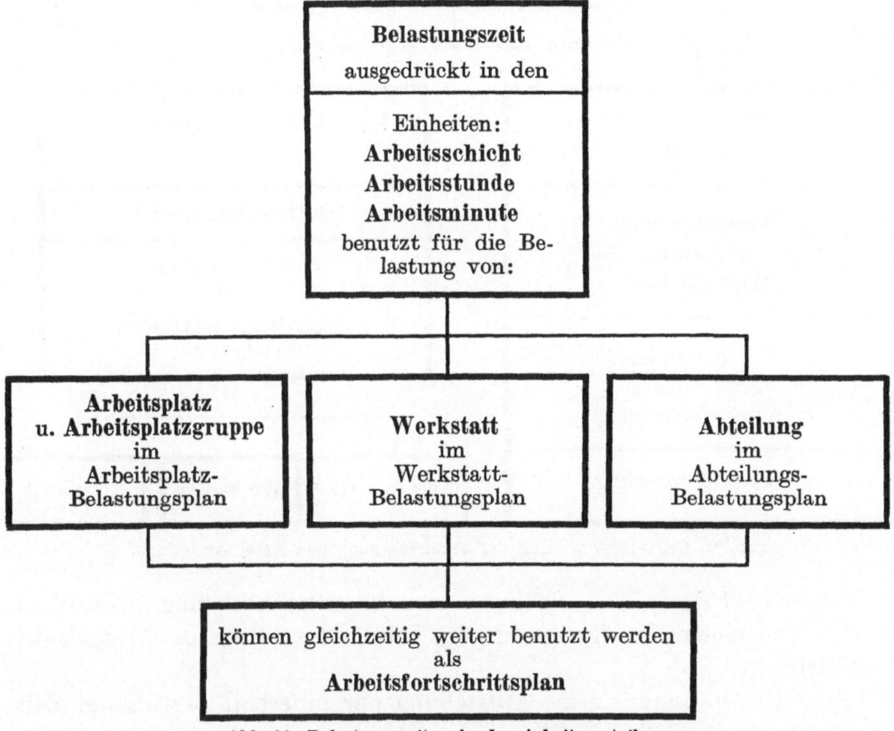

Abb. 80. Belastungszeiten in der Arbeitsverteilung.

Belastungszeit, die für die Belastung einer Abteilung, Werkstatt, Arbeitsplatzgruppe oder eines Arbeitsplatzes mit Arbeit zugrunde zu legende voraussichtliche Arbeitszeit.

Arbeitsschicht, Arbeitsstunde, Arbeitsminute, Einheiten für die Belastungszeit, Fertigungs- oder Vorgabezeit.

Belastungsplan, zeitliche Aneinanderreihung aller vorliegenden Aufträge unter Beachtung der verfügbaren Arbeitsplätze und Arbeiterkopfzahlen, ausgedrückt in Einheiten der Belastungszeit, aufgestellt für Abteilung, Werkstatt, Arbeitsplatzgruppe oder Arbeitsplatz.

Arbeitsfortschrittsplan, laufend geführter Nachweis des planmäßigen Fortschrittes aller durch den Belastungsplan vorgesehenen und in Arbeit gegebenen Fertigungsaufträge, aufgestellt für Abteilung, Werkstatt, Arbeitsplatzgruppe oder Arbeitsplatz.

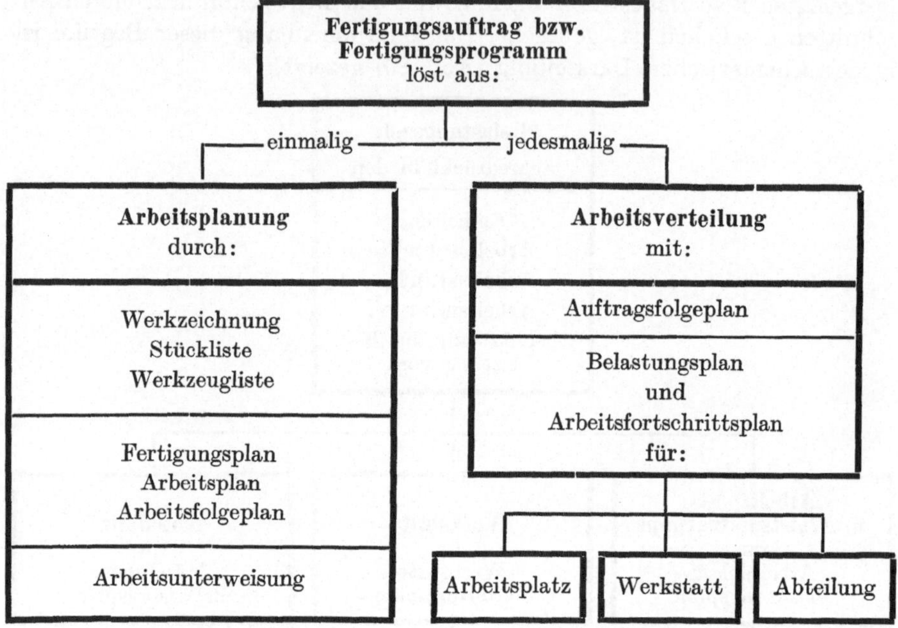

Abb. 81. Organisationsmittel der Arbeitsplanung und Arbeitsverteilung.

Auftragsfolgeplan, Nachweis der für eine Abteilung oder Werkstatt vorliegenden Fertigungsaufträge unter Beachtung der festgelegten Lieferfristen.

Fertigungsprogramm, Aufstellung der innerhalb bestimmter Zeitabschnitte zu fertigenden Erzeugnisse.

Abb. 81 zeigt die Organisationsmittel der Arbeitsplanung und Arbeitsverteilung, die durch einen Fertigungsauftrag bzw. ein Fertigungsprogramm ausgelöst werden. Die Organisationsmittel für die Auftragsbearbeitung sind auf S. 108 u. f. behandelt.

Zeitbegriffe der Arbeitsverteilung.

Die Belastungszeit wird aus der Fertigungs- bzw. Vorgabezeit ermittelt, wobei Minderleistungen durch Zuschläge, Mehrleistungen durch Abschläge ausgeglichen werden. Sie ergibt sich aus der Summe der Einheiten der Fertigungs- bzw. Vorgabezeit für die Ausführung eines Arbeitsauftrages in einer Werkstatt oder an einem Arbeitsplatz. Da die Fertigungs- bzw. Vorgabezeit sich auf die Durchschnittsleistung eines Arbeiters oder einer Arbeitergruppe bezieht und da deren Leistung erfahrungsgemäß schwankt, so wird für die Zwecke der Belastung einer Werkstatt mit Arbeit ein Ausgleich herbeigeführt.

Die für die Messung der Arbeitszeit in Betracht kommenden Zeiteinheiten sind Arbeitsminute und Arbeitsstunde. Sie werden beim Zeitakkord in Beziehung zu der je Zeiteinheit geleisteten Arbeit gebracht. Dabei wird zunächst vorausgesetzt, daß die je Zeiteinheit geleistete Arbeitsmenge gleich bleibt. Aus einer Reihe von unvermeidbaren Ursachen ändert sich z. B. innerhalb eines Arbeitstages, einer Woche die Leistung des Arbeiters je Zeiteinheit. Solche Leistungsschwankungen werden sowohl durch äußere Störungsursachen als auch durch Leistungsabfall des Menschen infolge Ermüdung und anderer psychologischer und physiologischer Einflüsse hervorgerufen.

Man versucht, diese Störungseinflüsse durch Zeitstudien zu erfassen und sie möglichst auszuschalten. Zur Ermittlung der Stückzeit werden die auf S. 79 beschriebenen Verfahren angewendet. Entspricht die ermittelte Stückzeit der bei Durchschnittsleistung des Arbeiters gebrauchten Arbeitszeit, so kann die in der Zeiteinheit geleistete Arbeitsmenge als gleichbleibender Wert und als geeignete Grundlage für die Arbeitsverteilung angesehen werden.

Die Arbeitsschicht ist keine unveränderliche Zeiteinheit, wie Minute und Stunde, weil ihre Stundenzahl unter dem Einfluß tariflicher Abmachungen und Wechsel der Konjunktur schwankt. Trotzdem ist sie als Einheit für die Belastungszeit ein häufig gebrauchter Maßstab.

Die Einheiten der Arbeitszeit werden gebraucht für die Arbeitsverteilung bei der Ausgabe zeitlich bestimmter Aufträge an die Arbeiter (Vorgabezeit), für die Schaffung von Belastungsplänen für Abteilung, Werkstatt, Arbeitsplatzgruppe und Arbeitsplatz (Belastungszeit).

Bei Feststellung der Belastung werden die Leistungsschwankungen durch eine über einen längeren Zeitraum geführte Statistik ermittelt und aus dieser die mittlere Leistung einer Arbeitsgruppe oder Werkstatt bestimmt. Diese Durchschnittsleistung läßt erkennen, um welchen Wert sich die Belastungszeit von der Vorgabezeit unterscheidet. Wenn z. B. ein wiederholt ausgeführter Arbeitsauftrag von 100 Stunden Vorgabezeit nach den statistischen Ermittlungen im Durchschnitt in 90 Stunden geleistet wurde, so ist in der Folge dieser Auftrag mit 90 Stunden Belastungszeit zu bewerten. Die Vorgabezeit von 100 Stunden ist also mit der „Belastungsziffer 0,9“ zu multiplizieren. Umgekehrt können durch nicht vorauszusehende Schwierigkeiten in der Arbeitsausführung, z. B. durch größere Härte des Werkstoffes oder Abweichungen in den Abmessungen des Werkstückes gegenüber den bei der Stückzeitbestimmung zugrunde gelegten, Zeitverluste eintreten.

In der Praxis werden mitunter Schwierigkeiten, deren Ursachen in falscher Bestimmung der Belastungszeit liegen, dadurch beseitigt, daß statt des eindeutigen Begriffes Arbeitsminute und Arbeitsstunde willkürlich angenommene oder durch irrtümliche Tarifauslegung entstandene Zeitbegriffe, z. B. Akkordstunde, 50-Minutenstunde oder dgl. angewendet werden. Für die Zwecke der Arbeitsverteilung müssen derartige Begriffe als untauglich bezeichnet werden. Statt der Klarheit, die dem Maßstab der absoluten Zeiteinheit eigen ist, entstehen durch unklare Zeitbegriffe Verwirrungen, die dann Anlaß zu zeitraubenden Auseinandersetzungen geben.

Rechtzeitiges Erkennen von Leistungsschwankungen[1] ist die Voraussetzung für richtige Arbeitsverteilung. Sie ist zu erreichen durch laufende Beobachtungen der in der Zeiteinheit geleisteten Arbeitsmenge, z. B. durch selbstschreibende Zeitmeßgeräte[2] oder Leistungs- und Verdienststatistiken u. dgl.

Zur Erläuterung dienen folgende Beispiele:

Als Leistungseinheit ist eine Arbeitsstunde = 60 Arbeitsminuten zugrunde gelegt. Für die Feststellung der Belastungszeit wird zunächst angenommen, daß die für eine Arbeit tatsächlich verbrauchte Zeit mit der Vorgabezeit übereinstimmt.

$$\frac{\text{Vorgabezeit}}{\text{tatsächlich verbrauchte Zeit}} = \frac{60\ \text{min}}{60\ \text{min}} = \text{Belastungsziffer } 1.$$

Es können folgende Abweichungen auftreten:

a) die tatsächlich verbrauchte Zeit ist geringer als die vorgegebene Zeit.

$$\frac{\text{Vorgabezeit}}{\text{tatsächlich verbrauchte Zeit}} = \frac{60\ \text{min}}{55{,}2\ \text{min}} = \text{Belastungsziffer } 0{,}92 \left.\right\} \text{8 \% Mehrleistung,}$$

b) die tatsächlich verbrauchte Zeit ist größer als die vorgegebene Zeit.

$$\frac{\text{Vorgabezeit}}{\text{tatsächlich verbrauchte Zeit}} = \frac{60\ \text{min}}{63{,}6\ \text{min}} = \text{Belastungsziffer } 1{,}06 \left.\right\} \text{6 \% Minderleistung.}$$

In der Werkstatt kommen beide Fälle nebeneinander vor. Für die Feststellung der Belastungszeit muß deshalb die mittlere Belastungsziffer aus den nachgewiesenen Leistungsschwankungen errechnet werden.

$$\frac{\text{Vorgabezeit}}{\text{mittlere verbrauchte Zeit}} = \frac{60\ \text{min}}{57{,}6\ \text{min}} = \text{(durchschnittlich) Belastungsziffer } 0{,}96 \left.\right\} \text{4\% durchschnittliche Mehrleistung.}$$

Beispiel: Für eine Werkstatt mit 14 Arbeitsplätzen sei angenommen:

a) an 10 Arbeitsplätzen wird in $10 \cdot 60 = 600$ Arbeitsminuten eine Mehrleistung von insgesamt 48 Minuten festgestellt (= 8% Mehrleistung),

[1] Lit.-Verz. 51. [2] Lit.-Verz. 10, 66.

b) an den restlichen 4 Arbeitsplätzen wird in $4 \cdot 60 = 240$ Arbeitsminuten eine Minderleistung von insgesamt 14,4 Minuten festgestellt (6% Minderleistung).

Der Unterschied zwischen Mehrleistung von 48 Minuten und Minderleistung von 14,4 Minuten in Höhe von 33,6 Minuten ist auf 14 Arbeitsplätze zu verteilen; also ergeben sich $33{,}6 : 14 = 2{,}4$ Minuten Mehrleistung als Durchschnittswert für die Werkstatt; bezogen auf 60 Arbeitsminuten ergeben sich $2{,}4 : 60 \cdot 100 = 4\%$ (Belastungsziffer 0,96). Eine vorgegebene Arbeitsmenge von 100 Arbeitsstunden ist demnach nach Ablauf von 96 Stunden fertiggestellt. Für den Zeitraum eines Monats mit 200 Arbeitsstunden je Arbeitsplatz ergeben die 14 Arbeitsplätze $200 \cdot 14 = 2800$ Arbeitsstunden; bei 4% Mehrleistung (Belastungsziffer 0,96) ergeben sich für die Arbeitsverteilung $2800 \cdot 0{,}96 = 2688$ Arbeitsstunden. Für den Zeitgewinn von 112 Arbeitsstunden sind die 14 Plätze mit weiteren Arbeiten zu belasten.

Wenn keine genügenden Arbeitsmengen zur Ausnutzung dieser gewonnenen Arbeitszeit vorhanden sind und am Ende des Arbeitsverteilungsabschnittes keine Arbeitseinschränkung vorgenommen werden soll, so müssen im Benehmen mit der Betriebsleitung rechtzeitig andere Maßnahmen getroffen werden. Zu berücksichtigen ist dabei, daß erfahrungsgemäß bei nachlassender Konjunktur und Einschränkung der Arbeitszeit sich im allgemeinen zunächst die spezifische Arbeitsleistung je Stunde erhöht, da jeder Arbeiter danach strebt, als Ersatz für die ausfallenden Arbeitsstunden durch Mehrleistung einen höheren Stundenverdienst zu erzielen. Die Arbeitsverteilung muß deshalb in Zeiten der Arbeitsknappheit diesem Umstand durch eine entsprechende Belastungsziffer Rechnung tragen.

Organisationsmittel.

Auftragsfolgeplan.

Der Auftragsfolgeplan faßt die für eine Abteilung oder Werkstatt vorliegenden Fertigungsaufträge zusammen. Er soll eine Übersicht darüber geben, welche Arbeiten für einen bestimmten Zeitabschnitt vorliegen und in welcher Reihenfolge diese Arbeiten für die Ausführung vorzubereiten sind. Die Reihenfolge wird auf Grund der Liefertermine festgelegt, wobei zu prüfen ist, ob eine Abteilung überbelastet wird und wie diese Überbelastung durch Abgabe von Arbeit an andere Stellen des Werkes vermieden werden kann. Der durch den Auftragsfolgeplan für eine bestimmte Abteilung festgelegte Arbeitsvorrat[1] wird in Einheiten der Belastungszeit

[1] Lit.-Verz. 2.

ausgedrückt. Aus der Summe der einer Abteilung zugewiesenen Aufträge läßt sich beurteilen, ob die Belastungsmöglichkeit einer Abteilung bereits erschöpft ist oder in welchem Umfange Fertigungsaufträge noch vorgesehen werden können. Dies ist besonders dann zu beachten, wenn Arbeiten früher, als vorgesehen, in Angriff genommen werden.

Liegt in einem Betrieb der Reihen- und Massenfertigung für einen bestimmten Zeitabschnitt ein festes Fertigungsprogramm vor, so baut sich der Auftragsfolgeplan darauf auf, unter Hinzunahme der nicht im Fertigungsprogramm vorgesehenen Sonderaufträge. Der Auftragsfolgeplan wird je nach der Art der Fertigung und der des Erzeugnisses für einen be-

Auftragsfolgeplan für Verteilungsstelle 1 — Abteilung 5
für die Zeit vom 1. 7. bis 6. 7.

Reihenfolge der Dringlichkeit	Bezeichnung des Fertigungsauftrages	Belastungszeit in Arbeitsminuten	Liefertermin	Ausgeliefert am [1]	Bemerkungen
1	A	500	1. 7.	30. 6.	
2	B	400	1. 7.	1. 7.	
3	C	400	2. 7.		fehlt Guß, deshalb Termin verlängert bis 15.7.
4	D	350	2. 7.	3. 7.	
5	E	650	2. 7.	2. 7.	
6	F	700	3. 7.	2. 7.	
7	G	550	3. 7.		

usw.

[1] Diese Spalte wird erst nach Fertigstellung der einzelnen Aufträge ausgefüllt.

Abb. 82. Auftragsfolgeplan. — Listenform.

stimmten Zeitraum aufgestellt, z. B. für eine Woche, einen Monat oder einen längeren Zeitraum. Die äußere Form des Auftragsfolgeplanes richtet sich nach den Betriebserfordernissen. Einen Auftragsfolgeplan in Form einer Liste zeigt Abb. 82.

Zur weiteren Durchführung der durch den Auftragsfolgeplan gestellten Aufgabe wird in der Reihen- und Massenfertigung von der Verteilungsstelle der Abteilungsbelastungsplan aufgestellt. In der Einzel- und kleinen Reihenfertigung, wo sich ein Fertigungsprogramm infolge der ständig wechselnden Auftragsdichte höchstens für eine Woche oder auch nur für einige Tage im voraus bestimmen läßt, wird der Auftragsfolgeplan meist in Karteiform aufgestellt. Ein Beispiel eines solchen Karteiblattes ist in Abb. 83 gegeben. Im Kopf des Vordruckes stehen Auftragsnummer und Liefertermin. Zum Eintragen der Belastungszeiten für jeden am Fertigungs-

K 36. 37. 30 Auftrag-Nr.	*8. 7. 30* Liefertermin

Auftr. Inhalt:	*K-Wagen 3/6 aufarbeiten*					
Abtlg.: *F*	Arb. Vert. St.: *F 1 U*			Ges. Bel. Z.: *47,30 Std.*		
Werkbetrieb:	*R*	*S*	*M*	*B*	*E*	*P*
Einz. Bel. Z. i. Std.	*21,20*	*7,60*	*4,80*	*3,20*	*4,50*	*6,0*

Arb. Reihenfolge	Bezeichnung der Arbeiten	Meister	Gruppentermin Soll Tg.	M.	Ist Tg.	M.
1	Abbau des Fahrzeuges	*1*	*3.*	*7.*		
2	Achsen und Achslager (Rollenlager)	*2*	—	—		
3	Untergestell	*1*	*4.*	*7.*		
4	Armatur	*3*	*4.*	*7.*		
5	Kolben, Ventile	*5*	*4.*	*7.*		
6	Maschineneinbau	*1*	*5.*	*7.*		
7	Luftventil	*4*	—	—		
8	Bremse	*6*	*5.*	*7.*		
9	Wasser- und Luftpumpe	*1*	*5.*	*7.*		
10	Rohrleitungen, sämtl.	*3*	*6.*	*7.*		
11	Schmierpumpe	*7*	*6.*	*7.*		
12	Stangen, Gewerk	*5*	*6.*	*7.*		
13	Manometer und Tachometer	*7*	*7.*	*7.*		
14	Zusammenbau	*1*	*8.*	*7.*		
15	Laternen, Geräte, Werkzeuge	*3*	*8.*	*7.*		
16	Probelauf	*8*	*8.*	*7.*		

Arbeits-Büro:	Tag	Name
Ausgefertigt:	*2. 7. 30*	*Kr.*
Geprüft:	*2. 7. 30*	*Alh.*

Abb. 83. Auftragsfolgeplan. — Karteiblatt.

Abteilung: F					Werkbetriebe																				Belastgs.-Zeit in Std. je Teilfertig.		
Arbeitsreihenfolge	Unterteilung der Arbeiten	Meister bzw. Werkbetrieb	Kopfzahl	Belastungsziffer	R Richt-werkst. Fahrz. mit		G Ge-triebew. Fahrz. mit		S Sonder-werkstatt Fahrz. mit 2 | mehr als 2 Achsen			D Dreherei Fahrz. mit		M Motoren-werkstatt Fahrz. mit 2 | mehr als 2 Achsen			B Brems-werkst. Fahrz. mit		E Schlosser-werkstatt Fahrz. mit 2 | mehr als 2 Achsen			P Prüfanlage Fahrz. mit 2 | mehr als 2 Achsen			Fahrz. mit 2 | mehr als 2 Achsen		
					2 Achsen	oder mehr Achsen	2 Achsen	oder mehr Achsen	4 Zyl.	4 Zyl.	6 Zyl.	2 Achsen	oder mehr Achsen	4 Zyl.	4 Zyl.	6 Zyl.	2 Achsen	oder mehr Achsen	4 Zyl.	4 Zyl.	6 Zyl.	4 Zyl.	4 Zyl.	6 Zyl.	4 Zyl.	4 Zyl.	6 Zyl.
1	Abbau des Fahrzeuges	1			4																				3,2		
1	„ „ „	1	7	0,8		6																				4,8	
1	„ „ „	1				6																					4,8
2	Achs.u.Achslag.(Rollenlag.)	2					3																		2,1		
2	„ „ „	2	4	0,7				4																		2,8	
2	„ „ „	2						4																			2,8
3	Untergestell	1			3																				2,4		
3	„	1	5	0,8		4,5																				3,6	
3	„	1				4,5																					3,6
4	Armatur	3							1																0,9		
4	„	3	3	0,9						2																1,8	
4	„	3									3,5																3,1
5	Kolben, Ventile	5												3											2,4		
5	„ „	5	5	0,8											3											2,4	
5	„ „	5														4											3,2
6	Maschineneinbau	1			3																				2,4		
6	„	1	5	0,8		4																				3,2	
6	„	1				4																					3,2
7	Luftventil	4										—															
7	„	4	2	0,6									2													1,2	1
7	„	4											2														1,2
8	Bremse	6															2								1,6		
8	„	6	4	0,8														4								3,2	
8	„	6																4									3,2

9	Wasser- und Luftpumpe	1			1																				0,8		
9	,, ,, ,,	1	3	0,8		3																				2,4	
9	,, ,, ,,	1				3																					2,4
10	Rohrleitungen, sämtliche	3							2																1,8		
10	,, ,,	3	3	0,9						2																1,8	
10	,, ,,	3									3																2,7
11	Schmierpumpe	7																	3						1,5		
11	,,	7	5	0,5																4						2,0	
11	,,	7																			5						2,5
12	Stangen, Gewerk	5												1											0,8		
12	,, ,,	5	2	0,8											2											1,6	
12	,, ,,	5														2											1,6
13	Manometer u. Tachometer	7																	2						2,0		
13	,, ,,	7	2	1																2						2,0	
13	,, ,,	7																			2						2,0
14	Zusammenbau	1			5																				4,5		
14	,,	1	7	0,9		8																				7,2	
14	,,	1				8																					7,2
15	Laternen, Geräte, Werkz.	3							2																1,8		
15	,, ,, ,,	3	3	0,9						2																1,8	
15	,, ,, ,,	3									2																1,8
16	Probelauf	8																				6			6,0		
16	,,	8	3	1																			6			6,0	
16	,,	8																						6			6,0
	Fahrzeug 2/4				16		3		5					4			2		5			6			34,2		
	,, 3/4					25,5		4		6			2		5			4		6			6			47,8	
	,, 3/6					25,5		4			8,5		2			6		4			7			6			51,3

Abb. 84. Übersichtsplan zur Ermittlung der Belastungszeiten.

auftrag beteiligten Werkbetrieb sind Spalten vorgesehen. Die Summe der Belastungszeiten aller Fertigungsaufträge eines bestimmten Werkbetriebes ergibt dessen gesamte Belastung. Um die Schreibarbeit zu verringern, empfiehlt es sich, die Bezeichnung der Arbeiten, die wiederholt vorkommen, in der Reihenfolge des Arbeitsablaufes im Karteiblatt vorzudrucken.

Die Werte für die Belastungszeiten werden zweckmäßig einem Übersichtsplan, wie ihn z. B. Abb. 84 für die Gruppenarbeiten 1 bis 16 zeigt, entnommen. Mit Hilfe dieser Belastungszeiten und des Liefertermines kann der Zeitpunkt für den Beginn der Fertigung festgelegt werden. Die Arbeiten sind unterschieden nach Werkbetrieben, für die die Vorgabezeit (in Arbeitsstunden) getrennt nach Erzeugnissen eingetragen ist. Diese Vorgabezeiten werden mit der für jeden Werkbetrieb ermittelten Belastungsziffer multipliziert; die sich hieraus ergebenden Belastungszeiten sind in den drei rechten Spalten der Übersicht, getrennt nach der Fahrzeugbauart, angegeben. Die Belastungsziffern werden durch eine Statistik laufend nachgeprüft. Schwankungen, deren Ursachen nicht klarliegen, werden durch Zeitaufnahmen untersucht.

Am Schluß der Übersicht (Abb. 84) sind die auf jeden Werkbetrieb entfallenden Vorgabezeiten, getrennt nach Fahrzeugbauarten, und die Belastungszeiten für die ganze Abteilung bei Vollaufarbeitung eines Fahrzeuges aufgerechnet. Je nach den vorliegenden Betriebsverhältnissen kann die Übersicht entsprechend ausgestaltet werden. Sie stellt eine Arbeitsunterlage dar, mit der die von den Werkbetrieben bzw. Meistereien einzuhaltenden Liefertermine der Reihenfolge nach festgelegt werden können. In der Praxis hat es sich als zweckmäßig gezeigt, die Karteiblätter des Auftragsfolgeplanes je nach Umfang der Gesamtbelastungszeit farbig zu wählen, z. B. weiß für eine Gesamtbelastungszeit bis 100 Stunden, grün für eine Gesamtbelastungszeit von 101 bis 500 Stunden und rot für eine Gesamtbelastungszeit von 501 und mehr Stunden. Diese äußerliche Unterscheidung erhöht die Übersicht des Auftragsfolgeplanes.

Betriebe, die erfahrungsgemäß oft mit dem Eingang kurz befristeter Aufträge zu rechnen haben, müssen ihre Arbeitsverteilung so beweglich einrichten[1], daß sie noch hinzukommende, kürzer befristete Fertigungsaufträge in die laufenden Arbeiten einschalten können. Dabei ist zu beachten, daß die Ausführung eines Auftrages außerhalb der im Arbeitsfolgeplan festgelegten Reihenfolge in der Regel die Rückstellung anderer Aufträge verursacht, wodurch Mehrkosten durch wiederholtes Einrichten der Arbeitsplätze entstehen. Eine Maßnahme, die dazu beiträgt, das

[1] Lit.-Verz. 32, 64.

Arbeitsprogramm beweglich zu halten, ist z. B. die Anordnung von Überstunden oder Doppelschichten, unter Umständen nur für einzelne Betriebsmittel. Reicht die vorgenannte Maßnahme nicht aus, und müssen Liefertermine verlegt werden, so ist es bei dem Auftragsfolgeplan in Karteiform ein leichtes, die Karteiblätter neu zu ordnen, nachdem der Liefertermin für den zurückgestellten Auftrag entsprechend geändert ist. Nach der im Auftragsfolgeplan festgelegten Reihenfolge werden die Arbeitsunterlagen ausgefertigt und hiernach die Verteilung der Aufträge auf die Arbeitsplätze vorgenommen.

Fertigungsprogramm[1].

In der Reihen- und Massenfertigung bildet das Fertigungsprogramm (Abb. 85) die Grundlage für die planmäßige Arbeitsvorbereitung und für den gleichmäßigen Ablauf der Fertigung. Der Umfang des Fertigungsprogrammes wird für bestimmte Zeitabschnitte festgelegt. Er richtet sich nach den Erfordernissen der Marktlage und der Saison unter Berücksichtigung der Konjunktur. Je nach Art und Verkaufswert der Erzeugnisse wird ein Fertigungsprogramm für die verschiedenen Zeitabschnitte verschieden zusammengestellt sein. Es ist möglich, daß ein Betrieb in Zeiten unsicherer Konjunktur wegen Mangel an Absatz vorübergehend kein festes Fertigungsprogramm aufstellen kann.

Die Länge des Zeitabschnittes für ein Fertigungsprogramm wird außerdem beeinflußt durch die Art der Erzeugnisse, die erforderliche Vorbereitungszeit und die optimale Stückzahl für die Teilfertigung. Für die Fertigung der Einzelteile richtet sich die Länge des Teil-Zeitabschnittes außerdem noch nach der Anzahl der zur Verfügung stehenden Arbeitsplätze bzw. Betriebsmittel.

In das Fertigungsprogramm werden sämtliche zu fertigenden Erzeugnisse einbezogen, für die feste Aufträge vorliegen und für deren laufende Fertigung das Werk bereits eingerichtet ist. Wenn in einem Werk außer den lagermäßigen Erzeugnissen noch solche ähnlicher Art hergestellt werden, die in einzelnen Teilen eine nur wenig abweichende Konstruktion aufweisen, hauptsächlich aber aus genormten bzw. typisierten Einzelteilen zusammengesetzt sind, so werden diese Erzeugnisse in einem bestimmten Verhältnis zur aufzugebenden Gesamtmenge in das Fertigungsprogramm einbezogen. Dasselbe gilt für Einzelteile, die für Ersatzteillieferung gebraucht werden.

[1] Unter Fertigungsprogramm ist hier keine werbemäßige Zusammenstellung von Abbildungen der in einem Werk hergestellten Erzeugnisse zu verstehen.

Das von der Werksleitung festgelegte Fertigungsprogramm soll grundsätzlich ohne Änderungen durchgeführt werden. Änderungen bedeuten fast stets eine erhebliche Störung des planmäßig festgelegten Arbeitsablaufes.

Bei Bestimmung des Zeitpunktes für die Herausgabe des Fertigungsprogrammes ist zu berücksichtigen, daß in der bis zum Liefertermin ver-

Fertigungsprogramm Monat: *Juli 1930*

für Abt.: *Fahrzeugbau* Beginn der Lieferung: *2. 7.*

Nr.	Gegenstand	Type	Stückzahl gesamt	für 20 PS	für 30 PS	Lieferung je Tag	Beteiligte Abteilungen
1	*Motor P*	*A*	*5100*	*3000*	*2100*	*190*	*Gehäusebau — Wellendreherei*
2	„	*B*	*2100*	*1500*	*600*	*80*	*Zusammenbau*
3	*Motor L*	*C*	*3300*	*2000*	*1300*	*122*	„
4	„	*D*	*5100*	*2500*	*2600*	*190*	
5	*Getriebe P*	*A*	*5100*	*5100*		*190*	*Gehäusebau – Zahnradbau*
6	„	*B*	*2100*	*2100*		*80*	*Zusammenbau*
7	*Getriebe L*	*C*	*3300*	*3300*		*122*	„
8	„	*D*	*5100*	*5100*		*190*	
				zweisitzig	viersitzig		
9	*Fahrgestell P*	*A*	*5100*	*3000*	*2100*	*190*	*Rahmenbau — Räderbau*
10	„	*B*	*2100*	*700*	*1400*	*80*	*Zusammenbau*
				1,5 t	2,5 t		
11	„ *L*	*C*	*3300*	*2200*	*1300*	*122*	„
12	„	*D*	*5100*	*3000*	*2100*	*190*	
13	*usw.*						

Abb. 85. Fertigungsprogramm für eine Abteilung.

bleibenden Zeit Vorbereitungs- und Fertigungsarbeiten auch ausgeführt werden können. Je nach der Größe und dem Wert des Erzeugnisses und je nach der technischen Schwierigkeit der Fertigung wird die Arbeitsvorbereitung, einschließlich der Zeit für Vorbereitung der Fertigungsunterlagen, unter Umständen länger sein als für die Teilfertigung und den anschließenden Zusammenbau. Da ohne gründliche Vorbereitung die Fertigung unwirtschaftlich wird und deshalb die Liefertermine nicht mit hinreichender Genauigkeit eingehalten werden können, muß die Zeit für die Arbeitsvorbereitung ausreichend bemessen werden.

Bis zu einem gewissen Grad können sämtliche Fertigungsunterlagen unabhängig von dem Vorliegen eines Auftrages vorbereitet werden; demgemäß verkürzt sich der Zeitaufwand für die Vorbereitung, so daß der Zeitpunkt für Herausgabe des Fertigungsprogrammes um den Unterschied der Zeitersparnis früher gelegt werden kann. Der Zeitaufwand für die eigentliche Fertigung umfaßt die Zeiten für die Fertigung von Teilen, Gruppen, für den Zusammenbau und für die Oberflächenbehandlung. Daneben sind noch die Zeiten für Arbeitsprüfung, Leistungsprüfung und Abnahme zu berücksichtigen. Dabei muß noch darauf hingewiesen werden, daß der Zeitaufwand für die konstruktive Durcharbeitung eines neu aufzunehmenden Erzeugnisses nicht unter die für die Vorbereitung der Fertigungsunterlagen erforderlichen Zeit fällt, weil diese Arbeiten einschließlich der Prüfung der Versuchsausführung auf Leistung, Wirkungsweise usw. bereits abgeschlossen sein müssen, bevor man sich entschließt, ein Erzeugnis in größerer Anzahl herzustellen. Die Zeit zwischen Aufstellung des Programmes und Einlieferung des Erzeugnisses ins Fertiglager ist unter Sicherung des Termins so kurz wie möglich zu halten.

Die Termine für den Beginn der einzelnen Fertigungsabschnitte müssen so festgelegt sein, daß der Werkstoff bis dahin im Werk ist; sie werden aber auch nicht vorverlegt, wenn der Werkstoff früher eintrifft. In der Praxis wird selbstverständlich stets eine kurze Sicherheitsfrist zwischen dem Liefertermin der Werkstoffe und dem Termin für den Beginn der Teilfertigung vorgesehen. Die Dauer dieser Sicherheitsfrist ist abhängig von Art und Menge der Werkstoffe und dem Beschäftigungsgrad.

Der Termin für den Zusammenbau ist so zu legen, daß bis dahin sämtliche Teile im Bereitstellager eingetroffen sein können. Da die Teile meist sehr verschiedene Bearbeitungszeiten haben und man auch nicht immer in der Lage ist, diese Zeiten durch besondere Anordnungen ohne Verteuerung der Fertigung zu kürzen, so müssen solche Teile mit längerer Bearbeitungszeit zuerst in Angriff genommen werden. Die anderen Teile mit kürzerer Bearbeitungszeit werden um soviel später, als der Unterschied der Fertigungsdauer beträgt, angefangen. Mit geeigneten Organisationsmitteln kann erreicht werden, daß sämtliche Teile zum festgelegten Termin im Zwischen- oder Bereitstellager einlaufen; auch in diesem Falle ist eine gewisse Sicherheitsfrist vorzusehen.

Zur Veranschaulichung der Folge von Vorbereitungs- und Fertigungszeit sind nachstehend zwei Beispiele in Form graphischer Übersichten gebracht. Abb. 86 stellt die Verteilung der Zeitabschnitte rein schematisch dar. Mit Herausgabe des Fertigungsprogrammes für den Zeitraum Juli-Dezember beginnt am 1. 4. die Vorbereitung der allgemeinen Fertigungsunterlagen (Zeichnungen, Stücklisten, Arbeitsfolgeplan, Arbeitspläne), sowie die der besonderen Unterlagen (Bestell- und Terminpläne für die Lieferung von Rohstoffen, Halbfabrikaten usw.). Die für diese Arbeiten erforderlichen Vorbereitungszeiten schließen die Liefer- und Bereitstellzeiten aller notwendigen Stoffe einschließlich eines gewissen Sicherheitszuschlages für Verzögerung in der Anlieferung bzw. Bereitstellung ein. Zu einem bestimmten Zeitpunkt, im vorliegenden Falle am 1. 7., setzt die Fertigung der beiden Teilgruppen A und B ein, die mit Beginn des 1. 8.

Arb. Reihenfolge	März	April	Mai	Juni	Juli	Aug.	Sept.	Okt.	Nov.	Dez.
Aufstellung des Fertigungs-Programms für Juli-Dezember										
Tag der Herausgabe 1. 4.										
Ausarbeitung der Fertigungsunterlagen und Beschaffung der Werkstoffe										
Teilfertigungsbau A										
Teilfertigungsbau B										
Zusammenbau C										

Abb 86. Zeitabschnitte für Vorbereitung und Fertigung.

in der Werkstatt C zusammengebaut und mit Schluß des Monat Dezember ausgeliefert werden. Je nach Umfang und Wert des Fertigungsauftrages sind die Arbeiterkopfzahlen für die innerhalb der einzelnen Zeitabschnitte zu fertigenden Arbeiten, und zwar sowohl für die Ausarbeitung der Fertigungsunterlagen, als für die Fertigung der Teilgruppen und den Zusammenbau so bemessen, daß die Zeitabschnitte untereinander gleich lang werden; nur auf diese Weise kann eine stetige, lückenlose Beschäftigung der Betriebsstellen und Werkbetriebe erreicht werden.

Das für einen späteren Zeitraum aufzustellende nächste Fertigungsprogramm muß so rechtzeitig herausgebracht werden, daß die Werkstätten A und B mit Beginn des 1. 10., der Zusammenbau C mit Beginn des 1. 1. des folgenden Jahres, je nach Auftragsmenge, gleichmäßig wieder mit Arbeiten versorgt sind, gegebenenfalls durch Einschränkung oder Vergrößerung der Kopfzahl.

Die Darstellung nach Abb. 87 zeigt den Ablauf eines Fertigungsauftrages für die Aufarbeitung von Fahrzeugen in zeitlicher Reihenfolge. Hiernach kommt alle 40 Minuten ein aufgearbeitetes Fahrzeug zum Ausgang. Die Gesamtdurchlaufszeit (Aufenthaltsdauer im Werk) beträgt 1400 Minuten = etwa 23,3 Stunden. An der Aufarbeitung sind 5 Werkbetriebe (A—E) beteiligt, die hinsichtlich der auszuführenden Teilfertigungen in zeitlicher Abhängigkeit voneinander stehen.

Gegenüber Abb. 86 ist die der Ausgabe des Fertigungsprogrammes folgende Vorbereitungszeit in Abb. 87 nicht zum Ausdruck gebracht; lediglich die Aufarbeitung (Fertigung) der einzelnen Teile, Teilgruppen und des ganzen Erzeugnisses ist aufgeführt. Jedes der stark eingerahmten schraffierten und schwarz ausgefüllten Felder kennzeichnet einen bestimmten Arbeitsplatz. Der Raum zwischen je zwei Ordinaten stellt einen Arbeiter dar; hieraus ergibt sich die Anzahl der auf jedem Arbeitsplatz Beschäftigten. Die auszuführenden Arbeitsgänge sind für jeden Arbeitsplatz angegeben.

Um ein lückenloses Fortschreiten aller Arbeiten sicherzustellen, sind für die dem einen oder anderen Werkbetrieb zugehenden Werkteile bzw. Teilgruppen Bereitstellzeiten vorgesehen. Diese Zeiten, die im Beispiel immer ein Vielfaches des Fließschrittes betragen, sind durch stark ausgezogene senkrechte Pfeillinien gekennzeichnet. In Abb. 88 sind die Anzahl der Arbeitsplätze und Arbeiter, die Fertigungs-, Bereitstell- und Durchlaufzeit der Teilgruppen für den einzelnen Werkbetrieb und auch des Erzeugnisses für die ganze Abteilung nachgewiesen. Bei einer Gesamtzahl von 249 Arbeitern ergibt sich eine Gesamtfertigungszeit von 9960 Minuten oder 166 Stunden für das einzelne Erzeugnis.

Für die Aufstellung und die spätere planmäßige Abwicklung des Fertigungsprogrammes ist die verantwortliche Mitarbeit der Vertriebsabteilung in bezug auf die zu erzeugende Menge unerläßlich. Die Hauptaufgaben der Vertriebsabteilung sind hierbei folgende:

Erziehung der Kundschaft zur Wahl der in der Preisliste angegebenen Erzeugnisse,

Führung einer genauen Umsatzstatistik,

Absatz- und Konjunkturforschung auf weite Sicht.

Je enger die Zusammenarbeit zwischen Vertriebsabteilung und Wiederverkäufer ist, um so bestimmter läßt sich das Fertigungsprogramm aufstellen. Die Treffsicherheit der Mengenbemessung[1] für das Fertigungsprogramm stützt sich auf die Fühlungnahme mit der Kundschaft, auf das

[1] Lit.-Verz. 85, 106a.

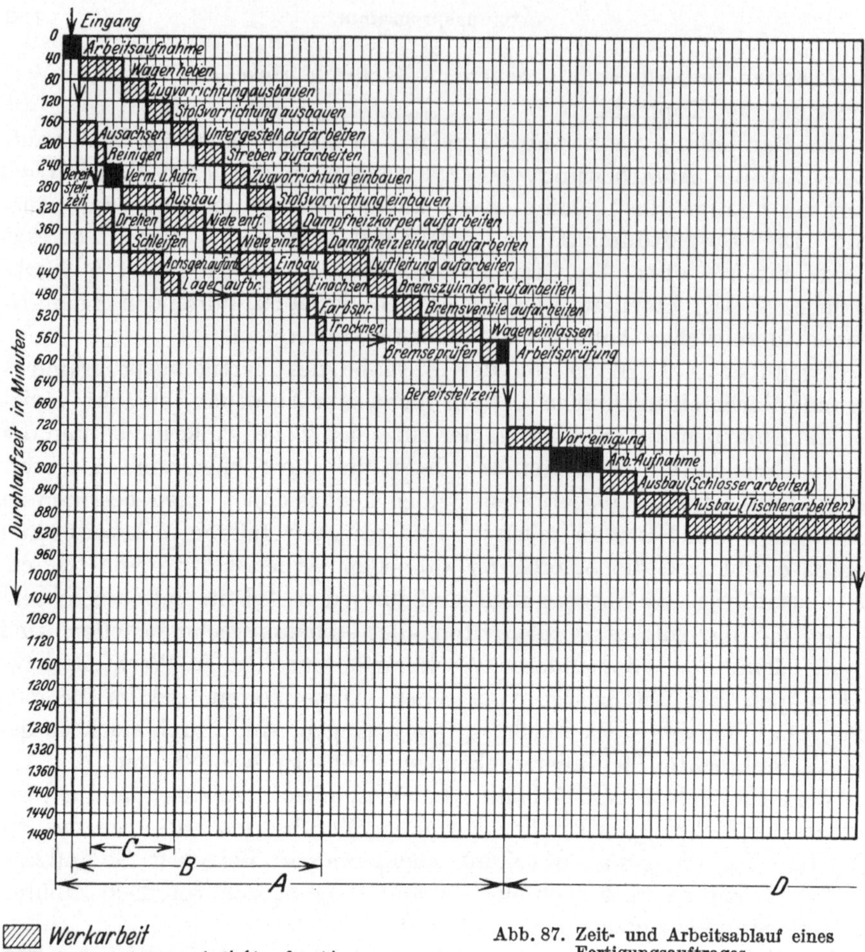

Abb. 87. Zeit- und Arbeitsablauf eines Fertigungsauftrages.

Studium der Marktverhältnisse usw. Als Unterlagen für die Aufstellung des Programmes sind zu betrachten:

durchschnittlicher Umsatz in den letzten 12 Monaten,

Umsatz des Spitzenmonats der letzten 12 Monate,

Lagerbestand jeder einzelnen Type im Werk am letzten Tage des Vormonats,

im Werk ab Monatsanfang bis zur Aufstellung des Fertigungsprogrammes erfolgte Wertumsätze und eingegangene Bestellungen (einschließlich der Abrufaufträge),

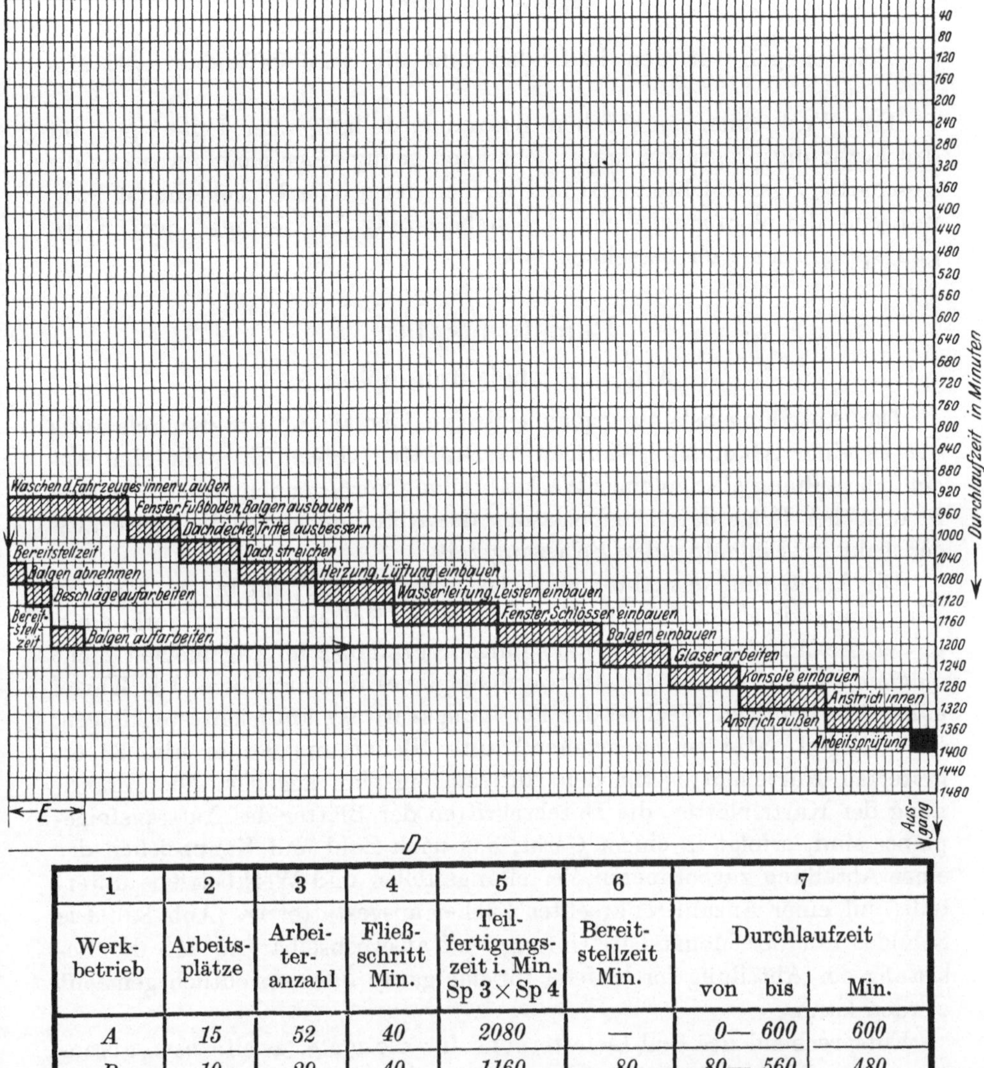

1	2	3	4	5	6	7	
Werkbetrieb	Arbeitsplätze	Arbeiteranzahl	Fließschritt Min.	Teilfertigungszeit i. Min. Sp 3 × Sp 4	Bereitstellzeit Min.	Durchlaufzeit von bis	Min.
A	*15*	*52*	*40*	*2080*	—	*0— 600*	*600*
B	*10*	*29*	*40*	*1160*	*80*	*80— 560*	*480*
C	*4*	*10*	*40*	*400*	*80*	*240— 480*	*240*
D	*17*	*149*	*40*	*5960*	*120*	*600—1400*	*800*
E	*3*	*9*	*40*	*360*	*120*	*960—1200*	*240*
Abteilg.	*49*	*249*	*40*	*9960* Gesamtfertig.-Zeit	*400* Gesamtbereitstellzeit	*0—1400*	*1400* Gesamtdurchlaufzeit

Abb. 88. Abteilungsbelastungsplan zu Abb. 87.

Schätzungen für den laufenden und die anschließenden zwei Monate.

Der Wert einer pünktlichen Zusammenstellung aller Unterlagen für das Fertigungsprogramm kann nicht hoch genug eingeschätzt werden; die Beschäftigungsaussichten sind und bleiben der größte Unsicherheitsfaktor, während die voraussichtliche Arbeitsbelastung bei festliegendem Fertigungsprogramm sich berechnen läßt.

Belastungsplan.

Abteilungsbelastungsplan.

Der Abteilungsbelastungsplan soll eine Übersicht über die Belastung der zu einer Abteilung gehörigen Werkstätten geben. Er stellt eine Aneinanderreihung aller in einer Werksabteilung vorliegenden Arbeitsaufträge in zeitlicher Folge dar. Die Belastung der Abteilung mit Arbeit wird ausgedrückt in Einheiten der Belastungszeit.

Die Aufstellung des Abteilungsbelastungsplanes erfolgt bei wechselnder Fertigung, wie sie in der Einzel- und kleinen Reihenfertigung vorkommt, in der die Aufstellung eines Fertigungsprogrammes im allgemeinen nicht möglich ist, auf Grund des Auftragsfolgeplanes in Karteiform. Die Kartei kann dem häufigen Wechsel der Fertigungsaufträge am leichtesten folgen. Ein Beispiel dafür ist nachstehend unter Benutzung der in Abb. 83 erläuterten Karteiblätter für den Auftragsfolgeplan gegeben. Die Einordnung der Karteiblätter, die Durchschriften der Blätter des Auftragsfolgeplanes sind, erfolgt in einem Gerät, das nach Zahl und Kennzeichen der einer Abteilung zugeordneten Verteilungsstellen und Werkbetriebe unterteilt, mit einer Anzahl senkrechter Fächer ausgestattet ist (Abb. 89). Die Schilder mit der Monatsbezeichnung sind auswechselbar, so daß die Belastung der Abteilung fortlaufend für das ganze Jahr ersichtlich gemacht werden kann.

Entsprechend des Soll-Liefertermins für die erste, zweite usw. auszuführende Arbeit wird die Karteikarte in einem bestimmten Fach abgelegt. Ist beispielsweise der Termin für den Abbau des Fahrzeuges der 3. Juli und wird die Arbeit, wie aus der Karte ersichtlich, durch die Richtwerkstatt ausgeführt, so wird die Karte in ein Fach, das durch den Termin (3. 7.) gekennzeichnet ist, abgelegt. Mit Beginn des 4. 7. wird die Karte in das Fach gelegt, das den Zeitpunkt für die Fertigstellung der an zweiter Stelle aufgeführten Arbeit bezeichnet usw. Auf diese Weise wandert das Karteiblatt entsprechend dem Arbeitsablauf durch die Fächer des Gerätes. Ist der Liefertermin der 8. 7., so muß sich auch das Karteiblatt in dem zugehörigen Fach befinden. Für jeden Fertigungsauftrag kann der terminmäßige Ablauf der einzelnen Arbeiten genau verfolgt und die Einhaltung der Termine gesichert werden. Der auf jedes Betriebsmittel und jeden Arbeitsplatz entfallende Arbeitsvorrat ist aus dem Karteiblatt Abb. 83 ersichtlich. Veränderungen des Soll-Liefertermines müssen von Fall zu Fall entweder durch den Werkstattbelastungsplan oder durch einen Meldezettel, der die Ursachen der Verzögerung enthält, der zuständigen Abteilung zur Kenntnis gebracht werden. Diese berichtigt dann die Terminkarten des Abteilungsbelastungsplanes und steckt sie um. Soweit Terminverzögerungen drohen, muß der Abteilungsleiter sofort entsprechende Maßnahmen treffen, die die terminmäßige Auslieferung des Auftrages sicherstellen.

In der großen Reihen- und Massenfertigung ist im allgemeinen der Auftragsbestand nicht einem so schnellen Wechsel wie in der Einzel- und kleinen Reihenfertigung unterworfen. Deshalb wird dafür der Abteilungsbelastungsplan in graphischer Form bevorzugt. Auch in der kleinen Reihen- und Einzelfertigung hat diese Form ihre Berechtigung dann, wenn es sich um Erzeugnisse von hohem Einzelwert und langer Fertigungszeit der einzelnen Arbeitsgänge handelt, z. B. große Kraft- und Arbeitsmaschinen, Industriebauten, Schiffsteile usw. Entscheidend für die Wahl des einen oder anderen Verfahrens der Darstellung des Abteilungsbelastungsplanes ist der Wert der Erzeugnisse im Verhältnis zum Aufwand für die Aufzeichnung eines graphischen Planes.

Ein Beispiel dafür aus der Massenfertigung ist in Abb. 90 gebracht. Für den schematischen Aufbau eines graphischen Belastungsplanes ist es im allgemeinen gleichgültig, welche Arten von Erzeugnissen gefertigt werden, ob z. B. Kraftmaschinen, Fahrzeuge oder dgl. Die wichtigste Voraussetzung ist, daß das Werk überhaupt nach einem für regelmäßige Zeitabschnitte festliegenden Fertigungsprogramm arbeitet. Für das Beispiel wird angenommen, daß eine Werksabteilung in fließender Fertigung 4 Haupttypen von Rädergehäusen herstellt. Durch Beigabe verschiedenartiger Zubehörteile können die 4 Haupttypenreihen noch in weiterer Unterteilung, z. B. nach verschiedenen Drücken, Drehzahlen, Hubhöhen u. dgl. zusammengebaut werden. Die Abteilung Rädergehäuse liefert die bearbeiteten Teile an die Abteilung Zusammenbau. Andere Abteilungen liefern die restlichen für den Zusammenbau des betreffenden Erzeugnisses noch erforderlichen Teile. Sämtliche Abteilungen sind an die im Zusammenbauplan festgesetzten Liefertermine gebunden.

Als Ausgangspunkt der Arbeitsverteilung ist aus dem in Abb. 85 dargestellten Fertigungsprogramm das Teilfertigungsprogramm für die

Abteilung *F*						
Verteilungs-St.	*F 1 U*					
Werkbetrieb	*R* Richtwerkstatt (*M 1*)			*M* Motorenwerkstatt (*M 5*)		
Tag	Juli	August	September	Juli	August	September
1						
2						
3	K 36.37.30 | 8.7.30					
4						
5	K 24.57.32 | 9.7.30					
6						
7						
8						
9						
10						
30						
31						

Abb. 89. Abteilungsbelastungsplan in Tafelform unter

B Bremswerkstatt (M 6)			S Sonderwerkstatt (M 3)		
Juli	August	September	Juli	August	September

Verwendung von Karteikarten nach Abb. 83.

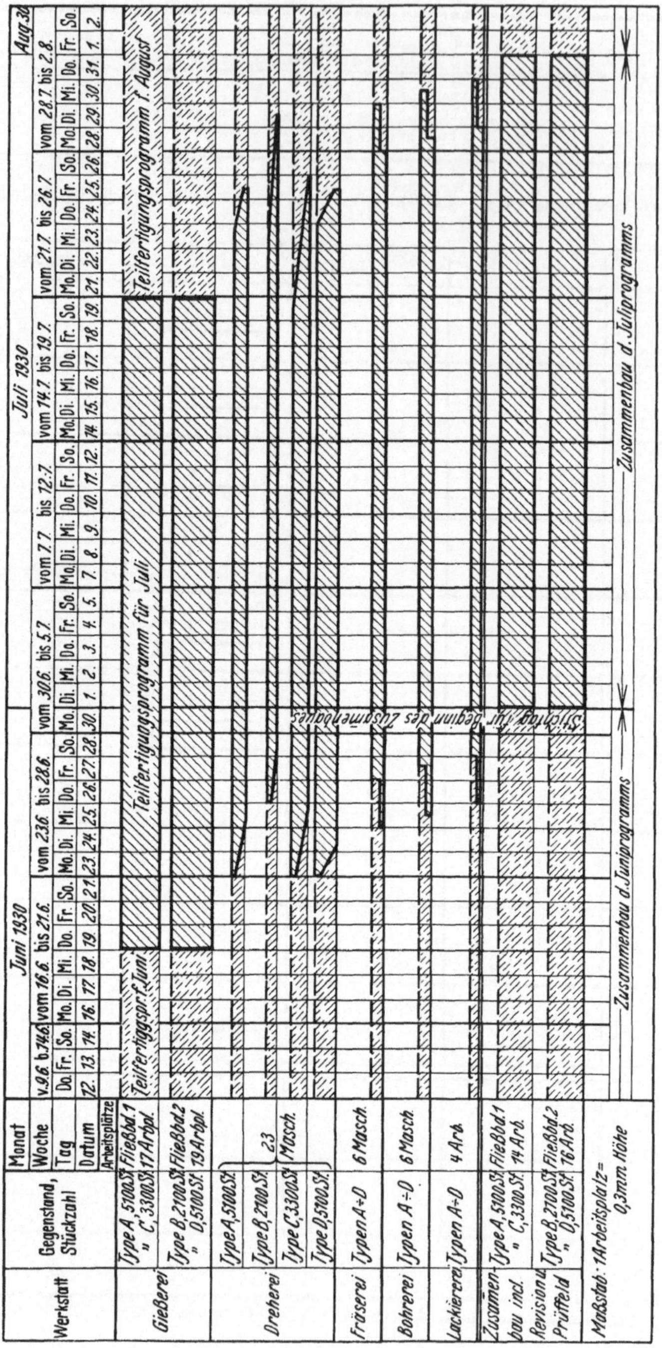

Monat	Woche	Tag	Datum
Juni 1930	v. 9.6. b. 14.6.	Do. Fr. So.	12. 13. 14.
	vom 16.6. bis 21.6.	Mo. Di. Mi. Do. Fr. So.	16. 17. 18. 19. 20. 21.
	vom 23.6. bis 28.6.	Mo. Di. Mi. Do. Fr. So.	23. 24. 25. 26. 27. 28.
Juli 1930	vom 30.6. bis 5.7.	Mo. Di. Mi. Do. Fr. So.	30. 1. 2. 3. 4. 5.
	vom 7.7. bis 12.7.	Mo. Di. Mi. Do. Fr. So.	7. 8. 9. 10. 11. 12.
	vom 14.7. bis 19.7.	Mo. Di. Mi. Do. Fr. So.	14. 15. 16. 17. 18. 19.
	vom 21.7. bis 26.7.	Mo. Di. Mi. Do. Fr. So.	21. 22. 23. 24. 25. 26.
	vom 28.7. bis 2.8.	Mo. Di. Mi. Do. Fr. So.	28. 29. 30. 31. 1. 2.
Aug. 30			

Werkstatt	Gegenstand, Stückzahl	Arbeitsplätze
Gießerei	Type A, 5100 St. " C, 3300 St.	Fließbd. 1 17 Arbpl.
	Type B, 2100 St. " D, 5100 St.	Fließbd. 2 19 Arbpl.
Dreherei	Type A, 5100 St.	23 Masch.
	Type B, 2100 St.	
	Type C, 3300 St.	
	Type D, 5100 St.	
Fräserei	Typen A÷D	6 Masch.
Bohrerei	Typen A÷D	6 Masch.
Lackiererei	Typen A÷D	4 Arb.
Zusammenbau incl. Revision u. Prüffeld	Type A, 5100 St. " C, 3300 St.	Fließbd. 1 14 Arb.
	Type B, 2100 St. " D, 5100 St.	Fließbd. 2 16 Arb.
Maßstab: 1 Arbeitsplatz = 0,3 mm Höhe		

Teilfertiggspr. f. Juni

Teilfertigungsprogramm für Juli

Teilfertigungsprogramm f. August

Stichtag für Beginn des Zusammenbaues

Zusammenbau d. Juniprogramms

Zusammenbau d. Juliprogramms

Abb. 90. Graphischer Abteilungsbelastungsplan.

Teil-Fertigungsprogramm für Abt.: *Getriebe*
Monat: *Juli 1930*

Gegenstand Type	Stückz. im Monat	Teillieferfristen	Belastung für die Abteilung		Belastungsverteilung auf die Werkstätten der einzelnen Abteilungen											
					Gießerei		Dreherei		Fräserei		Bohrerei		Lackiererei		Zusammenbau	
			Schichten	% der Höchstbelast.	Schichten	% der Höchstbelast.	Schichten	% der Höchstbelast.	Schichten	% der Höchstbelast.	Schichten	% der Höchstbelast.	Schichten	% der Höchstbelast.	Schichten	% der Höchstbelast.
a	b	c	d	e	f	g	h	i	k	l	m	n	o	p	q	r
A	*5100*	*bis 10., 21., 31. 7. je 1700*	*647*	*15,5*	*227*	*16,5*	*136*	*12,5*	*34*	*17,5*	*34*	*17,5*	*23*	*18,5*	*193*	*16,5*
B	*2100*	*bis 10., 21., 31. 7. je 700*	*340*	*8,2*	*117*	*8,5*	*70*	*6,5*	*19*	*10*	*19*	*10*	*12*	*9,5*	*103*	*8,5*
C	*3300*	*bis 10., 21., 31. 7. je 1100*	*627*	*15*	*220*	*16*	*132*	*12*	*33*	*17*	*33*	*17*	*22*	*17,5*	*187*	*16*
D	*5100*	*bis 10., 21., 31. 7. je 1700*	*1138*	*27,5*	*396*	*29*	*238*	*22*	*62*	*32,5*	*62*	*32,5*	*40*	*32*	*340*	*29*
Summe A—D			*2752*	*66,2*	*960*	*70*	*576*	*53*	*148*	*77*	*148*	*77*	*97*	*77,5*	*823*	*70*
Höchstbelastung . . .			*4086*	*100*	*1377*	*100*	*1020*	*100*	*192*	*100*	*192*	*100*	*125*	*100*	*1180*	*100*
Noch verfügbare Belastung der Werkstatt			*1334*	*33,8*	*417*	*30*	*444*	*47*	*44*	*23*	*44*	*23*	*28*	*22,5*	*357*	*30*

Abb. 91. Teil-Fertigungsprogramm.

Abteilung Getriebebau entnommen (Abb. 91). Dieses enthält für die zu fertigenden Gegenstände Angaben über Stückzahlen und Liefertermine. Die im Teilfertigungsprogramm vorgesehenen Gesamtstückzahlen der einzelnen Typen sind der einfacheren Darstellung wegen nur in 3 Gruppen unterteilt.

Das Teilfertigungsprogramm (Abb. 91) gibt eine in Einheiten der Belastungszeit aufgestellte Übersicht über die Belastung der Abteilung und der zugehörigen Werkstätten, im vorliegenden Falle in Arbeitsschichten. Es wird darin der prozentuale Anteil der Typen an der Höchstbelastung

Abt.: **Gießerei** — Monat: *Juli 1930*

Leistungsübersicht
Getriebegehäuse

Verfügbare Höchstzahl von Arbeitsplätzen 51
Fließband I = *24* Arbeitsplätze
Fließband II = *27* Arbeitsplätze

Arbeitsgang	Type	Stückzeit	Durchschnittsleistung je Schicht		Betriebsmittel	Stückzahl des Teilfertigungsprogramms		zu leistende Schichten je Monat	Belastung in % der Leistung bei Höchstbelastung
			bei Normalbelastung	bei Höchstbelastung		je Monat	je Tag		
		Stck./min	Stck./Schicht	Stck./Schicht		Stck./Mon.	Stck./Tag	Schicht/Mon.	
a	b	c	d	e	f	g	h	i	k
Formen, Gießen und Putzen	A	*20*	*190*	*270*	Type A u. C auf Fließb. I (*17* Arb.-Pl.b. Normalbel.)	*5100*	*190*	*227*	*70*
	B	*25*	*80*	*115*		*2100*	*80*	*117*	*70*
	C	*30*	*122*	*175*	Type B u. D auf Fließb. II (*19* Arb.-Pl.b. Normalbel.)	*3300*	*122*	*220*	*70*
	D	*35*	*190*	*270*		*5100*	*190*	*396*	*70*

Abb. 92. Leistungsübersicht. — Monatsprogramm.

der betreffenden Werkstatt errechnet, sowie der Abteilungsanteil. Nachdem die einzelnen Werte (Zahl der Schichten und Prozent der Höchstbelastung) eingetragen sind, werden aus der Differenz zwischen der Belastung durch die Stückzahlen für die Type A—D und der möglichen „Höchstbelastung" die noch für die Ausführung anderer Aufträge verfügbaren Schichten errechnet.

Die Grundlage für die Aufteilung der Belastung bilden Leistungsübersichten (Abb. 92 und Abb. 93), die für jede Werkstatt aufgestellt werden. Bei Änderungen des Arbeitsplanes müssen die Leistungsziffern (Stückzeit und Leistung je Schicht) neu festgelegt werden. Die Leistungsübersicht der Dreherei (Abb. 93) enthält für die Arbeitsgänge 1—4 die Stückzeiten in Minuten; außerdem ist die Durchschnittsleistung je Schicht bei Normal- und bei Höchstbelastung der Werkstatt eingetragen.

Als Normalbelastung soll im vorliegenden Fall diejenige gelten, die bei einer Dauer der Schicht von 480 Minuten (8·60) mit der durchschnittlichen Arbeiterzahl gegeben ist. Von dieser verfügbaren Soll-Arbeitszeit müssen zur Ermittlung der Werkstattbelastung die Arbeitsunterbrechungen abgezogen werden, die durch persönliche und sachliche Zeitverluste entstehen und die je nach den Betriebsverhältnissen und der Organisationsstufe des Werkes verschieden hoch sein können. Für das Beispiel ist eine Verlustzeit von 30 Minuten je Schicht aus Erfahrungen früherer Verlustzeitaufnahmen angenommen. Somit liegt der Rechnung eine Mindestbelastungszeit von 450 Minuten je Schicht und Arbeitsplatz zugrunde.

Als Höchstbelastung der Werkstatt gilt diejenige, die unter Ausnutzung aller verfügbaren Arbeitsplätze in Mehrfachschicht möglich ist. Ist aus betrieblichen Gründen oder infolge Vorschriften der Gewerbeaufsicht die Einführung von Doppel- oder Dreifachschichten nicht durchführbar, so gilt als Höchstbelastung die Besetzung sämtlicher verfügbaren Arbeitsplätze nur in einer Schicht, evtl. mit Überstunden. Zur Erläuterung sei folgendes ausgeführt.

In der Dreherei ist als Höchstbelastung die Doppelschicht = 2·450 Minuten angenommen. In der Gießerei beträgt die Normalbelastung in Einfachschicht 70% der Höchstbelastung. Diese kann erreicht werden, entweder durch Inbetriebnahme eines weiteren Fließbandes, also durch Verstärkung der Belegschaft oder durch zeitweilige Schichtverlängerung. Die bei Höchstbelastung einer Werkstatt im jeweiligen Monat verfügbare Belastungszeit ergibt sich durch Multiplikation der Summe der Arbeitsplätze mit der Summe der festgesetzten Arbeitsschichten. Ein anderes Berechnungsverfahren für die Belastungszeit ist folgendes: Die bei Höchstbelastung erreichbare Stückzahl je Schicht wird mit der Stückzeit multipliziert und ergibt die in einer Schicht mögliche Belastungszeit in Minuten, Stunden oder Schichten. Die Summe dieser Zeiten für alle Typen, multipliziert mit den festgesetzten Arbeitstagen des Monats, ergibt die voraussichtliche Höchstbelastung. Diese Werte sind dann maßgebend für das Teilfertigungsprogramm. Aus dem Teilfertigungsprogramm für Abteilung Getriebe (Abb. 91) werden die für Monat Juli herzustellenden Stückzahlen für die einzelnen Typen in die Leistungsübersicht übertragen (Abb. 92 und 93) und daraus die je Monat zu leistenden Schichten bestimmt. Die je Monat errechneten Schichten werden in die Leistungsübersicht (Spalte i) und deren Summen in die dafür vorgesehenen Spalten des Teilfertigungsprogrammes (Spalte h) eingetragen. Weiter enthält

Abt.: *Dreherei*

Leistungsübersicht Monat: *Juli 1930*

Drehen von Gehäusen

Mögliche Leistung in Stück

Arbeitsgang	Type	Stückzeit min/Stck.				Durchschnittsleistung je Schicht: bei Normalbelastung Stck./Schicht	Durchschnittsleistung je Schicht: bei Höchstbelastung Stck./Schicht	Arbeitsplatz (Betriebsmittel)
a	b	c				d	e	f
Arbeitsgang 1 Linken Flansch bearbeiten	*A*	*1,5*				*300*	*600*	*D 120*
	B		*1,9*			*237*		*D 120*
	C			*2,25*		*200*	*400*	*D 121*
	D				*2,6*	*173*[1]	*346*[1]	*D 122*
Arbeitsgang 2 Vorschruppen der Bohrung	*A*	*5,0*				*9·02=180*[1]	*180·2=360*[1]	*R 151/52*
	B		*6,2*			*73*[1]	*146*[1]	*R 153*
	C			*7,5*		*60·2=120*[1]	*120·2=240*[1]	*R 154/55*
	D				*8,75*	*51·4=204*	*102·4=408*	*R 156/59*
Arbeitsgang 3 Fertigbearbeiten der Bohrung und rechten Flansch bearbeiten	*A*	*4,5*				*100·2=200*	*200·2=400*	*R 161/62*
	B		*5,6*			*80*	*160*	*R 163*
	C			*6,75*		*67·2=134*	*134·2=268*	*R 164/65*
	D				*7,9*	*57·4=228*	*114·4=456*	*R 166/69*
Arbeitsgang 4 Grundfläche schleifen	*A*	*1,0*				*450*	*900*	*S 31*
	B		*1,3*			*350*	*700*	*S 31*
	C			*1,5*		*300*	*600*	*S 31 (S 32)*
	D				*1,75*	*258*	*516*	*S 32*
Insgesamt für Arbeitsgang 1—4	*A*	*12*						
	B		*15*					
	C			*18*				
	D				*21*			

[1] Größtmögliche Stückleistung im engsten Querschnitt des Fertigungsflusses.

Abb. 93. Leistungsübersicht

In Auftrag gegebene Stückzahlen für Juli 1930						
Stückzahl des Teilfertigungsprogramms		zu leistende Schichten je Monat				Belastung in % der Leistung bei Höchstbelastung
je Monat	je Tag					
Stck./Monat	Stck./Tag	Schicht/Monat				
g	h	i				k
5100	*190*	*17*				∼ *32 (190:600)*
2100	*80*		*9*			∼ *17*
3300	*122*			*16,5*		∼ *30*
5100	*190*[1]				*29,5*	∼ *55*[1]
5100	*190*[1]	*56,6*				∼ *53*[1]
2100	*80*[1]		*29*			∼ *55*[1]
3300	*122*[1]			*55*		∼ *51*[1]
5100	*190*				*99*	∼ *47*
5100	*190*	*51*				∼ *47,5*
2100	*80*		*26*			∼ *50*
3300	*122*			*49,5*		∼ *43*
5100	*190*				*89,5*	∼ *42*
5100	*190*	*11,3*				∼ *21*
2100	*80*		*6*			∼ *9*
3300	*122*			*11*		∼ *20*
5100	*190*				*20*	∼ *37*
		136				
			70			
				132		
					238	

— Monatsprogramm.

die Leistungsübersicht die durch den Umfang des Fertigungsprogrammes gegebene Belastung in Prozent der Leistung bei Höchstbelastung (Spalte k).

Genaue vorherige Bestimmung der Werkstattbelastungsziffern vereinfacht die Übertragung in den Abteilungsbelastungsplan (Abb. 90). Dieser Plan dient zum Nachweis dafür, in welchen Werkstätten und in welcher zeitlichen Reihenfolge die nach den Typen unterschiedenen Mengen in Angriff zu nehmen sind und an die weiterverarbeitenden Werkstätten geliefert werden sollen. Damit die Liefertermine der Werkstätten festgelegt werden können, sind die ermittelten Werte aus den Leistungsübersichten einzutragen. Im vorliegenden Beispiel ist der 1. Juli der Stichtag für die Eintragung der Termine.

Die Anwendung der verschiedenen Pläne für die Arbeitsverteilung wird nachstehend an einem Beispiel erläutert.

Das Teilfertigungsprogramm für den Monat Juli (Abb. 91) sieht 4 Typen A B C D vor. Von Type A sind 5100 Stück zu liefern, davon bis zum 10. 7. 1700 Stück, bis zum 21. 7. weitere 1700 Stück, zusammen also 3400 Stück und bis zum 30. 7. der Rest. Das sind je Tag 190 Stück. Aus der Leistungsübersicht (Abb. 93) sind die Stückzeiten in Minuten und die Durchschnittsleistungen der zugehörigen Betriebsmittel für die Arbeitsgänge 1—4 zu ersehen. Für Type A beträgt die Stückzeit für den ersten Arbeitsgang 1,5 Min. je Stück, für den zweiten 5 Min. je Stück, für den dritten 4,5 Min. je Stück und für den vierten 1 Min. je Stück, zusammen 12 Min. je Stück. Die Durchschnittleistung beträgt demnach für die Arbeitsgänge der Type A 300, 180, 200 und 450 Stück je Schicht bei normaler Belastung. Aus dem Teilfertigungsprogramm für Juli (Abb. 91) wird die festgelegte Stückzahl in die Leistungsübersicht (Abb. 93, Spalte g) eingetragen. Daraus errechnen sich z. B. die für Arbeitsgang 1 der Type A zu leistenden Schichten je Monat, im vorliegenden Fall 17 Schichten. Aus der verlangten Leistung je Tag laut Teilfertigungsprogramm und der möglichen Leistung je Doppelschicht bei Höchstbelastung wird die vorliegende Belastung in Prozent der Höchstleistung errechnet und in das Teilfertigungsprogramm als Belastung der Dreherei eingetragen. Für die übrigen Typen werden die Belastungen in gleicher Weise für jede Werkstatt ermittelt und in das Teilfertigungsprogramm übernommen, ebenso wie die prozentualen Anteile der Höchstbelastung.

Die Zahlenwerte der einzelnen Spalten werden für die Typen A bis D zusammengezogen. Diesen Werten sind die aus den Leistungsübersichten entnommenen Werte der Höchstbelastung gegenüberzustellen. Daraus ergeben sich die in den einzelnen Werkstätten dann noch verfügbaren Arbeitsschichten für zusätzliche Arbeiten.

Für das Beispiel der Dreherei, die als Höchstbelastung mit 2 Schichten je Tag — also bei 27 Arbeitstagen 54 Schichten — arbeiten könnte, beträgt die Höchstbelastung:

2 × 27 Arbeitsschichten × 23 Betriebsmittel	=	1242 Schichten
nach Juli-Programm erforderlich für Type A—D		576 „
mithin für andere Arbeiten noch verfügbar		666 Schichten

Die Zahl von 666 Schichten ist jedoch nur verfügbar, wenn es sich um Teile handelt, die überwiegend in der gleichen Fließreihe herzustellen sind. Es muß bei Angabe der noch verfügbaren Maschinen vor allem auf den engsten Querschnitt der Fließreihe Rücksicht genommen werden. Dieser hängt von der Leistung des am stärksten belasteten Betriebsmittels ab. Er liegt im vorliegenden Fall für die Typen A—C im Arbeitsgang 2 bei den Revolverbänken R 151—155 und für Type D im Arbeitsgang 1 bei der Drehbank D 122. Unter Berücksichtigung des engsten Querschnittes sind dann nur noch 440 Arbeitsschichten verfügbar.

Der die Höchstleistung der Maschinenfließreihe drosselnde engste Querschnitt ist für jede Fließfertigung außerordentlich störend. Er läßt sich niemals ganz beseitigen. Meist sind es im Laufe der Fertigung durchgeführte konstruktive Änderungen an einzelnen Teilen oder Verbesserungen der Bearbeitungsverfahren, die eine Verkürzung der Stückzeiten nach sich ziehen, und damit den engsten Querschnitt verlagern. Es gelingt oft, durch die Leistungssteigerung anderer Betriebsmittel im Zusammenhang mit weiteren Unterteilungen des Arbeitsganges einen Ausgleich herbeizuführen.

Bei Aufstellung des Abteilungsbelastungsplanes (Abb. 90) werden für die Fertigung am Fließband I 5100 Stück der Type A vorgesehen, welche die Gießerei mit 227 Schichten je Monat, ferner 3300 Stück der Type C, die das Fließband I mit 220 Schichten je Monat belasten. Die Gesamtbelastung für Fließband I beträgt in 27 Tagen 447 Schichten für 17 Arbeitsplätze. Im Abteilungsbelastungsplan werden in senkrechter Richtung die vorhandenen 17 Arbeitsplätze, in waagerechter Richtung die im Juli möglichen 27 Arbeitstage eingetragen. Die Größe der schraffierten Fläche entspricht einer Gesamtbelastung von 447 Schichten. Am Fließband II ist für die Typen B und D eine Belastung von 513 Schichten für 19 Arbeitsplätze vorgesehen.

Die übrigen Belastungen werden den Leistungsübersichten der einzelnen Werkstätten entnommen und ebenfalls in den Abteilungsbelastungsplan schraffiert eingezeichnet. Die Abschrägungen der schraffierten Flächen kennzeichnen den Anlauf der Belastung bestimmter Betriebsmittel bei Programmwechsel. In der Fräserei wird entsprechend der von der Dreherei zunächst anfallenden Stückzahlen während der ersten 3 Tage nur mit einem Teil der Fräsmaschinen gearbeitet. Die Lieferung der Teile an die Zusammenbauabteilung erfolgt fließend in Tagesmengen, z. B. 190 Stück der Type A, 122 Stück der Type C usw., wie in Abb. 92 und 93 angegeben ist. Die weitere Belastung der einzelnen Betriebsmittel und Arbeitsplätze erfolgt im Werkstattbelastungsplan, der für jede Werkstatt oder Betriebsgruppe getrennt aufzustellen ist.

Werkstattbelastungsplan.

Der Werkstattbelastungsplan gibt einen guten Überblick über die Arbeitsbelastung einer Werkstatt. Ein solcher Plan veranschaulicht sinnfällig den zeitlichen Ablauf der Fertigung, und mit seiner Hilfe können die im Auftragsfolgeplan festgelegten Liefertermine überwacht werden.

In der kleinen Reihen- und Einzelfertigung ist die Aufstellung eines Werkstattbelastungsplanes schwierig, wenn unvorhergesehene und kurzfristige Änderungen eine weitgehende Umbesetzung der Arbeitsplätze erfordern. In einem solchen Fall müssen die Abteilungen selbst durch gegenseitiges Aushelfen mit Arbeitskräften ausgleichend wirken. So wird ein Betrieb z. B. auf Grund der aus dem Plan erkennbaren Belastung eine entsprechende Anzahl von Ersatzkräften anfordern, desgleichen bei vorkommenden Unfällen der Belegschaft und ähnlichen Störungsanlässen die anderen Abteilungen in Anspruch nehmen. Als Werkstattbelastungsplan werden dann zweckmäßig Arbeitsverteilungstafeln (Abb. 96) verwendet, die ein nachträgliches Umbesetzen der Arbeitsplätze ermöglichen. Für die kleine Reihen- und Einzelfertigung kann auch mit einem Werkstattbelastungsplan nach Abb. 94 gearbeitet werden. Dieser enthält die wichtigsten Angaben aus den einzelnen Blättern des Auftragsfolgeplanes (Abb. 83). Die eingehenden Fahrzeuge werden auf Art und Umfang der Ausbesserungsarbeit untersucht. Dem Befund entsprechend erfolgt die terminmäßige Auftragserteilung an die bei der Aufarbeitung des Fahrzeuges beteiligten Werkstätten und Meistereien. Für das z. B. unter Nr. K 36. 37. 30 in Auftrag genommene Fahrzeug ist der Liefertermin für den Abbau der 3. 7., für die Aufarbeitung des Untergestelles der 4. 7. Die Werkstatt für Aufarbeitung von Achsen und Lagern hat infolge des Gutbefundes für den vorliegenden Auftrag keine Arbeiten auszuführen. Der Probelauf des Fahrzeuges ist für den 8. 7. festgelegt, und damit ist bei unbeanstandeter Probefahrt der Ablieferungstermin gegeben.

Die neben der Sollzeit vorgesehene Istzeit für Liefertermine wird gebraucht zum Vermerk der bei Ausbesserungsarbeiten unvermeidbaren Verzögerungen, die oft infolge unsichtbarer und erst bei Bearbeitungs-

Auftrag-Nr.:			*K 36.37.30*				*K 24.57.32*											
Liefertag:			*8. 7. 30*				*9. 7. 30*											
Gesamt-Belastungs-Zeit Std.:			*47,30*				*32,50*											
Abteilung:			*F*				*F*											
Arb. Vert. Stelle:			*F1U*				*F1U*											
Arb. Reihenf.	Bezeichnung der Arbeiten	Meister	Gruppen-termin				Gruppen-termin				Gruppen-termin				Gruppen-termin			
			Soll		Ist		Soll		Ist		Soll		Ist		Soll		Ist	
			Tg.	M.	Tg.	M.	Tg.	M.	Tg.	M.	Tg.	M.	Tg.	M.	Tg.	M.	Tg.	M.
1	Abbau des Fahrzeuges	*1*	*3.*	*7.*			*5.*	*7.*										
2	Achsen u. Achslager (Rollenl.)	*2*	—	—			*5.*	*7.*										
3	Untergestell	*1*	*4.*	*7.*			*5.*	*7.*										
4	Armatur	*3*	*4.*	*7.*			—	—										
5	Kolben, Ventile	*5*	*4.*	*7.*			*6.*	*7.*										
6	Maschineneinbau	*1*	*5.*	*7.*			*6.*	*7.*										
7	Luftventil	*4*	—	—			—	—										
8	Bremse	*6*	*5.*	*7.*			*6.*	*7.*										
9	Wasser- u. Luftpumpe	*1*	*5.*	*7.*			*6.*	*7.*										
10	Rohrleitungen, sämtliche	*3*	*6.*	*7.*			*7.*	*7.*										
11	Schmierpumpe	*7*	*6.*	*7.*			*7.*	*7.*										
12	Stangen, Gewerk	*5*	*6.*	*7.*			—	—										
13	Manometer u. Tachometer	*7*	*7.*	*7.*			*7.*	*7.*										
14	Zusammenbau	*1*	*8.*	*7.*			*8.*	*7.*										
15	Laternen, Geräte, Werkzeuge	*3*	*8.*	*7.*			*8.*	*7.*										
16	Probelauf	*8*	*8.*	*7.*			*9.*	*7.*										

Abb. 94. Werkstattbelastungsplan für Ausbesserungsarbeiten.

ablauf erkennbarer Schäden auftreten. Jede Veränderung im Fortgang der Arbeiten muß dem Abteilungsleiter gemeldet werden, damit die entsprechenden Maßnahmen getroffen werden können.

Die im Kopf des Werkstattbelastungsplanes eingetragene Gesamtbelastungszeit setzt sich aus den im Auftragsfolgeplan (Abb. 83) eingetragenen Belastungszeiten für die Werkbetriebe zusammen. Durch den Plan kann der Auftragsbestand über eine genügend lange Zeit im voraus überblickt werden. Dadurch wird der glatte Ablauf der Arbeitsaufträge gefördert.

In der fließenden Massenfertigung ist durch den stetigen und nur geringen Zwischenfällen unterworfenen Arbeitsablauf die Möglichkeit gegeben, einen graphischen Werkstattbelastungsplan, der für regelmäßige Zeitabschnitte gilt, herauszugeben. Die festgelegte Reihenfolge kann bei dieser Fertigungsart für die Besetzung der Arbeitsplätze in der Regel unverändert beibehalten werden, da die Fertigung der zum gleichen Erzeugnis gehörenden Teile ebenfalls nach einer festliegenden Reihenfolge erfolgt, somit eine Umänderung also nicht in Frage kommt. Aus diesem Grunde wird in der fließenden Massenfertigung mit ihrem festliegenden Fertigungsprogramm die graphische Aufzeichnung des Werkstattbelastungsplanes angewendet (Abb. 95). Der Plan unterteilt in senkrechter Richtung die Arbeit nach Arbeitsgängen auf den dafür vorgesehenen Werkzeugmaschinen und in waagerechter Richtung nach Kalenderwochen und Tagen. Die schraffierte Fläche stellt für das betreffende Betriebsmittel jeweilig die Belastung dar. Die leeren Felder geben die Zeiträume an, in denen das Betriebsmittel unbesetzt ist. Zeitweise Nichtbesetzung der Werkzeugmaschinen kommt in der großen Reihen- und Massenfertigung ganz zwangläufig und fast planmäßig vor, da die Arbeitsgänge der einzelnen Werkstücke nicht in genau gleiche Arbeitszeiten eingeteilt werden können.

Die besonderen Bedingungen der Fließarbeit erfordern stets eine Reserve an Werkzeugmaschinen, damit bei plötzlich auftretenden Schäden die Durchführung des sorgfältig aufgebauten Werkstattbelastungsplanes nicht in Frage gestellt ist. In der Abb. 95 z. B. wird ein Teil der Maschinen nur bis zu einem bestimmten Prozentsatz ausgenutzt. Eine annähernd 100%ige Ausnutzung sämtlicher zu einer Fließreihe gehörigen Arbeitsplätze wird selbst bei starker Belastung der Werkstatt praktisch auch deshalb fast nie erreicht, weil die Aufstellung des Arbeitsplanes an die Konstruktion, die Änderungen unterworfen ist, gebunden ist.

Der Werkstattbelastungsplan Abb. 95 kennzeichnet sinnfällig die Stellen größter Belastung in einer Maschinenreihe. Bei einzelnen kostspieligeren Sondermaschinen, die aus wirtschaftlichen Gründen nur in

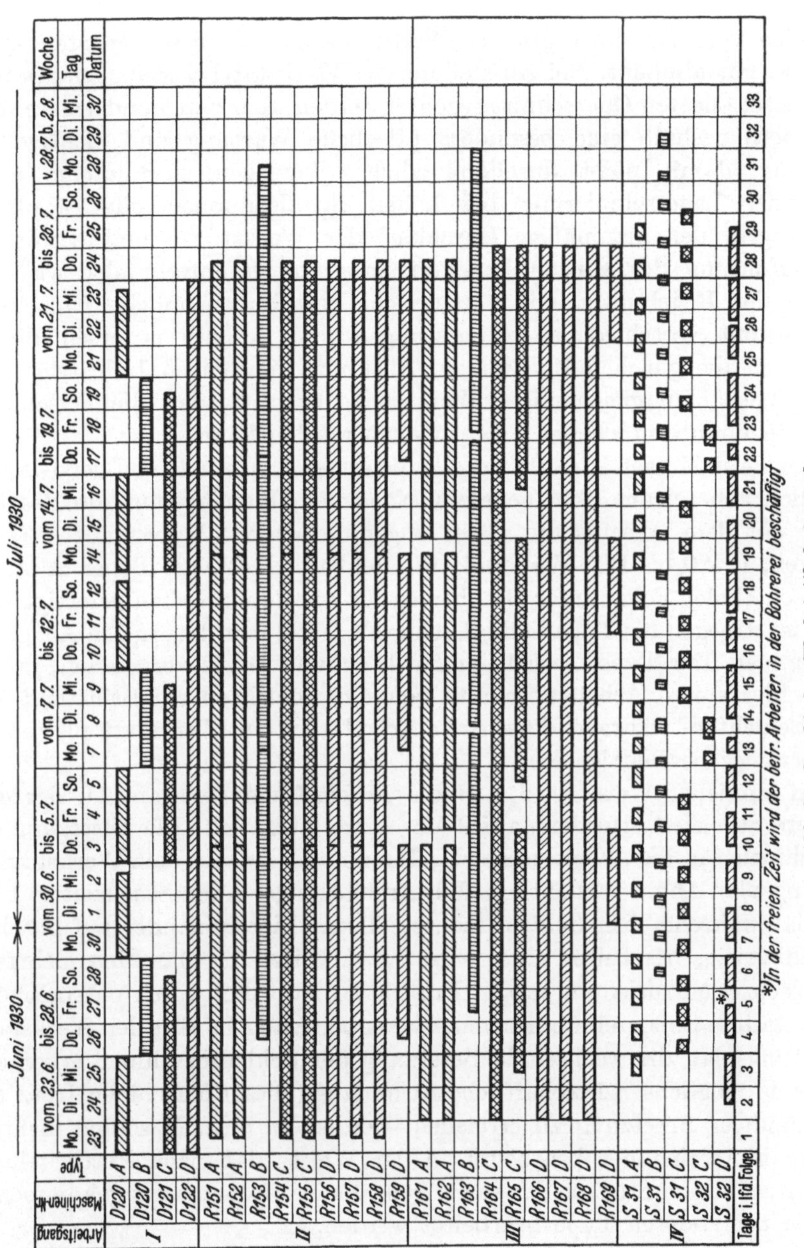

*) In der freien Zeit wird der betr. Arbeiter in der Bohrerei beschäftigt

Abb. 95. Graphischer Werkstattbelastungsplan.

einfacher Besetzung vorhanden sein können, drängt sich die Zahl der Werkstücke so zusammen, daß die Einhaltung der Anschlußtermine hauptsächlich vom Durchbringen der Werkstücke durch diesen engsten Querschnitt mit abhängt. Bei Aufstellung des Werkstattbelastungsplanes muß auf diesen engsten Querschnitt geachtet werden. Kostbare Sondermaschinen erfordern deshalb eine besonders pflegliche Wartung und richtige Bedienung, damit nicht durch plötzliches Versagen, z. B. infolge ungenügender Lagerschmierung bei hohen Spanleistungen oder ähnlicher Störungen, der planmäßige Durchlauf der Werkstücke und damit die Durchführung des ganzen Fertigungsprogrammes unterbunden wird.

In der Regel durchlaufen zahlreiche gestaltungsähnliche Einzelteile, jedoch mit verschiedenen Abmessungen und deshalb unterschiedlicher Stückzeit die gleichen Fließreihen. Aber nur in wenigen Industrien sind die Stückzahlen gleichartiger Werkstücke so groß, daß die Maschinenreihe in ununterbrochener Folge besetzt werden kann.

Im Beispiel nach Abb. 90 werden die ersten Einzelteile von der Gießerei an die Dreherei am 19. 6. geliefert. Nach dem Plan beginnt die Bearbeitung mit dem Arbeitsgang 1 der angenommenen 4 Typen auf 3 Drehbänken, D 120 bis 122. Während auf Drehbank D 120 die Typen A und B in wechselnder Folge unter Beachtung der Anschlußarbeiten gefertigt werden, ist dagegen für Type D die Drehbank D 122 fast dauernd in Anspruch genommen. Für Type C wird nur die Drehbank D 122 vorgesehen, jedoch folgt hier einem Arbeitsabschnitt von 5½ Schichten ein Stillstand von 3½ Schichten, während dessen der Arbeiter in der Werkstatt planmäßig anderweitig beschäftigt wird.

In ähnlicher Weise wird z. B. die Arbeit für Arbeitsgang II, der eine längere Stückzeit erfordert, auf 9 Maschinen aufgeteilt. Die Besetzung der Maschinen für die Arbeitsgänge II, III und IV ist aus dem Werkstattbelastungsplan Abb. 95 ersichtlich. Für Arbeitsgänge, deren Stückzeit so kurz ist, daß während einer Schicht mehrere Typen hintereinander auf gleichen Maschinen zu bearbeiten sind, wird der Arbeiter die Maschine mehrfach im Wechsel einzurichten haben. Erleichtert wird dies durch entsprechend ausgestaltete Sondereinrichtungen. Bei Arbeitsgang IV läßt der Werkstattbelastungsplan die wechselnde Besetzung der Schleifmaschinen erkennen. Um eine möglichst wirtschaftliche Ausnutzung dieser Maschinen trotz unvollständiger Besetzung zu erreichen, werden an einer Maschine mehrere Typen hintereinander bearbeitet in der Weise, daß nach Fertigstellung einer Anzahl von Stücken der einen Type die inzwischen herangekommenen Teile einer anderen Type bearbeitet werden.

Durch die graphische Darstellung des Werkstattbelastungsplanes kann der Arbeitsverteiler bzw. der Meister im voraus erkennen, zu welcher Zeit und mit welcher Arbeit die angegebenen Betriebsmittel auf die Dauer eines dem Fertigungsprogramm entsprechenden Zeitabschnittes zu besetzen sind.

Die Aufstellung eines solchen Planes wird erschwert, wenn eine größere Zahl verschiedener Fertigungsaufträge für verschiedenartige Erzeugnisse nebeneinander laufen. Die Stelle, die den Werkstattbelastungsplan aufstellt, muß durch ständige Fühlungnahme mit der Werkstatt und Kenntnis der Maschinenleistungen die Reihenfolge der auszuführenden Arbeiten und die Bearbeitungsdauer der Einzelteile genau kennen. Im Anfang erfordert die Aufstellung eines solchen Werkstattbelastungsplanes längere Zeit. Durch ständige Wiederholung und Verwendung geeigneter Vordrucke wird bald eine Fertigkeit in der Aufstellung solcher Pläne erreicht.

Der Werkstattbelastungsplan ist ein wichtiges Hilfsmittel für die Vorgabe der Arbeitsaufträge an den Arbeiter. Hat sich eine Werkstatt erst einmal an die regelmäßige Benutzung eines solchen Planes gewöhnt, so wird sie ihn kaum mehr entbehren können.

Arbeitsverteilungstafel.

An Stelle des in Abb. 95 dargestellten Werkstattbelastungsplanes wird in der Einzel- und kleinen Reihenfertigung, sowie in Ausbesserungsbetrieben vielfach die Arbeitsverteilungstafel[1] angewandt. Ein solches bekanntes Gerät ermöglicht, plötzlich notwendig werdenden Umbesetzungen von Arbeitsplätzen nachzukommen, weil die für einen bestimmten Arbeitsplatz bereits vorgesehenen Arbeitsaufträge bzw. die Arbeitszettel für diese Aufträge ohne weiteres einem anderen Arbeitsplatz zugeordnet werden können[2]. Diese Darstellung der Belastung zeigt übersichtlich, bis wann jeder einzelne Arbeitsplatz mit vorbereiteten Arbeiten belastet ist und welche weiteren Arbeiten einem Platz noch zugewiesen werden können, um den Liefertermin für einen Fertigungsauftrag sicher einzuhalten.

Das Prinzip der Arbeitsverteilung auf Übersichtstafeln ist seit Anbeginn der planmäßigen Arbeitsverteilung bekannt und schon von Taylor und seinen Schülern angewendet worden. Es hat sich in der Einzel- und kleinen Reihenfertigung bislang durch nichts Besseres ersetzen lassen. In konstruktiver Beziehung ist die Arbeitsverteilungstafel im Laufe der Jahre natürlich verbessert worden. Die nachstehend angegebenen Hinweise auf die Ausgestaltung sind durch langjährige Benutzung solcher Geräte seitens der Verfasser erprobt und als zweckmäßig befunden worden.

Die Ausgestaltung der Arbeitsverteilungstafel kann in mannigfaltiger Art erfolgen, z. B. in Form von Tafeln mit aufgezeichneten Feldern, auf

[1] Lit.-Verz. 32, 62, 106a. [2] Vgl. auch Abb. 75.

denen die Arbeitszettel ausgehängt werden, mit Einstecktaschen, oder mit untereinander angeordneten waagerechten Fächern. Auch Tafeln mit Einschiebekarten, die je nach dem Stand der vorbereiteten Arbeit verschiedenfarbig gehalten sind und in ihrer Längenabmessung der Belastungszeit maßstäblich angepaßt werden, sind eingeführt. Die Ausführungsart der Verteilungstafel richtet sich nach den Anforderungen, die an ein solches Gerät gestellt werden, und auch nach dem Platz, der für die Unterbringung des Geräts zur Verfügung steht. Die größte Fläche beansprucht die Verteilungstafel mit aufgezeichneten Feldern, dafür bietet sie aber auch eine gute Übersicht darüber, welche Arbeitsplätze mit Arbeit versorgt werden müssen, um keine Arbeitsunterbrechung eintreten zu lassen und welche Arbeitsplätze aus bestimmten Gründen, z. B. wegen Ausbesserung eines Betriebsmittels oder dgl. nicht belegt werden dürfen.

Im allgemeinen wird die Arbeitsverteilungstafel mit aufgezeichneten Feldern in der Weise ausgeführt, daß für jeden der zu einem Arbeitsverteilungsbereich gehörenden Arbeitsplätze drei gleiche Felder untereinander angeordnet werden. Jedes Feld trägt das Kennzeichen des zugehörigen Arbeitsplatzes und enthält die Arbeitsaufträge, entsprechend dem Stand ihrer Vorbereitung bzw. Durchführung. Aus Gründen der Sinnfälligkeit werden in die untersten Felder der Arbeitsplätze die Arbeitsaufträge aufgenommen, für die der Werkstoff bestellt bzw. im Lager ist. Die darüberliegenden Felder enthalten die Aufträge, für die der Werkstoff am Arbeitsplatz bereit liegt. In den obersten Feldern werden die Arbeitszettel für die Aufträge untergebracht, die sich zurzeit auf dem betreffenden Arbeitsplatz in Arbeit befinden. Demzufolge tragen die einzelnen Felder jedes Arbeitsplatzes folgende Hinweise:

Auftrag in Arbeit,
Werkstoff am Arbeitsplatz,
Werkstoff bestellt.

Ein Beispiel für eine Verteilungstafel ist in Abb. 96 als Teilausschnitt gezeigt. Die ausgehängten Vordrucke (Arbeitszettel) sind Teildurchschriften der Arbeitsaufträge. Im obersten Feld befindet sich immer nur ein Arbeitszettel, wo hingegen die beiden untersten Felder Arbeitszettel über mehrere Arbeitsaufträge enthalten können. Soweit Arbeitsplätze wegen Instandsetzungsarbeiten, Erkrankungen oder Beurlaubung des Arbeiters mit Aufträgen nicht belastet werden dürfen, erhalten die obersten Felder der Tafel einen Zettel mit einem darauf hinweisenden Wortlaut. Als Anhalt für die Größe einer solchen Verteilungstafel sei darauf hingewiesen, daß für die im Beispiel Abb. 96 verwendete Größe von Arbeitszetteln für 100 Arbeitsplätze eine Fläche von $1{,}0 \times 3{,}75$ m erforderlich ist.

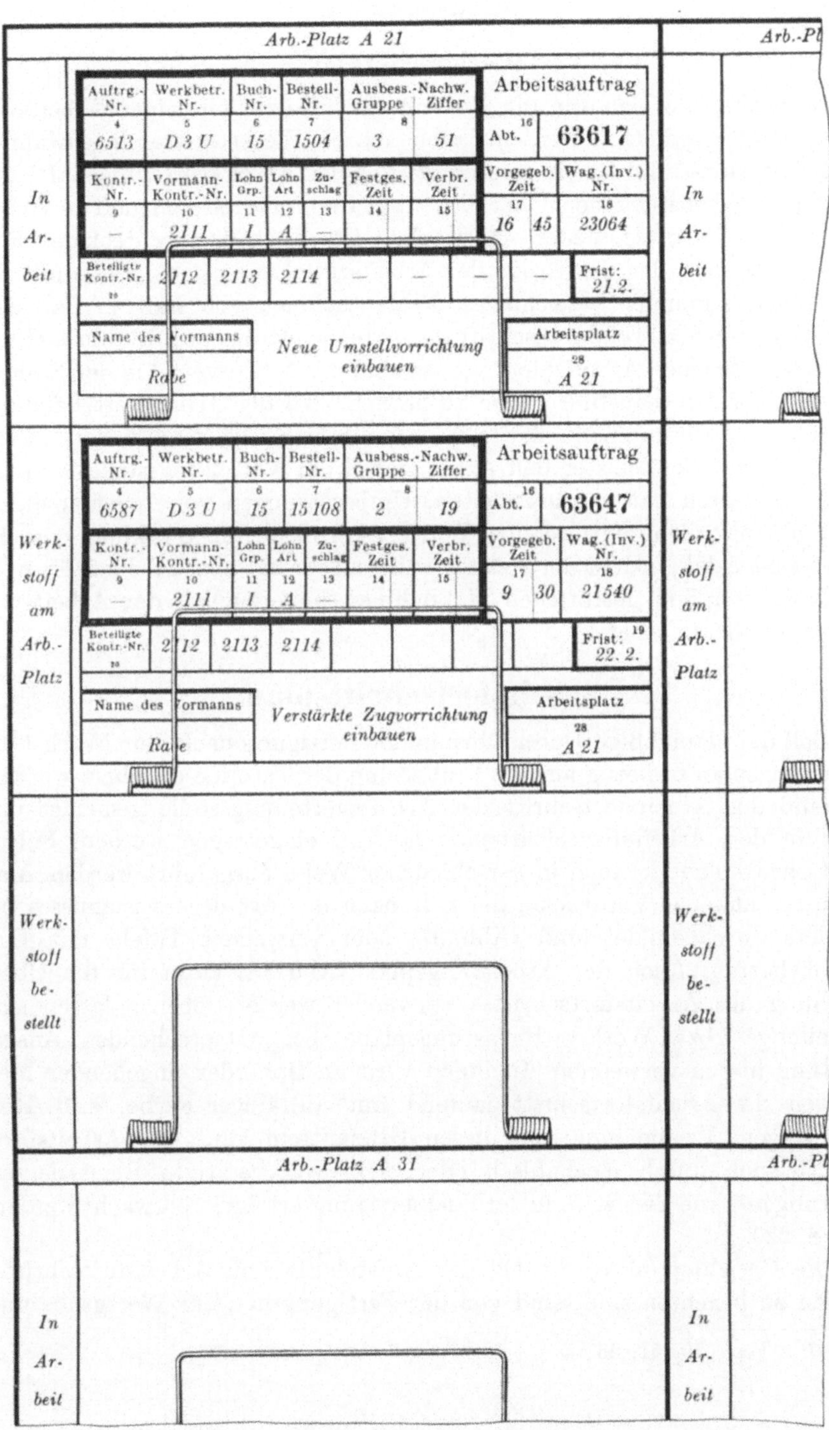

Abb. 96. Ausschnitt aus einer Arbeitsverteilungstafel.

Werkstattstafel.

Betriebe, die sich für die Verteilung der Arbeiten einer Arbeitsverteilungstafel bedienen, werden daneben noch Werkstattstafeln einführen. Die Werkstattstafel ist ein Ausschnitt aus der Arbeitsverteilungstafel und gibt jedem Meister einen Überblick über die vorbereiteten und in Arbeit gegebenen Aufträge. Jeder Arbeitsplatz ist durch ein rechteckiges Feld gekennzeichnet, das der Größe der Arbeitszettel entspricht. Diese mit der Arbeitsplatznummer bezeichneten Felder nehmen von Fall zu Fall eine zweite zugehörige Teildurchschrift der Arbeitsaufträge auf. Liegen mehrere Aufträge für einen Arbeitsplatz vor, so sind die Arbeitszettel in der Reihenfolge der Auftragsausführung so zu ordnen, daß der Arbeitszettel für den zunächst auszuführenden Auftrag obenauf liegt. Ist eine Arbeit ausgeführt, so hat der Meister den Arbeitszettel der Verteilungsstelle, von der er ihn erhalten hat, zurückzuleiten, Umbesetzungen von Arbeitsplätzen, z. B. bei plötzlich eintretenden Betriebsstörungen, Erkrankung des Arbeiters oder dgl., ordnet der Meister selbst an; er hat aber solche Störungen und die von ihm getroffenen Maßnahmen unverzüglich der Arbeitsverteilungsstelle zu melden.

Arbeitsfortschrittsplan.

Soll die planmäßige Durchführung der Fertigung nach dem Werkstattbelastungsplan in bezug auf die Einhaltung der Termine gesichert werden, so muß der Arbeitsfortschritt der Arbeitsverteilungsstelle gemeldet und dort in den Arbeitsfortschrittsplan laufend eingetragen werden. Solche Fortschrittspläne können in verschiedener Weise ausgeführt werden. Man benutzt entweder Vordrucke, die z. B. nach der Art des Erzeugnisses besonders durchgebildet sind (Abb. 97) oder verwendet Tafeln mit Einschiebekarten. Auch der Arbeitsfolgeplan (Abb. 18) kann für die Überwachung des Arbeitsfortschrittes verwendet werden; ebenso lassen sich Abteilungs- bzw. Werkstattbelastungspläne bei entsprechender Ausgestaltung hierzu verwenden. In ihnen wird an Hand der eingehenden Meldungen der Arbeitsfortschritt laufend mit auffälliger Farbe, z. B. Rot, eingetragen. Unabhängig von diesen Hilfsmitteln kann der Arbeitsfortschritt auch durch mechanisch oder elektrisch betätigte Registriereinrichtungen[1], wie dies z. B. in der Fließfertigung erfolgt, überwacht werden, vgl. S. 220.

Die Gesichtspunkte, die bei der Aufstellung von Arbeitsfortschrittsplänen zu beachten sind, sind von der Fertigungsart, der Wertgröße und

[1] Lit.-Verz. 10, 51, 66.

Unterer Drehgestellbalken zu DA4H.

Zeichnung Nr.: *D2 A45* Stückzahl: *100* Werkstoff: ⊔ *Eisen 400 · 100 · 12* Gewicht: *102* kg/Stck.

Unterweis.-Karte Nr.	Werkzeugliste Nr.	Fertigungszeit f. d. Los Std.	Lfd. Nr.	Arbeitsgänge	Maschine Kennzeichen	Förderdienst	In Arbeit	Zwischenprüfung	Schlußprüfung	Bemerkungen
				Material bestellt						
				Material im Werk						
2/1	*2/1*	*6,00*	1	*Auf Länge schneiden*	*M S4*					
2/2	*2/2*	*8,00*	2	*Ecken ausklinken*	*M S7*					
2/3	*2/3*	*7,50*	3	*Bohren*	*M B5*					
2/4	*2/4*	*36,00*	4	*Sattelstücke annieten*	*HA 21*					
				zum Teillager	*D1 F5*					

Auftragsweise aufzustellen.

Abb. 97. Arbeitsfortschrittsplan für Einzelteile.

Oberer Drehgestellbalken zu DA4H

Arb. Takt: ·/· Std. Menge: *100*

Arb. Gang	*W*-Teile Bezeichnung	*L*-Teile Bezeichnung	Kenn-zeichen	Menge	Einheit	Bestellt	Im Werk	Förder-dienst
1		*⊏-Eisen 200 × 75 × 8,5*	*0213*	*9000*	*kg*			
5		*Flacheisen 90 × 12*	*2590*	*950*	„			
7	*Seitenplatten*		*D2A31*	*200*	*Stck.*			
7	*Grundplatten*		*D2A69*	*400*	„			
7		*Niete*	*6045*	*1600*	„			
8		*Hakenplatten*	*D2A70*	*400*	„			
8		*Niete*	*3040*	*400*	„			
9		*Futterholz*	*D2A30*	*100*	„			
9		*Stoßplatten*	*D2A43*	*200*	„			
9		*Schrauben*	*0652*	*400*	„			
10		„	*0552*	*1000*	„			
10		*Gleitstücke*	*D2A61*	*200*	„			
10		*Pfanne für Wiegefedern*	*D2A73*	*200*	„			
10		*Schrauben mit versenkbarem Kopf*	*2640*	*400*	„			
10		*Drehpfanne*	*D2A42*	*100*	„			
10		*Gegenplatte*	*D2A41*	*100*	„			
10		*Schrauben*	*0843*	*400*	„			

Unterweisungs- Karte Nr.	Unterweisungs- Skizze Nr.	Werkzeugliste Nr.	Zeichnungs- Nr.	Einrichtezeit Std.	Fertigungszeit Std.	Arb. Gang	Arbeitsreihenfolge: abhängige Arbeitsgänge	Arbeitsreihenfolge: unabhängige Arbeitsgänge	W / L	Arb.-Platz	Werkbetrieb	Förderdienst	In Arb.	Vorprf.	Schlußprf.
3A1		*3A1*	*D2A01*	*0,08*	*12,00*	1	*Eisen a. Länge schneiden*		*L*	*MS4*	*S8*				
3A2		*3A2*	„	*0,25*	*72,00*	2	*Abschrägen n. Schablone*		·	*MS9*	„				
3A3		*3A3*	„	*0,20*	*16,00*	3	*Ausklinken*		·	*MS7*	„				
3A4		*3A4*	„	*0,05*	*34,00*	4	*Bohren*		·	*MB5*	„				
3A5		*3A5*	*D2A02*	*0,16*	*16,00*	5		*Grundpl. stanzen*	*W*	*MP2*	„				
3A6		*3A6*	„	*0,05*	*36,00*	6		„ *bohr. u. vers.*	·	*MB5*	„				
3A7		*3A7*	*D2A01*	*0,08*	*80,00*	7	*Grundplatte annieten*		*W*	*HA21*	*W10*				
3A8		*3A8*	„	*0,08*	*16,00*	8	*Hakenplatten* „		*L*	„	„				
3A9	*3A9S*	*3A9*	*D2A03*	*0,30*	*28,00*	9	*Futterholz m. Seiten- und*		*L*	*HA24*	*W11*				
							Stoßplatten umkleiden		·						
3A10		*3A10*	„	*0,25*	*25,00*	10	*Gleitstücke u. Pfannen für*		*L*	*HA24*	*W11*				
							Wiegefedern sowie Dreh-		·	„	„				
							pfanne und Gegenplatte			„	„				
							anbringen			„	„				
								Zum Teillager		*D1F5*					

Abb. 98. Arbeitsfortschrittsplan für vielteilige Erzeugnisse.

dem zeitlichen Umfang des Fertigungsauftrages abhängig. Unter Umständen lohnt sich die Aufstellung solcher Pläne auch in der kleinen Reihen- und Einzelfertigung. Die nachstehenden Beispiele (Abb. 97 und Abb. 98) sind in ihrem Aufbau für die Erfordernisse der kleinen Reihen- und Einzelfertigung zugeschnitten.

Abb. 97 zeigt einen Arbeitsfortschrittsplan, in dem jeweilig alle für ein bestimmtes Erzeugnis wiederkehrenden Angaben vorgedruckt sind und in den später nur die sich auf den Auftrag beziehenden Mengen und Fertigungszeiten eingetragen werden. In der 1. und 2. Spalte werden, nach Arbeitsgängen getrennt, die Nummern der zugehörigen Arbeitsunterweisungskarten und Werkzeuglisten vermerkt. Die Angaben in diesen Unterlagen ändern sich nur, wenn Änderungen am Arbeitsplan oder Erzeugnis vorgenommen werden. In der 3. Spalte ist die Fertigungszeit für das ganze Los (100 Stück) angegeben. Die zugehörigen Arbeitsunterlagen liegen karteimäßig geordnet in der Verteilungsstelle bereit.

Die Überwachung des Arbeitsfortschrittes für jeden Arbeitsgang erstreckt sich auf Förderdienst, Arbeitsausführung und Arbeitsprüfung. Die Arbeitsprüfung ist im Beispiel in eine Zwischen- und Schlußprüfung gegliedert. Nach dem Stand der Arbeitsfortschrittslinien befindet sich der Werkstoff für die Ausführung des Arbeitsganges 2 am Arbeitsplatz MS 7. Der Auftrag ist an den Arbeiter vorgegeben und die Zwischenprüfung durchgeführt. Arbeitsgang 1 ist ausgeführt und die Schlußprüfung vollzogen.

Der eben beschriebene Arbeitsfortschrittsplan (Abb. 97) kann für Einzelteile Anwendung finden, weil die dafür erforderlichen Werkstoffe und Lagerteile und deren rechtzeitige Bereitstellung am jeweiligen Arbeitsplatz leicht überblickt werden können und deshalb nicht im Plan nachgewiesen zu werden brauchen. Anders ist es bei vielteiligen Erzeugnissen, wie beispielsweise dem in Abb. 98 aufgeführten „oberen Drehgestellbalken", für dessen Fertigung verschiedene Werkstoffe, Lager- und Werkteile erforderlich sind. In solchen Fällen würde der Überblick sowohl über die Reihenfolge, in der die zu verarbeitenden Betriebsvorräte zu fördern sind, als auch über den Zeitpunkt, zu dem die Förderung einzuleiten ist, bei einem Plan nach Abb. 97 fehlen. Der Vordruck nach Abb. 98 ermöglicht, die zur Verwendung kommenden Betriebsvorräte in der Reihenfolge des Arbeitsablaufes nachzuweisen und die Förderung von Fall zu Fall einzuleiten und zu überwachen. Die Spalten für die Arbeitsgänge sind gegenüber Abb. 97 erweitert. Arbeitsgänge, die unabhängig von den vorhergehenden ausgeführt, also gegebenenfalls zur gleichen Zeit mit ihnen ausgeführt werden können, sind von den voneinander abhängigen Arbeitsgängen getrennt gehalten. Diese Unterscheidung ist für die Termineinhaltung wertvoll. Für jeden Arbeitsgang sind die zu verarbeitenden Werkteile (W-Teile) bzw. Lagerteile (L-Teile) angegeben. Von der Fertigstellung der W-Teile hängt es ab, ob die sich anschließenden Arbeitsgänge zur festgesetzten Zeit in Angriff genommen werden können; andernfalls müßten für die voraufgehenden Arbeitsgänge besondere Maßnahmen getroffen werden. Die eingetragenen Fortschrittslinien kennzeichnen den Stand der Arbeiten wie folgt: Sämtliche L-Teile sind bestellt und im Lager vorhanden. Die W-Teile für den Arbeitsgang 7 sind nach Arbeitsplatz HA 21 (Werkbetrieb W 10) unterwegs. Die Arbeitsgänge 1 bis 6 sind ausgeführt und die Vor- bzw. Schlußprüfung für diese Arbeiten ist vollzogen. Mit einer solchen Kennzeichnung des Arbeitsfortschrittes ist in jedem Augenblick eine gute Übersicht über den Stand der Arbeiten in der Werkstatt gegeben.

In der Reihenfertigung, in der die Verteilung der Arbeit an Hand des Werkstattbelastungsplanes vorgenommen wird, wird der Arbeitsfortschritt direkt auf diesem Plan vermerkt. Hierbei muß durch ein zwangläufig arbeitendes Meldesystem der täglich erreichte Arbeitsfortschritt der Arbeitsverteilungsstelle mitgeteilt werden, worauf diese die ausgeführten Arbeiten sinnfällig einträgt. In Abb. 99 ist für den in Abb. 95 gezeigten Werkstattbelastungsplan einer Dreherei der Arbeitsfortschritt dargestellt. Der dem Beispiel zugrunde gelegte Stichtag ist der 10. Juli. Der Plan zeigt, daß nach den eingegangenen Meldungen die am Arbeitsgang I beteiligten Drehbänke D 121 und D 122 in ihrer Leistung um ½ Schicht gegenüber der vorgeschriebenen Leistung zurückgeblieben sind, während die Drehbank D 120 die planmäßig vorgesehene Leistung erreicht hat. Das gleiche gilt für Arbeitsgang II, Revolverbänke R 155 und R 157 bis R 159. Die Revolverbänke R 151 und R 152 sind mit ihrer Leistung um ½ Schicht zurückgeblieben. Andererseits sind die Revolverbänke R 153 und R 154 um ½ Schicht weiter, als im Plan vorgesehen. Für den Arbeitsgang III und IV läßt der Plan erkennen, wieweit die Leistung jedes Betriebsmittels gegenüber der vorgesehenen Leistung vorauseilt oder zurückgeblieben ist. Kleine Unterschiede der tatsächlichen Leistungen gegenüber den im Werkstattbelastungsplan vorgesehenen, z. B. bis zu ½ Schicht je Woche, sind ohne Belang; die vorgesehenen Sicherheitszuschläge gleichen derartige Leistungsunterschiede aus. Anders ist es, wenn die Leistung eines Betriebsmittels aus irgendeinem Grunde um 2 bis 3 Tage in Rückstand gekommen ist. Wenn auch durch die täglichen Fortschrittsmeldungen Verzögerungen verhindert werden, muß doch bei Lieferverzögerungen oder plötzlicher Maschinenstörung, die nicht durch um-

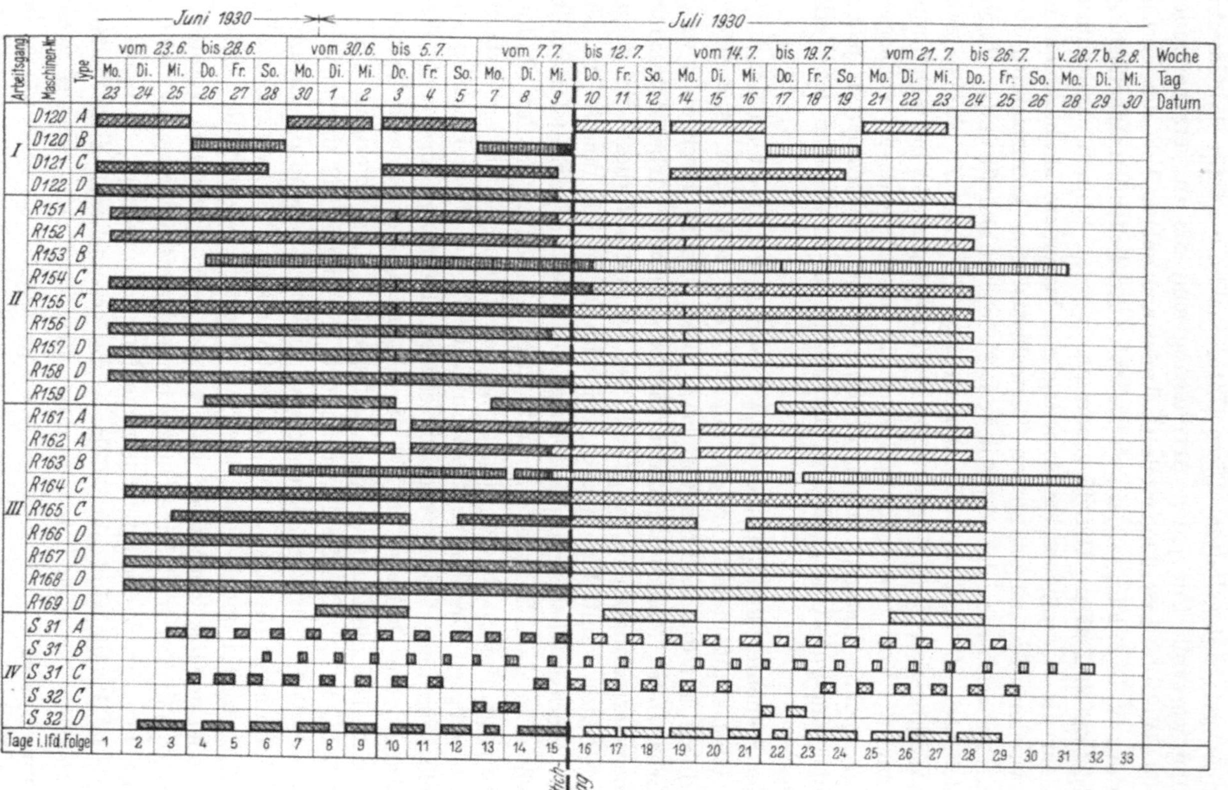

Abb. 99. Werkstattbelastungsplan (Abb. 95) als Arbeitsfortschrittsplan.

gehende Ausbesserung in kurzer Zeit behoben werden kann, eingegriffen werden, z. B. durch Verteilung der Arbeit auf eine in ihrem Arbeitspensum am weitesten vorgeschrittene Maschine. Im obigen Beispiel besteht die Möglichkeit, für die Type D die Revolverbank R 169 zur Unterstützung der Bänke 166 bis 168 heranzuziehen. Wöchentlich, unter Umständen täglich, wird der Arbeitsfortschrittsplan jeder Werkstatt dem Betriebsleiter vorgelegt.

Die Einführung der in dem vorstehenden Abschnitt behandelten Hilfsmittel wird durch die Art der Erzeugnisse — Einzelteile oder vielteilige Fertigungsgruppen — sowie durch die Art ihrer Fertigung beeinflußt. In Abb. 100 ist ein schematisches Beispiel für die Anwendung der Hilfsmittel für die Zwecke der Fertigungsvorbereitung vom Fertigungsauftrag bzw. Aufstellung des Fertigungsprogramms bis zum Beginn der Arbeitsausführung dargestellt. Die auf der linken Seite der Abbildung angegebenen Fertigungsunterlagen werden in der Regel in der Reihen- und Massenfertigung bereits vor Eingang des Fertigungsauftrages oder der Herausgabe des Fertigungsprogrammes ausgearbeitet. Die Fertigungsunterlagen behalten ihre Gültigkeit so lange, als sich an der Art des Erzeugnisses, an der Konstruktion und der Durchführung der Fertigung nichts ändert. Infolgedessen sind die im linken oberen Teil der Abbildung dargestellten Hilfsmittel einmalig aufzustellende Fertigungsunterlagen.

Der Ausgang der Vorbereitung der Fertigungsunterlagen sind Werkzeichnung und Stückliste. Auf Grund derselben wird der Fertigungsplan aufgestellt und daraus unter Zuhilfenahme der Betriebsmittelkartei und in größeren Betrieben unter Zuhilfenahme des Arbeitsplatzübersichtsplanes die Arbeitspläne für die Einzelteile und für den Zusammenbau aufgestellt. Im Arbeitsplan werden die Stückzeiten für die verschiedenen Arbeitsgänge ermittelt. Außerdem werden durch Festlegung der für die verschiedenen Arbeitsgänge notwendigen Arbeitsplätze und Betriebsmittel die Fertigungskosten für das Erzeugnis errechnet, so daß bei Eingang eines Fertigungsauftrages dieser Teil der Fertigungsvorbereitung im allgemeinen abgeschlossen ist.

Der in der Abbildung rechts aufgeführte Fertigungsauftrag löst den zweiten Teil der Fertigungsvorbereitung und damit den Fertigungsablauf aus. Auf Grund des Fertigungsauftrages bzw. des Fertigungsprogrammes wird der Auftragsfolgeplan aufgestellt und im Zusammenhang mit dem Arbeitsfolgeplan der Abteilungsbelastungsplan. An Hand der im Auftragsfolgeplan festgelegten Lieferfristen und den durch den Arbeitsfolgeplan gegebenen optimalen Arbeitsablauf wird der Abteilungsbelastungsplan

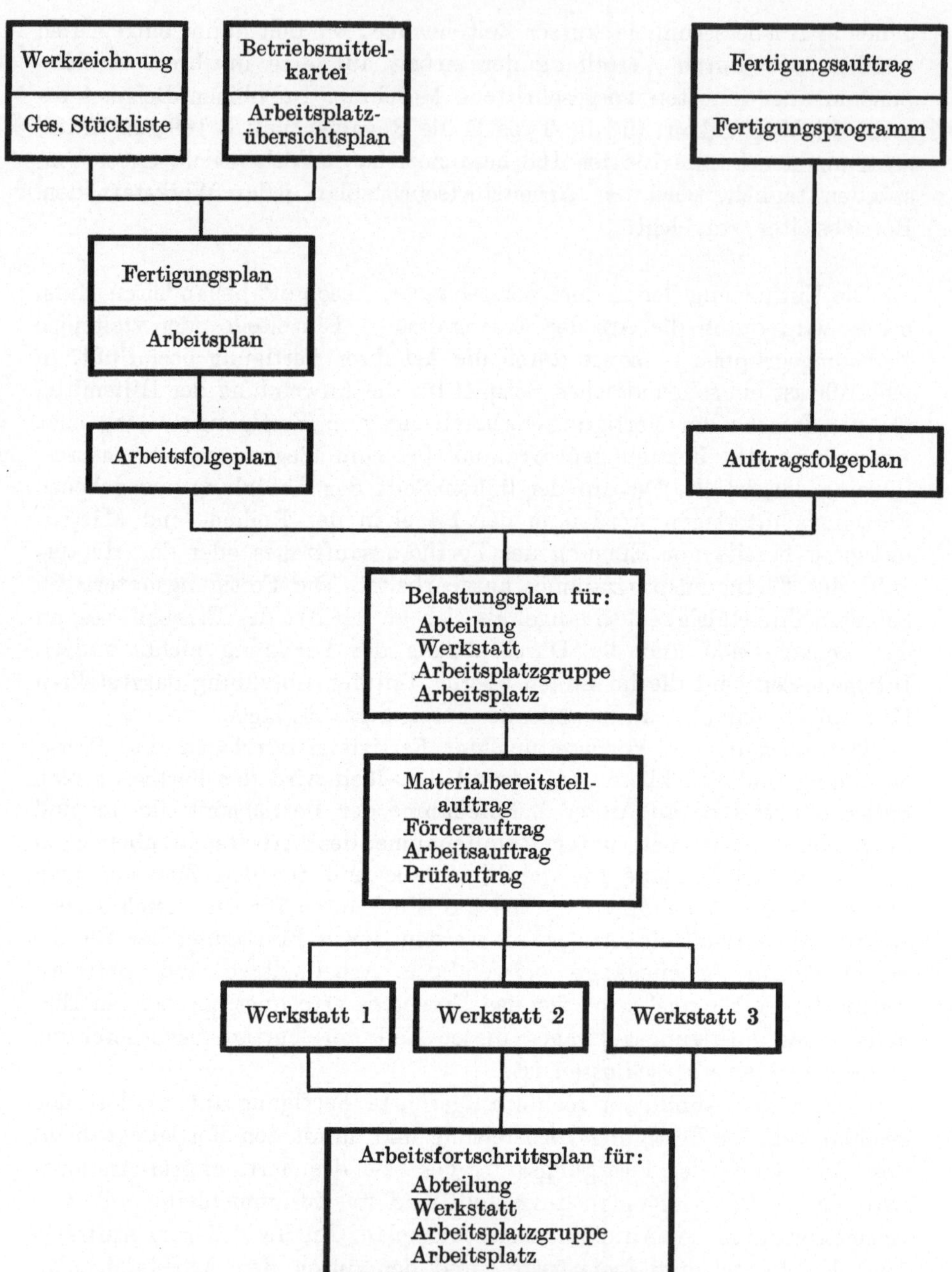

Abb. 100. Zusammenhang der organisatorischen Hilfsmittel in der Fertigungsvorbereitung.

aufgestellt. Der Abteilungsbelastungsplan bildet wiederum die Grundlage für die Aufstellung der Werkstattbelastungspläne. Die endgültige Aufstellung dieser Pläne erfordert fast stets eine gegenseitige Abstimmung. Die Werkstattbelastungspläne können auch in Form von Arbeitsverteilungstafeln (vgl. Abb. 77, 96) durchgebildet sein. In der Arbeitsverteilungsstelle erfolgt die Ausschreibung der zur Fertigungseinleitung und Arbeitsvorgabe notwendigen verschiedenen Arten von Aufträgen, z. B. Materialbereitstellauftrag, Förderauftrag, Arbeitsauftrag, Prüfauftrag. Mit deren Ausfertigung ist die Fertigungsvorbereitung abgeschlossen. Es folgt nun die Arbeitsausführung, die durch die Arbeitsvorgabe an den Arbeiter eingeleitet wird. Die Fertigungsvorbereitung schließt außer der Aufstellung der Fertigungsunterlagen, zu denen auch die Arbeitsunterweisung gehört, die Bestellung der Werkzeuge und Vorrichtungen und deren rechtzeitige Bereitstellung am Arbeitsplatz (vgl. S. 194 u. ff.) ein. Im gleichen Schritt mit dem Fortgang der Arbeitsausführung erfolgt die laufende Führung des Arbeitsfortschrittsplanes.

V. Arbeitsvorgabe.

Die Durchführung der Arbeitsverteilung, die Arbeitsvorgabe, hängt von der Fertigungsart ab. Sie ist verschieden, je nachdem ob es sich um Einzel- und kleine Reihenfertigung oder große Reihen- und Massenfertigung in Neufertigungsbetrieben handelt oder um dieselben Fertigungsarten in Ausbesserungsbetrieben.

Der Unterschied in der Arbeitsvorgabe bei Einzel- und kleiner Reihenfertigung und großer Reihen- und Massenfertigung liegt im Umfang der vorliegenden Arbeit und der Regelmäßigkeit des Arbeitsablaufes. Letzterer wird hauptsächlich dadurch beeinflußt, daß in der Einzel- und kleinen Reihenfertigung jeder einzelne Fertigungsauftrag infolge unregelmäßigen Einganges für sich bearbeitet werden muß, daß dagegen in der großen Reihen- und Massenfertigung ein feststehendes Fertigungsprogramm für einen bestimmten Zeitabschnitt vorhanden ist, welches die gleichzeitige Bearbeitung des vorliegenden Auftragsbestandes ermöglicht. Infolgedessen ist es in der großen Reihen- und Massenfertigung möglich, die Vorbereitung viel weitergehend vorzunehmen und sie dennoch einfach zu gestalten.

Ein anderer Unterschied in der Arbeitsvorgabe bei den oben erwähnten Fertigungsarten besteht für die Arbeitsvorgabe in der Neufertigung einerseits und der Ausbesserung andererseits. Während in Neufertigungsbetrieben für einen bestimmten Fertigungsauftrag alle Arbeitsgänge, Arbeitszeiten und Arbeitsplätze und auch die Werkstoffe im voraus festgelegt werden können, ist das in Ausbesserungsbetrieben nicht der Fall, weil hier der Umfang der Arbeiten zunächst nicht bekannt ist, sondern durch eine Untersuchung vor der Arbeitsvorgabe festgestellt werden muß. Im nachfolgenden ist die Behandlung der Arbeitsvorgabe nach den erwähnten Leitgedanken unterschieden.

Arbeitsvorgabe in Neufertigungsbetrieben.

Einzel- und kleine Reihenfertigung.

Die Aufträge und zugehörigen Arbeitsunterlagen werden durch die Arbeitsausgabestelle an die Werkstatt vorgegeben (Abb. 101). In kleineren Betrieben[1] kann die Arbeitsvorgabe unter bestimmten Voraussetzungen

Abb. 101. Arbeitsausgabestelle.

vom Meister oder seinem Vertreter neben seinen sonstigen Aufgaben mit wahrgenommen werden.

Bei Ausführung eines Fertigungsauftrages sind, soweit notwendig, Bereitstellaufträge, Bezugsscheine, Förder-, Arbeits- und Prüfaufträge mit den erforderlichen Durchschriften von der Arbeitsverteilungsstelle auszustellen. Während die Bereitstellaufträge unmittelbar dem Lager zu-

[1] Lit.-Verz. 117.

gehen, werden die Bezugsscheine, Förderaufträge u. dgl. der Arbeitsausgabestelle zugeleitet. Bezugsschein und Förderauftrag werden von hier an den Förderdienst ausgegeben, der die Werkstoffe usw. an den Arbeitsplatz befördert und die Auftragsausführung der Arbeitsausgabestelle meldet, z. B. durch Rückgabe der Auftragsunterlagen oder dgl. Bei planmäßiger Förderung genügen Bezugsscheine oder -listen. Bei Verwendung einer Arbeitsverteilungstafel wird nach Einleitung der Förderung eine Durchschrift des Arbeitsauftrages (Arbeitszettel) in das unterste Feld der Tafel mit der Bezeichnung „Werkstoff bestellt" abgelegt. Wird die Ausführung der Förderung an die Ausgabestelle gemeldet, so wird der Arbeitsauftrag in das mittlere Feld der Arbeitsverteilungstafel (Aufschrift „Werkstoff am Arbeitsplatz") abgelegt. Der Förderauftrag bzw. die Durchschrift des Bezugsscheines dient unter bestimmten Voraussetzungen in der Arbeitsverteilungsstelle zur Kontrolle des Arbeitsfortschrittes.

Die Ausgabe der Arbeitsunterlagen für die Anschlußarbeit erfolgt, wenn der Arbeiter Auftrag und zugehörige Arbeitsunterlagen (Werkzeichnung, Unterweisungskarte u. dgl.) der ausgeführten Arbeit an die Ausgabestelle zwecks Zeitüberwachung und Weitergabe an die Arbeitsprüfstelle zurückbringt. Auf dem Arbeitsauftrag wird bei der Arbeitsvorgabe neben der Zeitangabe über Arbeitsbeginn Name und Kontrollnummer des Arbeiters vermerkt. Die Durchschrift des Arbeitsauftrages wird dabei aus dem mittleren Feld der Verteilungstafel in das obere Feld mit der Bezeichnung „Auftrag in Arbeit" umgelegt. Nach Beendigung der Arbeit wird die Zeit wiederum auf dem Auftrag vermerkt. Der Zeitunterschied abzüglich der Unterbrechungen durch Betriebspausen oder andere Arbeitsunterbrechungen ist dann die für die Arbeit aufgewendete wirkliche Arbeitszeit. Aus dem oberen Feld der Tafel wird die Durchschrift des Arbeitsauftrages für die erledigte Arbeit abgenommen. Wird die Arbeit aus irgendeinem Grunde unterbrochen, so wird die Zeit auf dem Arbeitsauftrag vermerkt und der Auftrag später so behandelt, als wenn es sich um einen neuen Auftrag handelt. Die Durchschrift des Arbeitsauftrages wird aus dem oberen Feld in das mittlere der Verteilungstafel zurückgelegt. Die infolge der Unterbrechung des Auftrages in der Ausgabestelle eingehenden Arbeitsunterlagen werden wieder abgelegt. Ausgeführte Arbeitsaufträge sind in geeigneten Zeiträumen (täglich oder wöchentlich) dem Lohnbüro zuzuleiten.

Die Ausführungsdauer jedes Arbeitsauftrages soll möglichst so bemessen sein, daß die Zeit zur Bereitstellung von Werkstoff und Werkzeug für die Anschlußarbeit ausreicht. Liegen Arbeitsaufträge von so geringer Zeitdauer vor, daß dies nicht möglich ist, so werden mehrere kleine Aufträge zu einem „Sammelauftrag“ zusammengefaßt und die Arbeitszeit anteilig verteilt.

Die Arbeitsvorgabe zur Arbeitsprüfung erfolgt im allgemeinen durch den Prüfauftrag. Ist dafür kein besonderer Vordruck vorgesehen, so enthält der Arbeitsauftrag zugleich den Prüfauftrag. In diesem Fall wird der Arbeitsauftrag nach Beendigungsvermerk (Zeitstempel) an die Arbeitsprüfstelle geleitet. Diese reicht ihn mit dem Prüfvermerk an die Ausgabestelle zurück. Wird für den Prüfauftrag ein besonderer Vordruck verwendet, so wird dieser bereits bei der Arbeitsvorgabe an die Arbeitsprüfstelle geleitet. Nach vollzogener und bescheinigter Prüfung geht der Prüfauftrag über die Ausgabestelle an die durch die Organisation vorgesehenen Stellen weiter. Die Arbeitsverteilungsstelle trägt nach den ihr zugehenden Unterlagen den Arbeitsfortschritt laufend im Arbeitsfortschrittsplan ein (vgl. S. 176). Die Abb. 97 und 98 zeigen Arbeitsfortschrittspläne mit in den Markierungsspalten eingezeichneten Fortschrittslinien.

Große Reihen- und Massenfertigung[1].

Die Arbeitsvorgabe erfolgt in der Massenfertigung auf Grund des Werkstattbelastungsplanes, der die vorzugebende Arbeit für jeden Arbeitsplatz bzw. jede Arbeitsplatzgruppe enthält und nach den auf S. 170 entwickelten Richtlinien mit den übrigen Unterlagen vorbereitet worden ist. An Hand dieses Planes werden für jeden Arbeitsgang die erforderlichen Arbeitsunterlagen, wie Bereitstellauftrag, Arbeitsauftrag, Prüfauftrag u. dgl., im voraus ausgestellt und nach Möglichkeit nach geeigneten maschinellen Verfahren vervielfältigt. Die Förderung der Werkstoffe erfolgt im allgemeinen nach dem Zubringersystem, d. h. die Werkstoffe werden auf Grund der dem Lager von der Arbeitsverteilungsstelle zugegangenen Bereitstellaufträge an den Arbeitsplatz geliefert. Die Bescheinigung über den Empfang dieser Werkstoffe kann entweder auf einem besonderen Lieferschein oder auf einer Lieferliste erfolgen. In der Fließfertigung wird auf eine Empfangsbescheinigung zur Vermeidung der Schreibarbeit in der Regel verzichtet. Bei Vorgabe der Arbeit trägt die Arbeitsausgabestelle der betreffenden Werkstatt nur noch Namen und Kontrollnummer des Arbeiters in den vorbereiteten Arbeitsauftrag ein. Die Ausgabe der Aufträge erfolgt mit Hilfe eines geeigneten Verteilungsgerätes zu dem im Plan festgelegten Zeitpunkt. In der Fließfertigung genügt unter Umständen für eine ganze Fließreihe ein einziger Arbeitsauftrag, der dann auf den Namen des Vorarbeiters

[1] Lit.-Verz. 23, 28, 68, 78, 88.

ausgestellt wird, während die spätere Abrechnung für die beteiligten Arbeiter nach dem Prinzip der Kolonnenabrechnung durchgeführt wird.

Stellen sich im Arbeitsablauf infolge unvorhergesehener Änderungen zeitliche Verschiebungen gegenüber dem Werkstattbelastungsplan ein und können diese nicht mehr rechtzeitig eingeholt werden, so hat der Meister dies der Arbeitsverteilungsstelle zu melden. Diese hat dann, unter Berücksichtigung der vorliegenden Betriebsverhältnisse, diejenigen Maßnahmen zu treffen, durch die die eingetretenen Verzögerungen wieder eingeholt werden können. Der Arbeitsfortschritt wird in der Arbeitsverteilungsstelle auf dem Werkstattbelastungsplan (vgl. Abb. 99) regelmäßig abgetragen. Die Arbeitsprüfung erfolgt in der fließenden Massenfertigung meist erst am Ende jeder abgeschlossenen Teilfertigung. An den in der Fließreihe liegenden Arbeitsplätzen wird die Arbeitsprüfung außerdem durch Stichproben, z. B. bei der Einrichtung der Werkzeugmaschine, vorgenommen. Näheres über die Arbeitsprüfung vgl. S. 206. Die von der Prüfstelle bescheinigten Arbeitsaufträge laufen nach dem Organisationsplan zum Lohnbüro und der Abrechnungsstelle.

Arbeitsvorgabe in Ausbesserungsbetrieben.

Die Arbeitsvorgabe in Ausbesserungsbetrieben[1] ist gegenüber der in Neufertigungsbetrieben schwieriger, weil der Arbeitsumfang selbst für gleiche Erzeugnisse kaum jemals gleich ist und sehr oft auch erst während der Untersuchung genau festgelegt werden kann. Dazu kommt, daß die aufzuarbeitenden Gegenstände in ihrer Art und Gattung so verschieden sind, daß die mannigfachsten Arbeiten in ganz verschiedener Folge auszuführen sind. Leichter wird es schon in Betrieben, die nur für die Ausbesserung gleicher oder wenigstens typengleicher Erzeugnisse eingerichtet sind. Noch besser liegen die Verhältnisse in Betrieben, die stets mit einem gleichen Auftragseingang zu rechnen haben, wie es in den großen Ausbesserungsbetrieben der öffentlichen Verkehrsmittel der Fall ist, die in bestimmten Zeitabständen bzw. nach bestimmten Leistungen untersucht und ausgebessert werden. Dabei ist der Arbeitsumfang auch noch verschieden, da die Erzeugnisse in ihrer Abnutzung Schwankungen unterworfen sind, bedingt durch die Betriebs- und Verkehrsverhältnisse. Deshalb muß in diesen Betrieben der eigentlichen Arbeitsvorbereitung eine genaue Aufnahme des Schadenumfanges vorausgehen. Dieser Aufnahme folgt die mehr oder weniger umfangreiche Zerlegung des Gegenstandes, der Ausbau. Er kann mit dem Zusammenbau in der Neufertigung nicht

[1] Lit.-Verz. 67.

verglichen werden, da gerade beim Ausbau häufig unerwartete Arbeitserschwernisse auftreten.

Die folgenden Ausführungen geben den Ablauf der Arbeit in Ausbesserungsbetrieben für Fahrzeuge wieder, weil hier die Arbeitsvorbereitung schon am weitesten durchgebildet ist.

Das zur Aufarbeitung eingehende Fahrzeug wird von einer Arbeitsaufnahmestelle in allen Teilen untersucht, erkennbare Schäden und die zu ihrer Beseitigung auszuführenden Arbeiten werden dabei nach Art und Umfang schriftlich aufgenommen. Zur gleichen Zeit wird der für die Aufarbeitung notwendige Bedarf an Werkstoffen, Ersatz- und Tauschteilen festgestellt, ferner werden etwa anfallende wertvolle Stoffe ermittelt und schließlich die für die Arbeitsausführung erforderlichen Arbeitsgänge und deren Stückzeiten festgesetzt. Das Ergebnis dieser Arbeitsaufnahme wird in den Arbeitsauftrag eingetragen. Jeder Arbeitsauftrag wird mit einer Durchschrift ausgeschrieben, die auftragsweise gesammelt und geordnet den Arbeitsfolgeplan für den ganzen Fertigungsauftrag bilden. Abb. 102 zeigt einen solchen Arbeitsauftrag (Gedingezettel). Die zumeist vorkommenden Arbeiten sind darin vorgedruckt. Die Vorgabezeiten für jede Einzelausführung müssen meistens, des wechselnden Arbeitsumfanges wegen, von Fall zu Fall eingesetzt werden. Die Arbeitsplatznummer sowie die Kontrollnummer des Einzelarbeiters oder des Gruppenführers sind für bestimmte Arbeiten im Auftrag vorgedruckt. Veränderungen in der Besetzung des Arbeitsplatzes werden der Arbeitsaufnahmestelle durch eine Übersichtstafel, deren Bedienung dem Meister obliegt, so rechtzeitig bekanntgegeben, daß sie vor Ausgabe des Auftrages berücksichtigt werden können. Mit einem Wechsel der Arbeitsplätze ist nicht zu rechnen, da jedem Platz von vornherein bestimmte Arbeiten zugeteilt sind.

Bei Fließarbeit ist jede Arbeitsgruppe hinsichtlich ihrer Kopfzahl unveränderlich, der ihr zuzuteilende Arbeitsumfang der Zeit nach daher begrenzt. Stellt die Arbeitsaufnahme für eine bestimmte Arbeitsgruppe oder einen Arbeitsplatz einen höheren Arbeitsumfang fest, so ist für die die Leistung dieser Gruppe überschießende Arbeit ein Sonderauftrag für Einspringer auszustellen. Beträgt beispielsweise der Arbeitstakt 30 Min. und sind auf einem Arbeitsplatz für eine bestimmte Arbeitsaufgabe zwei Arbeiter vorgesehen, so kann der Arbeitsauftrag für diese Gruppe nur über eine Arbeitsdauer von 2·30 Arbeitsminuten aufgestellt werden. Erfordert die Ausführung der Arbeit an demselben Arbeitsplatz 1,7 Stunden, so muß für die Ausführung der Arbeit, die über die Belastungszeit (2·30 Min.) hinausgeht, ein besonderer Arbeiter (Einspringer) von einem Arbeitsplatz, dessen Auftrag diese Verzögerung zuläßt, eingesetzt werden. Eine be-

Abteilung	Meister	Ausf. Kostenst.	Gedinge-Zettel-Nr.	Auftrags-Nr.	Wagen-Nr.	Eig. Merkm.
W	*M. 24*	*170*	*126*	*26.133*	—	—

Werkbetrieb	Arb.-Platz	Vormann-Nr.	Lohngruppe	Vorgegeb. Zeit	Verbr. Zeit	Festges. Zeit	Teilarbeit / Restarbeit	Arb.-Mon.	Frist
BO	*24*	*2412*	*V*	*7.06*				*3*	*16. 3.*

Beteil. Kontr.-Nr.															Arbeit setzt ein Tag	Std.	Kopfz.
	2413	*2414*	*2432*												*16*	*7*	*4*

Lfd. Nr.	Menge	Einheit	Auszuführende Arbeiten	Einzel Zeit Std.		Gesamt Zeit Std.		Bedarf an Stoffen, Ersatz- u. Tauschstücken bzw. Rückgewinnung	Menge	Einheit	V od. R Zettel Nr.	Prüfergebn. Ausf. in Ordnung ja	nein	Lfd. Nr.
1	*8*	*St*	*Wagen zur Probefahrt vorbereiten*	*0*	*10*	*0*	*80*							1
2	*8*	*Wg*	*Klebezettel u. Kreideanschrift entfernen*	*0*	*05*	*0*	*40*							2
3	*29*	*St*	*Fenster schließen*	*0*	*02*	*0*	*58*							3
4	*8*	*Wg*	*Inventar prüfen*	*0*	*10*	*0*	*80*							4
5	*16*	*St*	*Balgen schließen*	*0*	*20*	*3*	*20*							5
6	*16*	,,	*Stirnwandtüren schließen*	*0*	*02*	*0*	*32*							6
7	*32*	,,	*Einsteigetüren plombieren*	*0*	*03*	*0*	*96*							7
8														8
9														9
10														10
			vorgegebene Zeit	Std.		*7*	*06*							

Arbeits-aufnah.	Arbeit vorgetr.	Arbeits-ausg.	An-erkannt	Arbeits-prüfung	Techn. geprüft	Arbeit ausgetr.		Fest-gestellt	E 3 A E 2 A E 1 A	Ab-legen			
Kr	*Mä*	*Ha*	*Re*										
15. 3.	*15. 3.*	*16. 3.*	*16. 3.*								*16. März 21.05*		
											Gesamt Std.		

Abb. 102. Arbeitsauftrag (Gedingezettel).

sondere Spalte im Kopf der Einspringeraufträge, die von der Arbeitsaufnahmestelle auszufüllen ist, gibt an, zu welcher Stunde und an welchem Arbeitsplatz eine bestimmte Arbeit auszuführen ist. Die Arbeit wird von vornherein auf einen bestimmten Arbeiter, dessen Kontrollnummer der Übersichtstafel entnommen wird, verteilt. Diesem Arbeiter wird die Durchschrift des Einspringerauftrages zugestellt, worauf sich der Arbeiter um die angegebene Zeit zur Empfangnahme des eigentlichen Arbeitsauftrages bei der Arbeitsausgabestelle zu melden hat (Abb. 103).

Abb. 103. Arbeitsausgabestelle in der Werkstatt.

Sämtliche von der Arbeitsaufnahme ausgefertigten Arbeitsunterlagen werden der Arbeitsausgabestelle zugeleitet, wo an Hand dieser die Werkstattbelastungspläne aufgestellt, Werkstoffbezugsscheine, Rücklieferungs-

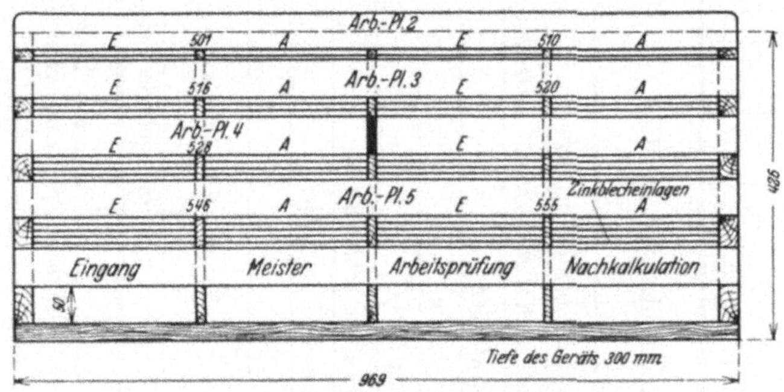

Abb. 104. Verteilungsgerät für die Arbeitsausgabe.

und Tauschscheine evtl. Förderaufträge ausgeschrieben und für den Förderdienst bereitgelegt werden. Der Förderdienst, dessen Fahrten für den Bereich des Fließbetriebes planmäßig, im übrigen auftragsweise erfolgen, entnimmt diese Scheine und stellt sie gegebenenfalls mit Rücklieferungsstoffen — soweit sie wertvoll sind — und den alten Tauschteilen dem Lager zu. Das Material wird vom Lager in gekennzeichneten Behältern bereitgestellt und vom Förderdienst unmittelbar den Verbrauchs-

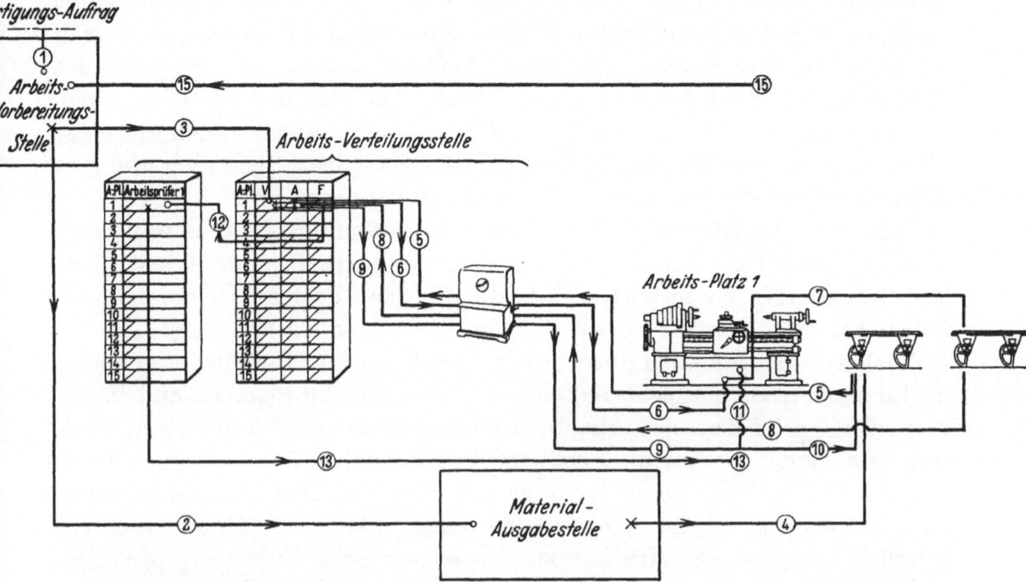

Bedeutung der in die Linienführung eingeschriebenen Ziffern:

1 Eingang des Fertigungsauftrages.
2 Material- und Laufzettel zur Materialausgabestelle bzw. Laufzettel zum Ausgangsplatz.
3 Akkordzettel, Werkzeichnung und Unterweisungskarte zur Arbeitsverteilung, Fach „*V*" (vorbereitete Arbeit).
4 Laufzettel mit Material zum Arbeitsplatz *1* (Materialkarren).
5 Entnahme des Laufzettels durch den Arbeiter und Abgabe in Arbeitsverteilung; hier Ablage nach Zeitanstempelung in Fach „*A*" (in Arbeit befindlich).
6 Aushändigung des Akkordzettels nach Zeitanstempelung an den Arbeiter und Beigabe der Werkzeichnung und Unterweisungskarte. — Arbeitsausführung.
7 Nach Arbeitsausführung Entnahme des Laufzettels der Anschlußarbeit (Materialkarren).
8 Abgabe der Unterlagen über fertige Arbeit nebst Laufzettel der Anschlußarbeit an Arbeitsverteilung; Zeitabstempelung des Akkordzettels der fertigen Arbeit und Ablage in Fach „*F*" (fertige Arbeit); Anstempelung des Laufzettels der Anschlußarbeit und Ablage in Fach „*A*".
9 Ausgabe der Arbeitsunterlagen für Anschlußarbeit nach Zeitanstempelung des Akkordzettels und Beigabe des Laufzettels der fertigen Arbeit nach Abstempelung.
10 Ablage des Laufzettels der fertigen Arbeit in Materialkarren.
11 Ausführung der Anschlußarbeit.
12 Ablage des erledigten Akkordzettels und Werkzeichnung in Fach Arbeitsprüfer.
13 Prüfung der fertigen Arbeit.
15 Rückgabe der Werkzeichnung an Arbeitsvorbereitung.
Weitergabe des Akkordzettels nach technischer Prüfung an Lohnbüro.
Abgabe des Akkordzettels an Abrechnungsbüro.
Laufzettel und Akkordzettel nach Beendigung aller Arbeiten über Nachkalkulation an Abrechnungsbüro.

Abb. 105. Ablauf eines Fertigungsauftrages.

stellen zugeführt. Ein besonderer Förderauftrag wird nicht ausgefertigt, vielmehr gilt der Bezugsschein als Auftrag.

Die Arbeitsaufträge werden, nachdem die Materialbezugsscheine ausgeschrieben sind, in ein Verteilungsgerät abgelegt (Abb. 104), auf dem für jeden Arbeitsplatz zwei Fächer vorgesehen sind. Das eine Fach ist mit *E*

(Eingang), das andere mit *A* (Ausgang) gekennzeichnet. Die Fächer werden wechselseitig benutzt, ebenso die Kennbuchstaben *E* und *A*. Die von der Arbeitsaufnahme eingehenden Aufträge werden der Reihe des Einganges nach in die mit *E* bezeichneten Fächer abgelegt, und zwar von oben nach unten. Die in dem Fach *A* abgelegten Aufträge kommen zur Ausgabe, der oberste zuerst. Sind die Aufträge aus Fach *A* der Reihe nach ausgegeben, so folgen die im Fach *E* liegenden, nachdem die Kennbuchstaben umgelegt sind. Die Ausgabestelle gibt die Arbeitsaufträge an den Arbeiter vor und gibt Beginn und Ende der Arbeit mit einem Zeitstempel an.

Die vom Arbeiter zurückgegebenen und ausgeführten Arbeitsaufträge werden in das Fach für den Arbeitsprüfer abgelegt. Ist eine Arbeit nicht vorschriftsmäßig ausgeführt, so verständigt der Prüfer den verantwortlichen Arbeiter. Handelt es sich um Einzelarbeit, so wird dem Arbeiter der Auftrag zur sachgemäßen Ausführung zurückgegeben. Bei Fließarbeit wird die für diese Arbeit vorgegebene Zeit von seinem Auftrag abgesetzt und die Arbeit selbst gestrichen. Die erneute Arbeitsausführung wird mit Sonderauftrag von einem nicht zum Fließbetrieb gehörenden Arbeiter ausgeführt. Für die Behandlung dieser Aufträge gilt auch das über den Einspringerauftrag Gesagte. Solche Arbeiten, die einer späteren Prüfung nicht zugänglich sind, hat der Arbeiter zur Vornahme einer Zwischenprüfung zu melden. Das Prüfergebnis ist auf dem Auftrag für jede Arbeitsunterteilung einzutragen.

Abb. 105 zeigt schematisch den Ablauf einer Fertigung. Er gilt für Ausbesserungsbetriebe und für die Einzel- und Reihenfertigung in Neufertigungsbetrieben.

Werkzeug-Bereitstellung.

Für die Bereitstellung sind zwei Arten von Werkzeugen zu unterscheiden. Zur ersten Art gehören solche, die sich dauernd am Arbeitsplatz befinden und dem Inhaber des Arbeitsplatzes für regelmäßig wiederkehrende Arbeiten zugeteilt sind (Platzwerkzeuge). Zur zweiten Art rechnen die Werkzeuge, die dem Arbeiter von Fall zu Fall ausgehändigt werden und die nach Ausführung des Arbeitsauftrages in die Werkzeugausgabe zurückkehren. Dazu gehören Passungswerkzeuge, sowie solche Werkzeuge und Vorrichtungen, die nur ausnahmsweise oder in größeren Zeitabständen gebraucht werden, und die ihrem Zweck und ihrer Ausführung nach auch an anderen Arbeitsplätzen benutzt werden können. Diese Werkzeuge können entweder durch den Arbeiter selbst von der Werkzeugausgabe abgeholt werden oder durch die Ausgabestelle auf Grund besonderer Bereitstellaufträge bereitgestellt und durch den Förderdienst an den Arbeitsplatz gebracht werden.

Die Bereitstellung des Platzwerkzeuges erfolgt bei Einrichtung eines Arbeitsplatzes und gehört grundsätzlich zur Aufgabe des Arbeitsbüros oder einer dem Arbeitsbüro gleichzuachtenden Stelle. In manchen Be-

Fachgruppe	*Dreher*		**Werkzeugnachweis** Nr. *232*	Kontr.-Nr.	*286*	
Name	*Schulz*			Mark.-Nr.	*473*	

Kenn-zeichen	Benennung	Bestand						Bemerkung
MS 2	*Schublehre*	*2*						
MM 1	*Mikrometerschraube*	*1*						
MT 1	*Innentaster*	*1*						
MT 4	*Außentaster*	*1*						
TS 7	*Stahlhalter*	~~*4*~~	*5*					*geänd. 19. 4. 28 K.*
TS 11	*Schlichtfeilen flach*	*2*						
SS 4	„ *halbrund*	*2*						
SS 6	*Schraubenschlüssel*	*2*						
DV 3	„	*2*						
	usw.							

Anm.: Die im Kopf freien Felder werden ausgefüllt bei Übergang des Werkzeuges an einen anderen Arbeiter.

Abb. 106. Werkzeugnachweis.

trieben wird das Werkzeug durch den Meister oder eine diesem nachgeordnete Stelle bestimmt; dies kann nicht empfohlen werden, weil der Meister hierdurch seiner eigentlichen Aufgabe entzogen wird. Bei nicht genügend bereitgestelltem Werkzeug wird der Arbeiter veranlaßt, sein Werkzeug durch behelfsmäßige und in der Regel unzureichende Hilfsmittel zu ergänzen. Bald haben sich dann am Arbeitsplatz so viel Werkzeuge angesammelt, daß die Übersicht darüber verloren geht, weil die

Name: *Richter*	Klasse *3 Praktikant*	Abtlg. Nr. *54/392*	Marken-Nr. *21*
Eingetreten	Versetzt v. Abt. ..... nach Abt. ..... am	Versetzt v. Abt. ..... nach Abt. ..... am	
am *1. 9. 30*	Versetzt v. Abt. ..... nach Abt. ..... am	Versetzt v. Abt. ..... nach Abt. ..... am	

Gegenstand	*1.9.30*			Gegenstand	*1.9.30*		
Backen, Blei- . . .	—			Feilen, △ Vor- 15 cm . .	*1*		
„ Zink-	*2*			„ „ 10 „ . . .	—		
„ Messing-	—			„ „ 8 „ . . .	—		
Bohrer, Spitz- für Metall	—			„ „ 6½ „ . . .	—		
„ Zentrum- „ „	—			„ □ Vor- 35 „ . . .	—		
„ Zapfen- „ „	—			„ „ 30 „ . . .	*1*		
„ Spiral „ „	—			„ „ 25 „ . . .	—		
„ Zentrum für Holz	—			„ „ 20 „ . . .	—		
„ Nagel- „ „	—			„ „ 15 „ . . .	*1*		
„ Löffel- „ „	—			„ „ 10 „ . . .	—		
Blechgefäße . . .	—			„ „ 8 „ . . .	—		
Brenner, Bunsen- . . .	—			„ 6½ „ . . .	—		
Brustleiern	—			„ ○ Vor- 35 „ . . .	—		
Bürsten, Stiel-	—			„ „ 30 „ . . .	*1*		
„ Scheuer- . . .	—			„ „ 25 „ . . .	—		
„ Feilen-	*1*			„ „ 20 „ . . .	—		
Dorne, diverse von Stahl.	—			„ „ 15 „ . . .	*1*		
Drehkerze	—			„ „ 10 „ . . .	*1*		
Durchschläge, diverse . .	*1*			„ „ 8 „ . . .	—		
Feilen, Stroh-	—			„ „ 6½ „ . . .	—		
„ flache, 42 cm . .	*1*			„ ⌓ 35 cm	—		
„ „ 35 „ . .	—			„ „ 30 „	*1*		
„ „ 30 „ . .	*1*			„ „ 25 „	—		
„ „ 25 „ . .	*1*			„ „ 20 „	—		
„ „ 20 „ . .	*1*			„ „ 15 „	*1*		
„ „ 15 „ . .	—			„ „ 10 „	—		
„ „ 10 „ . .	—			„ „ 8 „	—		
„ „ 8 „ . .	—			„ „ 6½ „	—		
„ „ 6½ „ . .	—			„ ⬭ div.	—		
„ △ Vor- 35 „ . .	—			Feilen, flachsp. Vor- 15 cm	—		
„ „ 30 „ . .	*1*			„ „ „ 13 „	—		
„ „ 25 „ . .	—			„ „ „ 8 „	—		
„ „ 20 „ . .	—			„ „ „ 6½ „	—		

Ausgabe-Datum	*Lehmann*	Empfangs-quittung	*Richter*
1. 9. 30	Werkzeugausgabe	Datum	*1. 9. 30*

Abb. 107. Werkzeugnachweis-Karte.

durch den Arbeiter geschaffenen Zugänge nicht in dem Werkzeugverzeichnis nachgewiesen werden können.

Die bereitgestellten Werkzeuge werden in ein Verzeichnis (Werkzeugbuch) aufgenommen, in dem die Werkzeuge, nach Fachrichtungen getrennt, vorgedruckt sind, so daß nur die Stückzahlen eingesetzt zu werden brauchen. Durch die Unterschrift der für die Bereitstellung verantwortlichen Stellen wird dieses Verzeichnis zum Bereitstellauftrag für die Werkzeugausgabe. Der Arbeiter hat der Werkzeugausgabe den Empfang durch Unterschrift zu bestätigen. Eine andere Art Werkzeugnachweis zeigt Abb. 106. Die bereitzustellenden Werkzeuge werden hier einzeln aufge-

Werkbetrieb: *DM*	**Umtausch-Auftrag Nr.** *95* für Werkzeuge.	Meisterei: *M 1*
Arbeiter: *Krause*	Kontr.-Nr.: *155*	
Stckz.	Benennung der zu tauschenden Werkzeuge	Kennz.
1	*rechter Seitenstahl*	*DSR 5*
	(*Schneidplättchen ausgebrochen*)	
Getauscht am *19. 1. 31* *Müller* (Unterschrift des Ausgebers)	*Scholz* (Unterschrift des Meisters)	

Abb. 108. Umtausch-Auftrag.

führt. Bei einem Arbeiterwechsel braucht der Vordruck nicht erneut aufgestellt zu werden, weil er mehrere Spalten für die Eintragung von Namen, Kontrollnummer u. dgl. enthält. Über das verausgabte Werkzeug hat die Ausgabe eine Abschrift des Werkzeugnachweises in Form eines Karteiblattes zu führen, auf dem der Arbeiter den Werkzeugempfang bescheinigt (vgl. Abb. 107).

Sind Werkzeuge unbrauchbar geworden und ihr Umtausch notwendig, so erfolgt dies Stück gegen Stück. Jeder Umtausch wird von der Beibringung einer Bescheinigung des Meisters abhängig gemacht (Abb. 108).

Das Werkzeug einer Fließarbeitsreihe wird auf Werkzeuglisten, die nach Arbeitsgängen oder Arbeitsplätzen getrennt sind, aufgeführt. Mit einer Änderung des Werkzeugbestandes ist bei den Arbeitsplätzen einer

Fließreihe solange nicht zu rechnen, als die Fertigung dieselbe bleibt. Deshalb können die Werkzeuglisten, die am zugehörigen Arbeitsplatz aushängen, einfacher ausgebildet sein (Abb. 109). Ist die Arbeit in einer Fließreihe sehr weit unterteilt und daher wenig Werkzeug erforderlich, so kann von der Aufstellung von Werkzeuglisten abgesehen werden, soweit das Werkzeug in der Arbeitsunterweisung genau gekennzeichnet ist. Der Werkzeugumtausch in einer Fließreihe kann je nach Erfordernis von Fall

Werkzeugliste Nr. *FD 2*

Fertigung: *Aufarbeiten von Drehgestellen*

2. Arbeitsg.: *Federkasten ausbauen* Arb. Pl. *BD 2*

Stückzahl	Benennung	Größe	Kennzeichen
1	*Bankhammer*	*1,0 kg*	*H 26*
2	*Flachmeißel*	*150 m/m lg*	*M 84*
2	*Kreuzmeißel*	*150 „ „*	*M 87*
3	*Durchschläge*	*5,7 u. 10 m/m*	*D 26*
2	*Mutterschlüssel*	*1/2″ · 5/8″*	*S 110*
2	„	*5/8″ · 3/4″*	*S 111*
2	„	*3/4″ · 7/8″*	*S 112*

Arb. Büro	Datum	Name
Ausgef.	*10.3.32*	*Bö.*
Geprüft	*11.3.32*	*Ho.*

Abb. 109. Werkzeugliste für Fließarbeitsplatz.

zu Fall oder auch in regelmäßigen Zeiträumen am Arbeitsplatz erfolgen. Im letzteren Fall werden die umzutauschenden Werkzeuge arbeitsplatzweise in eine Liste aufgenommen, die der Werkzeugausgabe, die den Umtausch vornimmt, zugeht.

Wird das Werkzeug durch den Arbeiter von der Werkzeugausgabe abgeholt, so geschieht das gegen Abgabe von Werkzeugmarken. Die abgegebenen Marken werden von der Werkzeugausgabe auf den Platz des ausgegebenen Werkzeuges gelegt und bei Rückgabe des Werkzeuges dem Arbeiter wieder ausgehändigt.

Ein anderes weitergehendes Verfahren ist folgendes: In der Werkzeugausgabe ist auf einer Tafel für jeden Arbeiter, dem Werkzeugmarken ausgehändigt sind, ein Nummernfeld zum Aufhängen von Marken eingerichtet. Beim Abfordern eines Werkzeuges gibt der Arbeiter eine Werkzeugmarke, die in das Fach dem das Werkzeug entnommen ist, gelegt wird. Gleichzeitig wird diesem Fach, eine Fachmarke, die äußerlich leicht von der Werkzeugmarke unterschieden werden kann und die Werkzeugnummer trägt, an die Tafel auf das Kontrollnummernfeld des Arbeiters gehängt. Weiter werden solche Werkzeuge, die von der Ausgabe zur Ausbesserung gegeben sind, durch eine in das betreffende Fach gelegte Ausbesserungsmarke gekennzeichnet. Dadurch kann zunächst jederzeit geprüft werden, ob die vermerkte Anzahl von Werkzeugen vorhanden ist. Täglich eine halbe Stunde nach Arbeitsbeginn meldet der Betrieb die Kontrollnummern der fehlenden Arbeiter der Werkzeugausgabestelle. Diese hängt dann besondere Fehlmarken in das Nummernfeld, wodurch die Werkzeugmarken der abwesenden Arbeiter gesperrt sind.

Bei Verlust von normalen Werkzeugmarken erhält der Arbeiter einen neuen Satz, der besonders gekennzeichnet und mit seiner Kontrollnummer und einem Sonderkennzeichen versehen ist. Dieses Kennzeichen wird auch an der Tafel bei dem betreffenden Feld angebracht. Wird nun ein Werkzeug verlangt, so muß die abgegebene, mit Kontrollnummer und Kennzeichen versehene Marke mit der auf der Kontrolltafel aushängenden übereinstimmen, worauf bei Ausgabe geachtet werden muß. In jedem Fall kann die unberechtigte Benutzung von Marken bzw. Werkzeugen verhütet werden.

Die Rückgabe der auf Marken verliehenen Werkzeuge hat nach Beendigung des Auftrages, spätestens aber am Wochenschluß zu erfolgen. Damit diese Anordnung nicht ihren Zweck verfehlt, ist das an einem Arbeitsplatz häufiger gebrauchte Werkzeug als Platzwerkzeug vorzusehen.

Die Bereitstellung von Werkzeugen durch die Arbeitsverteilungsstelle erfolgt vor Erteilung des Arbeitsauftrages in zwangläufiger Abhängigkeit vom Arbeitsfortschritt, auf Grund von Werkzeuglisten (Abb. 110). Sie enthält die Nummer des Arbeitsplatzes, der Zeichnung und des Arbeitsplanes, die Bezeichnung des Arbeitsganges und die dazu erforderlichen Werkzeuge, ausgedrückt durch Kennzeichen. Die Werkzeugliste wird vor Beendigung des vorangehenden Arbeitsauftrages dem Arbeiter zugeleitet und von ihm unter Beigabe der auf der Liste vermerkten Anzahl Werkzeugmarken der Ausgabe weitergeleitet. Die Werkzeugliste begleitet die Werkzeuge an den Arbeitsplatz, an dem sie gebraucht werden. Der Arbeiter hat sich an Hand der Liste von der Richtigkeit des Werkzeuges zu überzeugen und bei Beanstandungen seinen Meister zu verständigen. Nach Beendigung des Auftrages oder schon während der Abrüstezeit fügt der Arbeiter die benutzten Werkzeuge der Liste wieder bei. Die Ausgabe zieht die Werkzeuge, nachdem sie auf Vollständigkeit, Aussehen usw. geprüft wurden, ein und gibt als Quittung für den richtigen Empfang die erhaltenen Werkzeugmarken dem Arbeiter zurück.

Firma:	**Werkzeugliste Nr.** *8*		Arb.-Platz *MB 5*
Arbeitsplan: *BD 8/1*	Werkzeugmarken: *3*		
Arb.-Gang: *Bohren*			Zchg. Nr. *BD 8*
Wenn Werkzeugliste nicht stimmt, Meister sofort benachrichtigen			
Stck.	**Benennung**	**Größe**	**Kennzeichen**
2	*Spiralbohrer*	*16 mm*	*WB 16*
1	*Bohrvorrichtung*		*BD 8*

Arb.-Büro	Datum	Name	
Ausgef.	*12. 1. 32*	*Ro.*	Ersatz für: —
Geprüft	*12. 1. 32*	*Ho.*	Ersetzt durch: —

Abb. 110. Werkzeugliste für Bereitstellung im Werkzeuglager.

Welches der beiden Verfahren jeweils einzuführen sein wird, hängt von der Organisationsstufe des Betriebes ab. Mit Rückkehr der Werkzeuge vom Arbeitsplatz sollte eine Prüfung auf ihren Gebrauchszustand erfolgen. Es ist zweckmäßig, alle aus dem normalen Rahmen fallende Beschädigungen auf einem Vordruck zu vermerken, der den aufsichtführenden Stellen zur Aufklärung und Beseitigung der Ursache zugeleitet wird.

Passungswerkzeuge[1] verlangen eine besondere sorgfältige Prüfung. Die Ausgabestelle wird so einzurichten sein, daß sie in zwangläufigem Zu-

[1] Lit.-Verz. 3, 29.

sammenhang mit dem Meßraum steht. Dieser Zwangslauf kann durch entsprechende Anordnung des Meßraumes und des Werkzeuglagers in der Art herbeigeführt werden, daß sämtliches zur Ausgabe zurückkehrende Werkzeug an einem bestimmten Schalter angenommen wird und dann

B	*30* mm	$^{0,022}_{0} \pm {}^{b}_{\text{Dorn}}$	*Din 19*	Em. W.
Lieferant: *Fr. Werner*		Preis	Datum d. Inbetriebn. *20. 12. 30*	

Reparaturen			
abgegeben	zurückerhalten	Preis	Bemerkungen

Abb. 111 a. Stammkarte für Passungswerkzeuge — geführt im Meßraum (Vorderseite).

Kontrolle							
Datum	Befund		Datum	Befund	Datum	Befund
	Aussch.	*Gut Seite*				
29. 12. 30	*0,022*	*+ 0,001*				
7. 1. 31	„	*+ 0*				
12. 1. „	„	*+ 0*				
20. 1. „	„	*− 0,002*				
30. 1. „	„	*− 0,003*				
4. 2. „	„	*− 0,003*				
13. 2. „	„	*− 0,004*				
16. 2. „	*Ausschuß*					

Abb. 111 b. Stammkarte für Passungswerkzeuge (Rückseite).

von dort nur über den Meßraum der Werkzeugausgabe wieder zugeleitet werden kann. Die Ausgabe des geprüften Passungswerkzeuges erfolgt an einem von der Annahme getrennten Schalter. Mit dieser örtlichen Anordnung wird die Ausgabe eines Passungswerkzeuges, das nicht den Weg über den Meßraum genommen hat, verhindert. Den gleichen Weg nehmen neu hereingenommene Passungswerkzeuge. Über jedes Stück wird im Meßraum eine Stammkarte geführt, auf der neben den wichtigsten Angaben über das Passungswerkzeug der Befund, die ausgeführten Ausbesserungsarbeiten und die entstandenen Kosten von Fall zu Fall verzeichnet werden. Es empfiehlt sich, diese Karte je nach Art des Werkzeuges in unterschiedlichem Farbton zu halten. Ein Muster einer solchen Stammkarte zeigt Abb. 111a und b. Jeder mit Passungswerkzeugen arbeitende Betrieb muß in regelmäßigen Zeitabständen die Werkzeuge zur Prüfung einziehen. In welchen Zeitabständen dies zu erfolgen hat, hängt von der Fertigungsstufe und von der Entwicklung des Austauschbaues

Abb. 112. Werkzeugausgabe. — Dreherei.

(ob Feinmechanik, Präzisionsmaschinenbau, allgemeiner Maschinenbau usw.) ab. Über die Benutzungsdauer von Passungswerkzeugen müssen von der Prüfstelle herausgegebene Betriebsvorschriften, die von Fall zu Fall der Fertigung anzupassen sind, entscheiden.

Durch Werkzeugnormung wird die Bereitstellung, Lagerung, die Ausgabe, sowie das planmäßige Werkzeugprüfen vereinfacht und der Lagerbestand erheblich verringert. Die Normenblätter enthalten außer den wichtigsten Maßangaben noch die Lagerzeichen der Werkzeuge. Abb. 112 zeigt eine Werkzeugausgabe in einer Dreherei. Die vorrätig gehaltenen Musterstähle sind ausgehängt, wodurch sich der Abfertigungsdienst vereinfacht und beschleunigt.

Für übersichtliche und geordnete Lagerung der Werkzeuge in der Ausgabestelle sind die Lagergestelle, Fächer und Ständer möglichst einheitlich auszubilden. Regale und Ständer in genormter Ausführung können bequem an anderer Stelle untergebracht werden. Erweiterungen, die oft dadurch entstehen, daß in der alphabetischen oder ziffernmäßigen Reihenfolge eine Einschaltung erfolgt, erfordern eine weitgehende Austauschbarkeit der Fachgrößen. Die Kennzeichen sollen gut sichtbar an jedem Fach angebracht sein und der Inhalt eines Gestelles durch geeignete Hinweisschilder am Anfang und Ende jeder Reihe kenntlich gemacht werden. Der Lagerort irgendeines Werkzeuges wird dadurch unabhängig von dem Gedächtnis oder der Gewöhnung des Ausgebers. Werkzeugausgabestellen sollen möglichst im Schwerpunkt des Betriebes liegen. In Werkstätten mit großer Ausdehnung wird die Belieferung der Arbeitsplätze mit Werkzeugen von einer Zentralstelle aus zu weitläufig; Abhilfe kann durch Einrichtung von Werkzeughilfsstellen, die nur das für die Werkstatt notwendige Werkzeug enthalten, erfolgen.

Werkstoff-Bereitstellung.

Für einen ununterbrochenen Arbeitsablauf ist rechtzeitige Bereitstellung[1] aller Werkstoffe für die Ausführung eines Fertigungsauftrages erforderlich. Der Werkstoff muß am Arbeitsplatz sein, bevor der Auftrag an den Arbeiter erteilt wird. Nicht in allen Werkstätten wird der Werkstoff nach stets gleichem Schema angefordert oder bereitgestellt werden können, da die Bereitstellung von der Fertigungsart abhängt.

In der Einzel- und kleinen Reihenfertigung werden von der Vorbereitungsstelle, die auch die Werkstoffbereitstellung veranlaßt, Materialnachweise geführt, die sämtliche vom Lager geführten Materialien, nach Art, Abmessungen und Kennzeichen, jedoch ohne Angaben der Mengen, enthalten. Solche Teile, die fertig zum Einbau lagern (fertig bezogene Teile und Zwischenfabrikate), sind durch den Buchstaben F (Fertig) ausgezeichnet, solche Teile, die nur vorgearbeitet auf Lager gehalten werden, also Halbfabrikate, durch den Buchstaben V (Vorgearbeitet) und Werkstoffe durch den Buchstaben W. Werden für einen Fertigungsauftrag Materialien gebraucht, die nicht im Nachweis geführt werden, und daher auch nicht im Lager sind, so muß deren Beschaffung durch die Bedarfsanmeldung eingeleitet werden.

Liegt ein Fertigungsauftrag vor, so fertigt die Vorbereitungsstelle auf Grund der zugehörigen Stückliste die erforderlichen Bezugsunterlagen aus. Diese Unterlagen, die gegebenenfalls nach Haupt- und Hilfslagern

[1] Lit.-Verz. 1, 90, 106a.

zu trennen sind, werden an Hand des erwähnten Materialnachweises ausgeschrieben. Nach dem Belastungsplan werden auf den Bezugsscheinen die Liefertermine vermerkt und dem Lager zugeleitet. Dieses hat die Materialien zum gestellten Termin bereitzuhalten. Je nach dem eingeführten Materialienbezugssystem werden die Werkstoffe entweder abgerufen oder vom Lager zugestellt. In beiden Fällen wird die Belieferung des Arbeitsplatzes durch den Förderauftrag der Arbeitsverteilungsstelle bekanntgegeben. Erfolgt die Belieferung durch planmäßigen Förderverkehr, dann erhält die Arbeitsverteilungsstelle darüber keine besondere Meldung; sie beschränkt sich auf solche Fälle, in denen Unregelmäßigkeiten eintreten.

In der Massen- und Fließfertigung wird für jedes aufgestellte Fertigungsprogramm die Werkstoffbereitstellung nur einmal vorgenommen, während in der Einzel- und kleinen Reihenfertigung die Bereitstellung für jeden einzelnen Fertigungsauftrag erforderlich ist. An Hand der Stücklisten werden in der Reihenfolge des Arbeitsablaufes Sonderstücklisten für die Arbeitsplätze aufgestellt. Diese Listen enthalten alle für das Lager erforderlichen Angaben und Kennzeichen. Der Materialbedarf ist für einen oder mehrere Tage, je nach dem Verbrauch zu bemessen; daneben kann auch die Größe des Ablegeplatzes, das Gewicht und die Sperrigkeit der Teile von Einfluß sein. Die Sonderstücklisten, die unter Umständen auch als Bezugsunterlagen benutzt werden können, gehen dem zuständigen Lager zu, das die Bereitstellung der Werkstoffe und Ersatzteile für die Arbeitsplätze veranlaßt. Ändert sich die tägliche Ausbringung, so muß dem Lager rechtzeitig die veränderte Lieferzeitfolge mitgeteilt werden. Die Förderung der Werkstoffe nach den Arbeitsplätzen erfolgt nach dem Förderplan.

In der Fließfertigung werden den Zusammenbaufließreihen Bereitstellager vorgeschaltet, die den glatten Ablauf der Fertigung sichern. Sie sind möglichst in unmittelbarer Nähe der Fließreihe anzuordnen. Im allgemeinen werden die Materialien im Bereitstellager offen gelagert. Ausgedehnte Bereitstellager erfordern einen besonderen Ausgeber. Abb. 113 zeigt einen Ausschnitt aus einem Bereitstellager der Elektromotorenfertigung.

Ausbesserungsbetriebe verarbeiten neben den im Lager vorhandenen neuen Materialien in großem Umfang auch gebrauchte, aufgearbeitete Teile. Die Eigenart der Ausbesserungsbetriebe bringt es mit sich, daß bei Aufarbeitung bestimmter Erzeugnisse durch Einbau neuer Teile gleichartige alte anfallen, die in größeren Betrieben in Reihenfertigung aufgearbeitet werden. In Betrieben, die z. B. gleichartige oder ähnliche Fahrzeuge unterhalten, ist zur Beschleunigung der Durchlaufsgeschwindigkeit der Austauschbau eingeführt.

Sämtliche Tauschteile sind in einem Tauschteilverzeichnis aufgenommen und werden in einer Lagerbestandskartei geführt und verwaltet, wobei von der Vorbereitungsstelle für jedes Teil ein bestimmter Lagerbestand vorgeschrieben ist. Der Austausch zieht keine Veränderung im Bestand nach sich und wird nicht in der Lagerbestandskartei vermerkt.

Abb. 113. Bereitstellager für eine Zusammenbaufließreihe.

Ist nach dem Fertigungsauftrag oder nach dem Zustandsbefund (Arbeitsaufnahme) der Austausch eines Teiles erforderlich, so wird ein Tauschauftrag ausgestellt. Läßt sich bei der Arbeitsaufnahme nicht mit Sicherheit feststellen, ob das schadhafte Teil aufgearbeitet werden kann, so wird der Tausch trotzdem angeordnet. Hiervon wird nur abgesehen, wenn einwandfrei feststeht, daß eine Aufarbeitung des Teiles unwirtschaftlich ist. In diesem Falle wird an Stelle eines Tauschauftrages ein Bezugsschein für ein neues Teil ausgestellt. Sind in der Tauschstelle eine genügende Zahl aufzuarbeitender Tauschteile der gleichen Art eingegangen, so werden diese Teile mit Fertigungsauftrag an die Werkstatt zur Aufarbeitung weitergeleitet. Wird dort festgestellt, daß die Aufarbeitung für ein bestimmtes Teil nicht mehr lohnt, so wird dieses Teil dem Altstofflager zugeführt und durch ein neues Teil ersetzt.

Die Bereitstellung von neuem Material erfolgt in Ausbesserungsbetrieben in der gleichen Weise, wie auf S. 203 für Neufertigungswerkstätten beschrieben.

Arbeitsprüfung[1].

Die Arbeitsprüfung erstreckt sich auf Güte, Menge, Maßhaltigkeit[2] und Wirkungsweise des Erzeugnisses. Die Anforderungen, die an eine ausgeführte Arbeit zu stellen sind, hängen von der technischen Notwendigkeit und den gestellten Ansprüchen ab. Soweit die Herstellung einer Arbeit von besonderen Bedingungen, Vorschriften oder sonstigen Anweisungen abhängt, müssen diese dem Arbeitsprüfer zugänglich gemacht werden. Abgesehen davon, daß Fehlarbeit Kosten an Lohn und Material verursacht, kann die Weiterarbeit und der Liefertermin eines Auftrages so beeinflußt werden, daß erheblicher Schaden entsteht. Soweit es sich daher um Fehlarbeiten handelt, die durch geeignete Maßnahmen vermieden werden können, müssen Einrichtungen geschaffen werden, durch die die Fehler aufgedeckt und daraus entstehende Folgen verhindert werden. Die Quellen betrieblicher Fehlarbeiten sind vor allem Konstruktions- und Zeichnungsfehler, fehlerhaftes oder falsches Material, fehlerhafte Arbeitsausführung und unsachgemäße Behandlung beim Fördern oder Bearbeiten. Der mit der Arbeitsprüfung betraute Personenkreis muß besonders vertrauenswürdig sein, weshalb dafür nur besonders geeignete Personen ausgewählt werden dürfen. Dem Arbeitsprüfer sollen nur Arbeiten einer bestimmten Fachrichtung zur Prüfung zugeteilt werden. Sein Tätigkeitsbereich hängt von den Anforderungen ab, die an die Arbeitsprüfung gestellt werden.

Die Arbeitsprüfer sind einer neutralen Abteilung anzugliedern oder in einer solchen zusammenzufassen, die am besten unmittelbar der Betriebsleitung unterstellt wird. Eine Beeinflussung der Prüfer von seiten der Fertigungsabteilungen ist unter allen Umständen zu verhindern. Die gleichmäßige und zweckdienliche Durchführung der Prüfung ist, soweit erforderlich, durch besondere Prüfvorschriften zu regeln (Abb. 114).

---

[1] Die Arbeitsprüfung ist ein Teilgebiet des gesamten Prüfwesens in einem Betriebe. Hierzu gehören außerdem noch die Werkstoffprüfung, die Leistungsprüfung und evtl. weitere Prüfungen, wie Versandprüfung oder dgl.

[2] Lit.-Verz. 3, 29.

Die Prüfung hat sich auf alle im Werk gefertigten Arbeiten zu erstrecken. Bevor die Arbeitsprüfung am Stück nicht vorgenommen ist, darf das Werkteil in der Herstellung nicht weiterlaufen, oder, falls diese

.... (Firma)	**Prüfvorschrift**	*FLG 509*

Gegenstand: *Kolbenkörper*	Werkstoff: *Ge 22.91*
Arbeitsgang: *Drehen*	Zeichnung: *G 509*

1. Menge: *nach Angabe des Auftrages*
2. Werkstoff: *dichter, gleichmäßiger Zylinderguß*
3. Oberfläche: *gleichförmig und glatt*
4. Abmessungen: *nach Zchg. G 509*

Lfd. Nr.	Meßflächen	Oberflächen-beschaffen-heit	Passung	Meßwerkzeug
1	*Bohrung 70 ⌀*	▽▽	70^{sB}	*Din 148/70*^{sB}
2	*Durchmesser 219 ⌀*	▽▽	219^{91}	*Din 163/219*^{91}
3	*Ringnuten 203 ⌀*	▽	*203*	*Außentaster*
4	*Ringnutenbreite*	▽▽	6^{sB}	*Din 148/6*^{sB}
5	*Ringnutenabstand*	▽▽	8^{sG} *u.* 85^{91}	*Schablone MK 509*
6	*Steuerkanten*	▽	—	*Schablone MSt 509*
7	*Nabenstirnseite vorn*	▽	—	*Schieblehre*
8	„ *hinten*	▽▽	—	*Schieblehre*

Bemerkungen:

Prüfnachweis auf dem Werkstück mit Schlagstempel an der auf Zeichnung *FL 509* mit ◐ bezeichneten Stelle

Ausgefertigt: *12. 2. 32* *Böhlke*	Geprüft: *13. 2. 32* *Helbich*

Abb 114. Prüfvorschrift.

beendet ist, weder dem Lager zugeführt noch unmittelbar zum Verbrauch kommen. Werkstücke, die den Bedingungen der Arbeitsunterlagen nicht entsprechen, also fehlerhaft sind, sind aus dem Fertigungsgang so zu entfernen, daß sie auf anderem Wege für solche Zwecke nicht wieder zur Verwendung kommen können.

Gegenstand und Bearbeitung

Vorgang Nr. ....

Werkstoff: *Gußeisen 180—200 Brinellz.*

100 Gußteile (Mod. Nr. 1780)

kompl. bearbeiten nach Arb.-Unterweisung Nr. 206

Liefertermin: *17. 1. 31* Arbeitsbeginn: *15. 1. 31.*

Abtlg.	Auftragsbezeichnung	
87	*K 22678*	den *12. 1. 31.*

Wkzg. Masch. Nr.	Type	Arbeitskarte Nr.	Pos. Nr.
7070	*III/20*	Nr. *7*	*1*

Handarb. Pl. Nr.	Zeichngs.-Nr.	Teil-Nr.
—	*N 70380*	*1*

	Werkzeug —	Zulief. Nr. —
	Platz Nr. —	v. Abtlg. Nr. —

Diese Karte geht mit der Arbeit weiter

Bearbeitung		gefert. Werkstücke			Revisor		Lieferung			Erhalten	
Art	von	gute	M.-A.	A.-A.	Dat.	Name	anAbt.	Teil-	Rest-	Dat.	Name
Drehen	*Meier*	*100*	—	—	*15/1*	*Schulze*	*14*	—	*100*	*15/1*	*Lehmann*
Bohren	*Körner*	*98*	—	*2*	*16/1*	*Müller*	*22*	—	*98*	*16/1*	*Konrad*
Fräsen	*Arnold*	*97*	*1*	—	*17/1*	*Hermann*	*25*	—	*97*	*17/1*	*Korn*
Nuten	*Kranz*	*97*	—	—	*17/1*	*Schmidt*	*26*	—	*97*	*17/1*	*Stumpf*

Abb. 115. Arbeitsbegleitkarte.

Die Arbeitsprüfung erfolgt entweder in abgetrennten Prüfräumen oder unmittelbar am Arbeitsplatz. Besondere Räume kommen dann in Frage, wenn die erforderlichen Meßmittel, wie Prüfmaschinen, Prüfstände und Meßvorrichtungen so umfangreich und schwer zu fördern sind, daß eine Messung am Platz des Arbeiters unmöglich ist und deshalb die Förderung der Werkteile mit den entsprechenden Arbeitsunterlagen nach dem Prüfraum erforderlich wird. Andererseits erfordert die Förderung der Werkteile zum Prüfraum unter Umständen erhebliche Kosten. Die Prüfstelle soll keine Anlieferung von Werkstücken annehmen, bei denen die Begleitkarte fehlt (vgl. Abb. 115). Abgetrennte Räume haben den Vorzug, daß zurückgewiesene, als Ausschuß erkannte Arbeitsstücke nicht erneut vom Arbeiter vorgelegt werden können. Außerdem kann dem Prüfer dort auch mehr Arbeit zugeteilt werden, da er von allen Gängen in der Werkstatt befreit ist.

Eine Prüfung am Arbeitsplatz kommt dann in Frage, wenn die Schwere und Sperrigkeit der Werkteile eine Förderung nach besonderen Prüfstellen nicht zuläßt. Es ist dann angebracht, den von Platz zu Platz gehenden Prüfer mit einem fahrbaren Prüftisch auszurüsten.

Zu den Prüfmitteln rechnen alle Geräte und Einrichtungen, die geeignet sind, eine ausgeführte Arbeit auf ihren werkgerechten Zustand zu prüfen. Mit welchen Mitteln eine Arbeit zu prüfen ist, hängt im allgemeinen davon ab, welche Anforderungen an die ausgeführte Arbeit gestellt werden.

Die Arbeitsprüfung hat unmittelbar nach Ausführung eines Arbeitsauftrages einzusetzen. In der Serien- und Massenfertigung setzt die Prüfung während oder im Anschluß an die Ausführung des ersten Stückes ein. Demnach gliedert sich die Arbeitsprüfung unter Umständen in Vor- und Schlußprüfung. Die Vorprüfung bezweckt, die Übertragung von Fehlarbeiten auf die übrigen Arbeitsstücke desselben Auftrages zu verhindern und somit die sachgemäße Ausführung eines ganzen Auftrages zu sichern. Die Anweisung zur Ausführung der Vor- oder Schlußprüfung erhält der Arbeitsprüfer durch einen besonderen Prüfauftrag (Abb. 116) oder durch den Arbeitsauftrag.

Ist ein Arbeitsstück abgenommen, d. h. sind alle vorgeschriebenen Bedingungen für die Ausführung des Arbeitsauftrages erfüllt, so ist durch Prüfstempel oder durch Prüfmarken das Werkstück zu kennzeichnen. Die Stempelung kann vorgenommen werden mit Schlag- oder Gummistempel. Die Merkmale der Arbeitsprüfung müssen derart sein, daß sie von Unbefugten nicht weiter nachgebildet oder entfernt werden können.

Jeder Arbeitsprüfer hat sein eigenes Kennzeichen zu führen. Die Art desselben, ihre Ausbildung und die Stelle am Werkstück, an der das Merkmal anzubringen ist, wird gegebenenfalls in besonderen Prüfvorschriften

Prüfauftrag.

Vorprüfung Arbeit an den ersten Stücken geprüft und *gut* befunden *Richter*	B *DA 4 H 15*			
	A *2 A 4 H 1*			
	Am Arbeitsplatz	anzuliefern *100*	Stückzahl	*100*
			Zeichn.-Nr.	*D 2 A 45*
Schlußprüfung Fertige Arbeit mit nachstehendem Ergebnis geprüft *Richter*		angeliefert *99*	Arbeitsplatz	*MS 7*
	Arbeiter *Scholz* (Name) *241* (Ktr. Nr.)			

Nacharbeit	Materialausschuß	Für andere Zwecke verwendbar	Arbeitsausschuß	Fehlstücke (Verlust)	Abgang insgesamt	In Ordnung
3	/	/	/	*1*	*4*	*96*

Abfertigung		Lohnbüro		A E A E	Statistik				
Ha		*Sa*		2	*Me*		*22. April 4035* *22. April 3920*	*1*	*15*
Tg.	Mt.	Tg.	Mt.	1	Tg.	Mt.	*19. April 1580* *19. April 1545*		*35*
22.	*IV.*	*23.*	*IV.*		*29.*	*IV.*	Gesamt-Std.	*1*	*50*

Abb. 116. Prüfauftrag.

angeordnet. Es empfiehlt sich, die aufgekommenen Fehlarbeiten statistisch zu erfassen und laufend der Betriebsleitung zu melden.

Unbrauchbare Stücke sind zu sondern in solche, die nachgearbeitet oder für andere Zwecke nutzbar gemacht werden können, und solche, die so unbrauchbar geworden sind, daß sie für die Zwecke des eigenen Betriebes keine Verwendung mehr finden können.

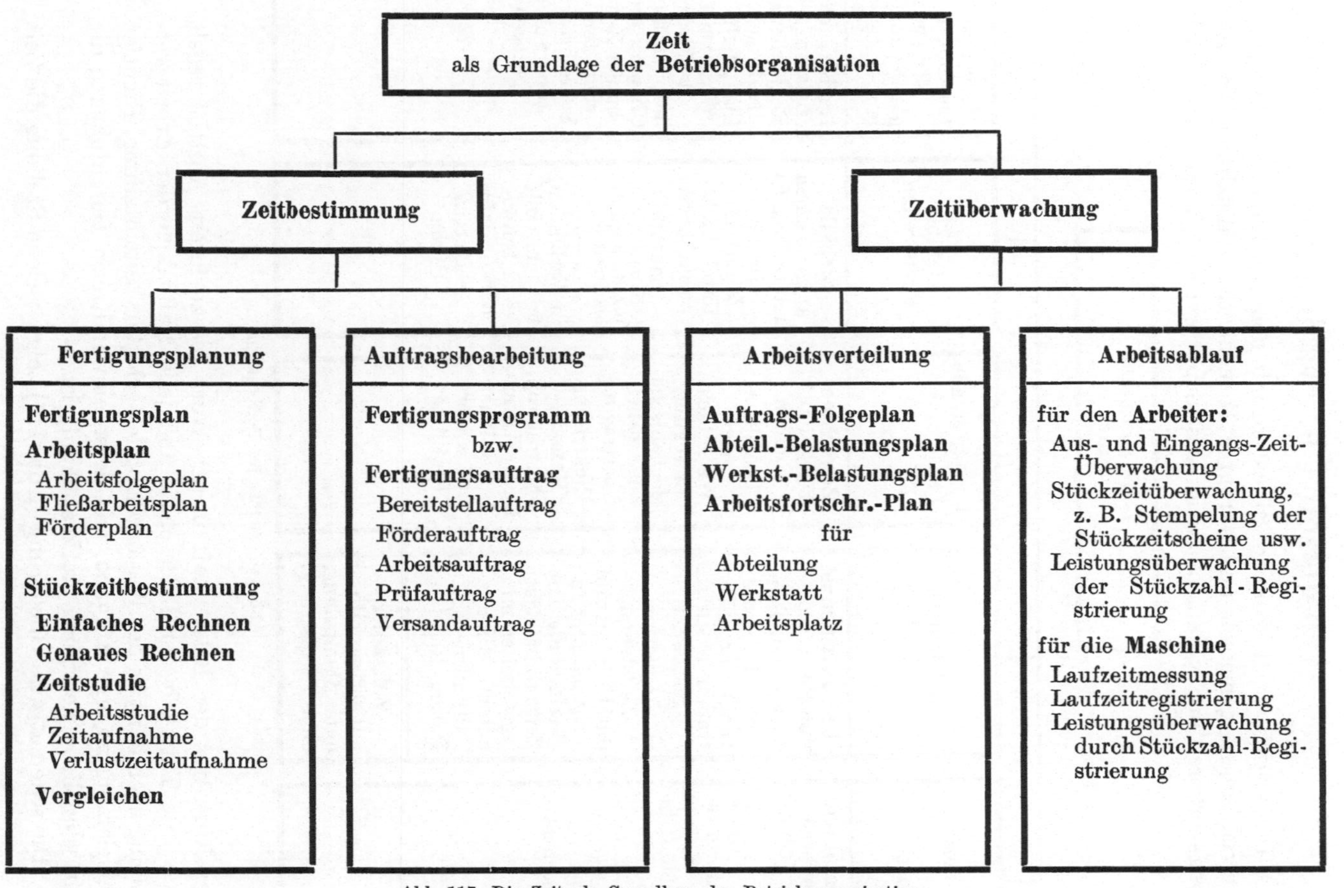

Abb. 117. Die Zeit als Grundlage der Betriebsorganisation.

Arbeitszeit-Überwachung.

Im Betrieb ist die Zeit der Maßstab, mit dem die Dauer von Arbeitsverrichtungen gemessen und darauf aufbauend die Maßnahmen der Arbeitsvorbereitung vorausschauend bestimmt werden. Vom Augenblick

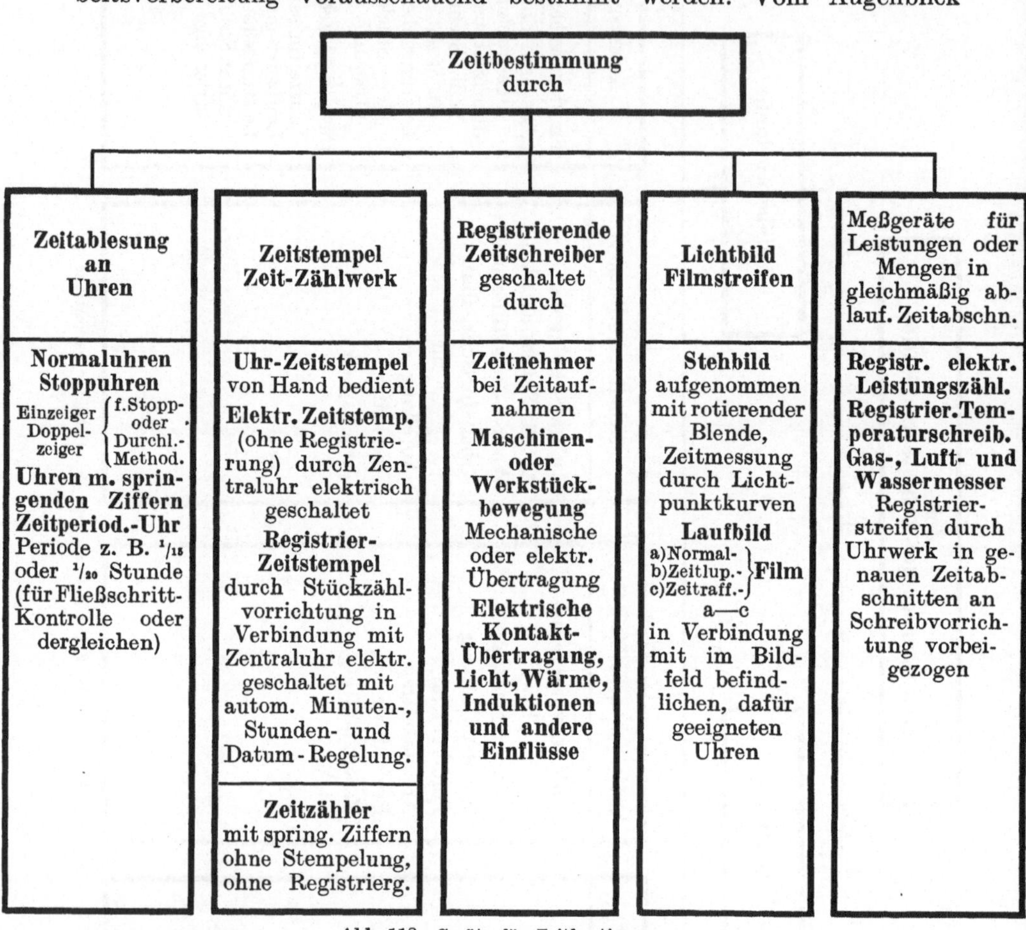

Abb. 118. Geräte für Zeitbestimmung.

des Eintrittes der Belegschaft in das Werk bis zu ihrem Austritt regelt sich jede Tätigkeit der Belegschaft und jede Maßnahme der Arbeitsverteilung nach der von der Werksleitung festgelegten Zeiteinteilung. Richtige Zeitplanung ist eine Aufgabe, von deren einwandfreien Durchführung die wirtschaftliche Fertigung stark abhängig ist.

Die schematische Gliederung (Abb. 117) zeigt, welche Stellung die Zeit in der Betriebsorganisation[1] einnimmt. Es ist grundsätzlich zwischen den Maßnahmen für die Zeitbestimmung sowohl für die Fertigungsplanung als auch Auftragsbearbeitung und Arbeitsverteilung und den Maßnahmen für die Zeitüberwachung bei der Arbeitsverteilung und dem Arbeitsablauf im Betrieb zu unterscheiden. Die Zeitbestimmung erfolgt für die Fertigungsplanung und Auftragsbearbeitung in Einheiten der Belastungszeit und für die Arbeitsvorgabe in Einheiten der Vorgabezeit. Die Zeit-

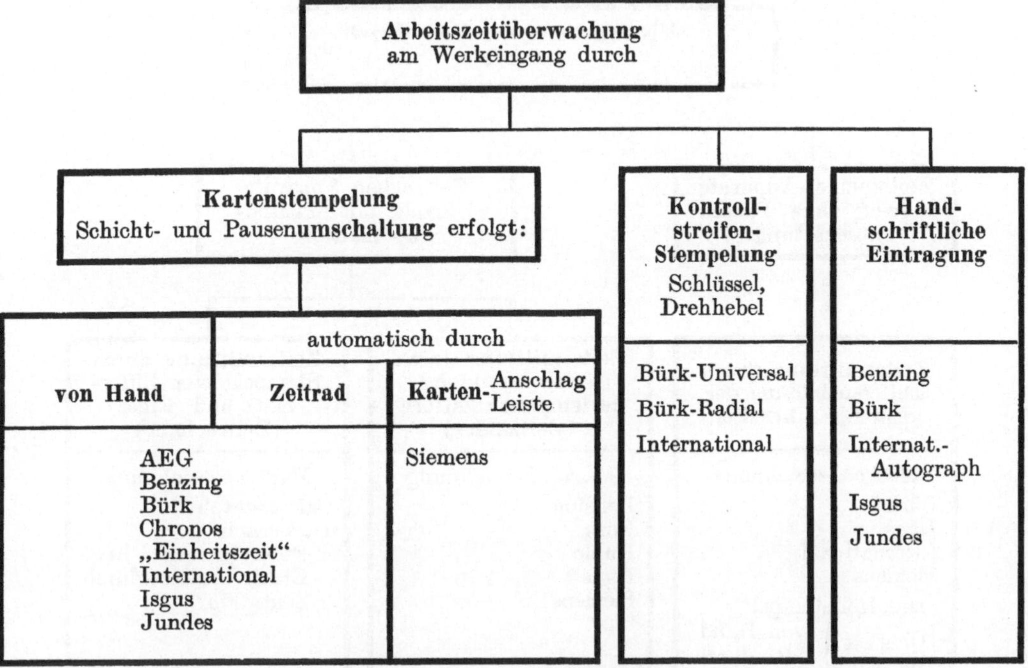

Abb. 119. Geräte für Zeitüberwachung.

überwachung prüft, ob der Arbeitsablauf in den durch die Arbeitsplanung festgelegten Zeiten vor sich geht.

Die Bestimmung und Überwachung der Arbeitszeit im Betrieb wird je nach dessen Größe, Fertigungsart und Organisationsstufe unterschiedlich gehandhabt. In kleinen Betrieben ist sie in der Hauptsache auf die Betriebsleitung und die Meister beschränkt. Die fortschreitende Entwicklung der betrieblichen Zeitbewirtschaftung gab Veranlassung zur Konstruktion der verschiedenartigsten Zeitüberwachungsgeräte. Abb. 118 bis 120 geben eine Übersicht über die Geräte und Möglichkeiten der Zeit-

[1] Lit.-Verz. 26, 51, 97.

überwachung. Die Anzahl der für diese Zwecke angebotenen Geräte ist groß, so daß es nicht immer leicht ist, die für den jeweiligen Zweck bestgeeigneten auszuwählen. Zur besseren Übersicht sind in der Abb. 118 die bekanntesten Arten der Zeitmeßgeräte in ihre Hauptgruppen unterteilt, während in Abb. 119 und 120 die handelsüblichen Marken, unterteilt nach Konstruktionsprinzip, gegenüberstehen. Die Aufstellungen erheben bei der großen Zahl der vorhandenen und ständig hinzukommenden Zeit-

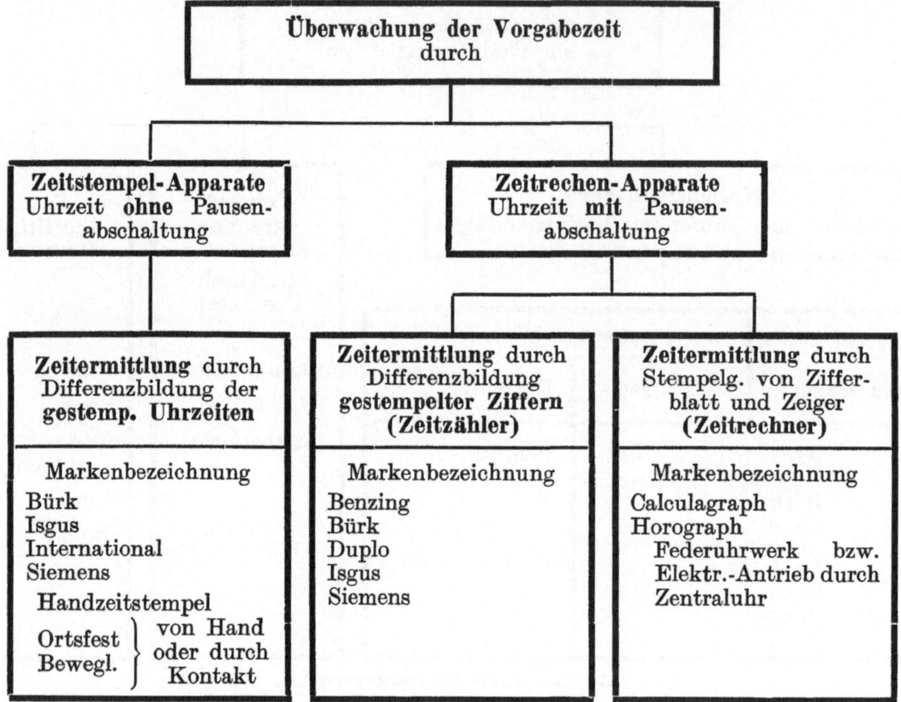

Abb. 120. Überwachung der Vorgabezeit in der Werkstatt.

meßgeräte keinen Anspruch auf Vollständigkeit. Bei der Beschreibung der verschiedenen Verfahren und Arten der Zeitüberwachung sind nur einige besonders typische Geräte als Prinzipbeispiele behandelt.

Zur Überwachung der Ein- und Ausgangszeit werden Stempeluhren verwendet, die entweder ein eigenes Uhrwerk haben oder an ein Zentraluhrensystem angeschlossen sind. Ihr Prinzip beruht darauf, daß durch das Uhrwerk Stempelziffern weitergeschaltet werden, mit denen durch ein Hebelwerk Tag und Zeit auf Kontrollkarten gestempelt werden. Da für Ein- und Ausgang auf den Karten verschiedene Spalten vorgesehen sind, muß das Stempelwerk umgeschaltet werden. Dies erfolgt entweder von Hand, durch ein Schaltrad oder automatisch. Die Stempelkarte (Abb. 121) wird einem neben der Uhr angebrachten Kartenschrank entnommen und

Nr. **136** Stempeln der Karte eines andern ist verboten! Irrtümer oder Fehler beim Stempeln sind sofort dem Meister zu melden

Name *Aug. Fischer*

Lohnperiode vom *19. Nov.* bis *25. Nov.* 1931

Tag	Vormittag		Nachmittag		Unterbrechung		Total
	Kommt	Geht	Kommt	Geht	Kommt	Geht	
Mo.	MO 7 00	MO 12 02	MO 13 24	MO 17 12			
Di.	DI 6 55	DI 12 04	DI 13 19	DI 17 15			
Mi.	MI 6 53	MI 12 06	MI 13 27	MI 17 20			
Do.	DO 7 01	DO 12 01	DO 13 18	DO 17 22	DO 10 01	DO 11 00	*−1*
Fr.	FR 6 56	FR 12 03	FR 13 26	FR 20 02			*+2,8*
Sa.	SA 6 59	SA 11 05					
So.							

Gesamtstunden

für *48*	Lohnstunden	zu *115*	RM	*55,20*
„ *1,80*	Überstunden.	„ *126,5*	„	*2,28*
„ —	Akkordarbeit	„ —	„	—
		Gesamtverdienst	RM	*57,48*

Abzüge:

Krankenversichg.	RM *3,95*		
Strafen	„ —,—		
Steuer à RM........	„ *1,70*		
Vorschuß	„	RM	*5,65*
	Auszuzahlen	RM	*51,83*

Reklamationen werden nur sofort nach der Lohnzahlung berücksichtigt.

Abb. 121. Stempelkarte für Ein- und Ausgangsüberwachung.

darauf am Eingang zur Werkstatt, in manchen Betrieben auch am Werktor, Tag- und Eingangs- bzw. Ausgangszeit gestempelt. Die abgestempelte Karte wird in einem zweiten Kasten abgelegt. Grundsätzlich soll zur Einhaltung der verlangten Soll-Arbeitszeit das Stempeln erst dann erfolgen, wenn sich der Arbeiter in der Garderobe bereits zur Arbeitsaufnahme vorbereitet hat. Kurze Zeit nach Arbeitsbeginn werden die Kartenschränke verschlossen; zu spät kommende Arbeiter müssen sich bei ihrem Meister melden. Außer der Reihe liegende Aus- und Eingänge werden automatisch in unterschiedlichem Farbton, z. B. rot gegenüber schwarzen Ziffern gestempelt. Einige typische Arten handelsüblicher Geräte sind in Abb. 119 und 120 aufgeführt. In Abb. 122 ist eine Zeitüberwachungsuhr mit einer Einrichtung für einen Sonderzweck dargestellt. Diese läßt in unbestimmter

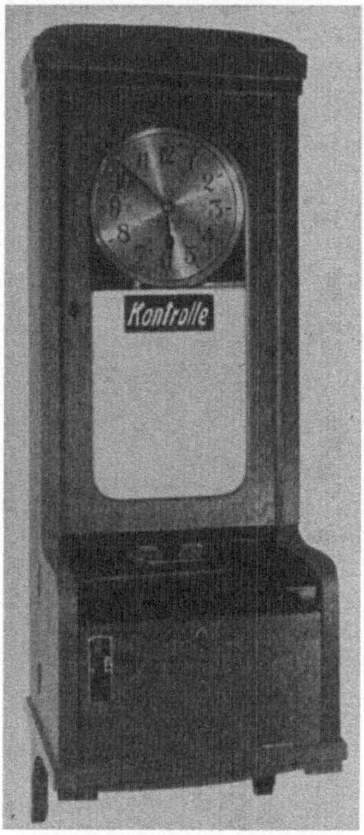

Abb. 122. Zeitüberwachungsuhr mit Sondereinrichtung.

Abb 123. Zusatzapparat für Zeitüberwachungsuhren.

und unkontrollierbarer Reihenfolge das Wort „Kontrolle“ aufleuchten, wobei ein Klingelzeichen ertönt. Eine solche Einrichtung läßt sich im Zusammenhang mit jeder im Betrieb vorhandenen Zeitkontrolle evtl. auch in getrennter Ausführung von der Uhr aufstellen. Die diesem Zweck dienende Zusatzeinrichtung ist in Abb. 123 dargestellt. Der Arbeiter, bei welchem das Wort „Kontrolle“ aufleuchtet, ist verpflichtet, sich einer körperlichen Untersuchung zu unterziehen. Die nicht vorauszusehende mechanisch bestimmte Reihenfolge verhindert, daß sich empfindliche Naturen dadurch verletzt fühlen. Eine andere Art der Ein- und Ausgangskontrolle wird mit dem in Abb. 124 gezeigten Einschreibeapparat ausgeübt. Dieser kommt hauptsächlich für die Ein- und Ausgangsüberwachung von Angestellten in Frage. Bei Eintritt hat jeder Angestellte seinen Namen eigenhändig auf den Kontrollstreifen einzutragen und die Uhrzeit daneben zu stempeln. Der Apparat erfordert keine Stempelkarten und Kartenschränke. Für die Werkstatt kommt dieser Apparat weniger in Frage, da die in der Werkstatt beschäftigten Personen zumeist eine schwer leserliche Handschrift haben.

Abb. 124. Einschreibeapparat für Ein- und Ausgangsüberwachung.

Abb. 125. Stempeluhr für Ein- und Ausgangsüberwachung.

Die in langjähriger praktischer Anwendung der Zeitstempeluhren gesammelten Erfahrungen trugen dazu bei, eine Reihe Unvollkommenheiten dieser Uhren zu beseitigen. Es war z. B. möglich, Unregelmäßigkeiten beim Ein- oder Ausgang durch absichtliches Fehlstempeln zu verdecken. Bei dem in Abb. 125 dargestellten Apparat ist dies dadurch unmöglich, daß die Umschaltung von Eingang auf Ausgang oder umgekehrt nicht mehr durch den Arbeiter, sondern automatisch erfolgt. Beim ersten Zeitaufdruck für den Eintritt in das Werk wird die Karte gleichzeitig am rechten Rand gelocht (Abb. 126), wodurch die Karte bei der nächsten Stempelung auf Ausgang gestempelt wird. Bei der Ausgangsstempelung

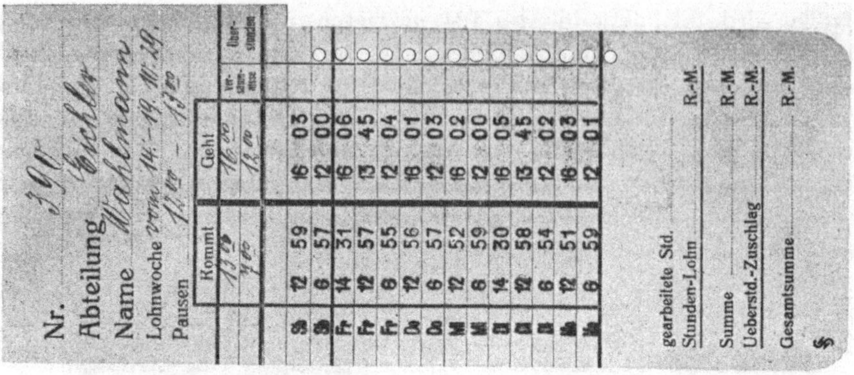

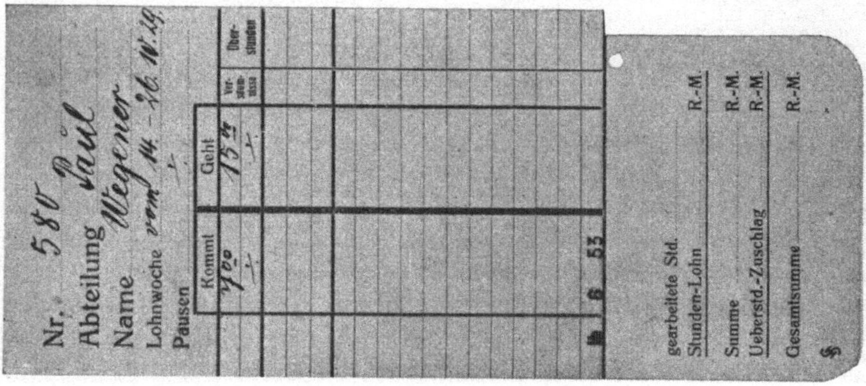

Abb. 126. Stempelkarte nach der ersten Benutzung.

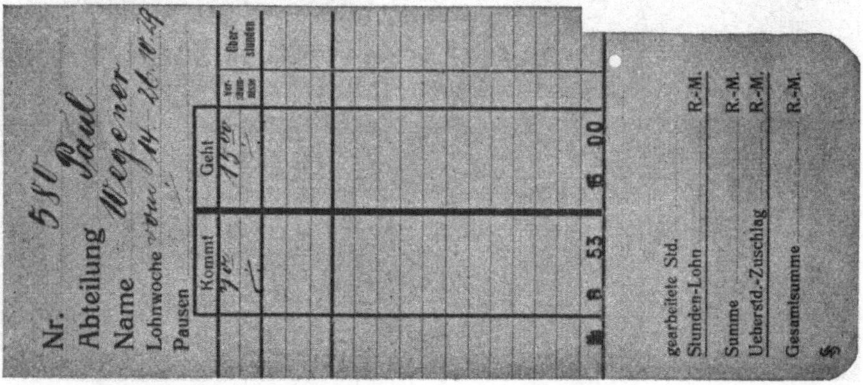

Abb. 127. Stempelkarte nach der zweiten Benutzung.

Abb. 128. Stempelkarte mit Unregelmäßigkeiten.

wird der Absatz am rechten Rand der Karte um eine weitere Zeile ausgeschnitten (Abb. 127), wodurch die Karte für die nächste Stempelung um diese Zeile tiefer in das Typenwerk gesteckt werden kann. Lochen und Ausschneiden wechseln ab und steuern dadurch den Apparat abwechselnd von Eingang auf Ausgang und umgekehrt.

Der auf der Karte sichtbare obere und untere Begrenzungsstrich des für 12 Stempelungen bestimmten Stempelfeldes soll die regelmäßige Anwesenheit im Werk leicht erkenntlich machen. Unregelmäßigkeiten beim Ein- und Ausgang fallen dadurch auf, daß das Stempelfeld überschritten ist. In Abb. 128 hat der Inhaber der Karte z. B. am Dienstag und Freitag aus persönlichen Gründen die Arbeit während der Schicht unterbrochen. Durch die infolgedessen hinzukommenden Stempelungen wird der aufgedruckte obere Grenzstrich überschritten und die Unregelmäßigkeit wird sofort vom Lohnbeamten bemerkt.

Zeitstempel.

Zeitstempel, bei denen das Uhrwerk im bewegten Teil des Stempels angeordnet ist, sind von elektrischen Leitungen unabhängig. Das Werk wird aber durch die Schläge beim Stempeln und unter dem Einfluß rauher Behandlung in seiner Genauigkeit beeinflußt. Es ist zum Teil auch möglich, den stempelnden Zeiger nachträglich zu verstellen; deshalb sind Betriebe mit Zentraluhrenanlagen dazu übergegangen, elektrische Zeitstempel zu verwenden. Die Stempelung erfolgt durch ein Ziffernwerk, das von Hand oder durch elektrischen Druckmagneten betätigt wird. Elektrische Zeitstempel werden vorzugsweise in Registraturen oder in der Eingangsstelle von Schriftstücken, aber auch beim Pförtner für Aus- und Eingänge, in der Werkstattförderzentrale usw. verwendet. Außer der Zeit kann ein beliebig feststehender Text von bestimmtem Umfang mitgestempelt werden.

Abb. 129 zeigt den Zeit-Stück-Banddrucker von F. Ludwig, der für die Stückleistungs-Überwachung je Zeiteinheit, besonders an Fließbändern, benutzt wird. Der Apparat ist aus Normalstempeln zusammengestellt und arbeitet in Verbindung mit einer elektrischen Kontakteinrichtung, über die die gefertigten Stücke wandern (Abb. 130). Die Kontakteinrichtung wird zweckmäßig an einer für Unbefugte nicht zugänglichen Stelle, in Abb. 130 z. B. an der Laufschiene eines Fördermittels an der Decke, angebracht. Der Zeit-Stück-Banddrucker druckt z. B. den Zeitpunkt der Fertigstellung eines Erzeugnisses sowie deren Anzahl auf einen laufenden Papierstreifen (Abb. 131). Darauf ist dann z. B. zu erkennen, daß am 17. 10. bis 11.30 Uhr

472 Stück fertig geworden sind. Der Registrierstreifen zeigt weiter an, daß seit Beginn der Woche 1100 Stück und seit Monatsbeginn 11627 Stück gefertigt worden sind. Der Apparat stempelt also die täglich, wöchentlich und monatlich erzeugte Menge bei gleichzeitiger Stempelung des Zeitpunktes des Durchlaufes der Erzeugnisse. Betriebspausen werden durch Verbindung des Zeitstempels mit einer Nebenuhr mit Pausenschaltung bei der Registrierung übersprungen. Wird die elektrische Kontakteinrichtung mit einer automatischen Wiegeeinrichtung versehen, die im Augenblick des Durchlaufes das Gewicht des Erzeugnisses feststellt, z. B. eine Waage mit

Abb. 129. Zeit-Stück-Banddrucker nach Ludwig (D. R. P.) mit automatischer Pausenschaltung.

Abb. 130. Kontakteinrichtung für Zeit-Stück-Banddrucker.

0 0 4 7 2	1 1 30
0 0 4 7 1	1 1 29
0 0 4 6 9	1 1 28
0 0 4 6 7	1 1 27
0 0 4 6 5	1 1 26
0 0 4 6 3	1 1 25
0 0 4 6 2	1 1 24
0 0 4 6 0	1 1 23
0 0 4 5 7	1 1 22
0 0 4 5 5	1 1 21
0 0 4 5 3	1 1 20
0 0 4 5 1	1 1 19
0 0 4 4 9	1 1 18
0 0 4 4 7	1 1 17
0 0 4 4 6	1 1 16
0 0 4 4 4	1 1 15
0 0 4 4 2	1 1 14
0 0 4 4 0	1 1 13
0 0 4 3 9	1 1 12
0 0 4 3 7	1 1 11
0 0 4 3 5	1 1 10
0 0 4 3 2	1 1 09
0 0 4 3 1	1 1 08
0 0 4 2 9	1 1 07
0 0 4 2 7	1 1 06
0 0 4 2 5	1 1 05
0 0 4 2 3	1 1 04
0 0 4 2 1	1 1 03
0 0 4 2 0	1 1 02
0 0 4 1 7	1 1 01
0 0 4 1 5	1 1 00
0 0 4 1 3	1 0 59
0 0 4 1 1	1 0 58

11627 17. X. 29 11^{00}

Abb. 131. Zeit-Stück-Banddrucker. Addierende Ziffern-Registrierung.

Zifferblatt und Kontakteinrichtung, so können durcheinander verschiedene Typen registriert werden, sofern sich ihr Gewicht innerhalb bestimmter Grenzen bewegt.

Die einfachste Art der Überwachung der Vorgabezeit ist die Eintragung der für eine Arbeit verbrauchten Arbeitszeit in den Arbeitsauftrag. Selbst wenn diese Eintragung sofort nach Ausführung des Auftrages erfolgen würde, so bliebe immer noch der Einwand der subjektiven Fehlermöglichkeit. Tatsächlich wird aber in manchen Betrieben die für einen Arbeitsauftrag verbrauchte Zeit erst bei Abrechnung sämtlicher Arbeitsaufträge am Ende der Woche vorgenommen. Die dann eingetragenen Arbeitszeiten entsprechen infolgedessen nicht mehr der wirklich verbrauchten Zeit.

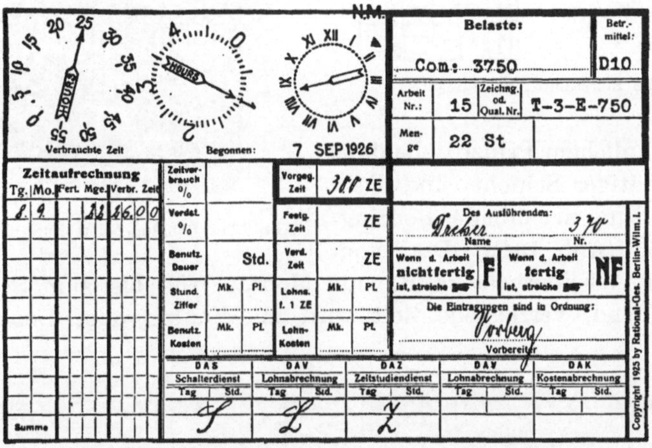

Abb. 132. Mit Calculagraph gestempelter Arbeitsauftrag.

Diese Erkenntnis hat dazu geführt, Stempeluhren einzuführen, mit denen Beginn und Ende einer Arbeit in dem Auftrag vermerkt wird.

In Abb. 120 ist eine Übersicht über die zur Überwachung der Vorgabezeit gebräuchlichsten Apparate gegeben. Die Zeitstempel, z. B. „Calculagraph“ und „Horograph“, besitzen zentrisch angeordnete Zifferblätter, bei denen der Aufdruck auf den Arbeitsauftrag durch Hebeldruck erfolgt. Bei Vorgabe der Arbeit wird der Auftrag von der Arbeitsausgabestelle mit der Anfangsstempelung (Zifferblätter ohne Zeiger) und nach Beendigung der Arbeit mit dem Schlußstempel versehen, wobei die Zeit durch Einstempeln der Zeiger in die leeren Zifferblätter angezeigt wird (Abb. 132 u. 133). Während der Betriebspausen und sonstigen Ruhezeit wird das Zählwerk durch den Arbeitsausgeber ausgeschaltet, so daß nur die wirklich verbrauchte Zeit gezählt wird. Dem gleichen Zweck dienen die auf

S. 219 beschriebenen elektrischen Zeitstempel, die fortlaufend Zeitabschnitte, z. B. Minuten oder Zehntelstunden, vom Beginn der Woche bis zum Ende zählen, wenn sie an eine elektrische Nebenuhr mit Pausenschaltung angeschlossen werden.

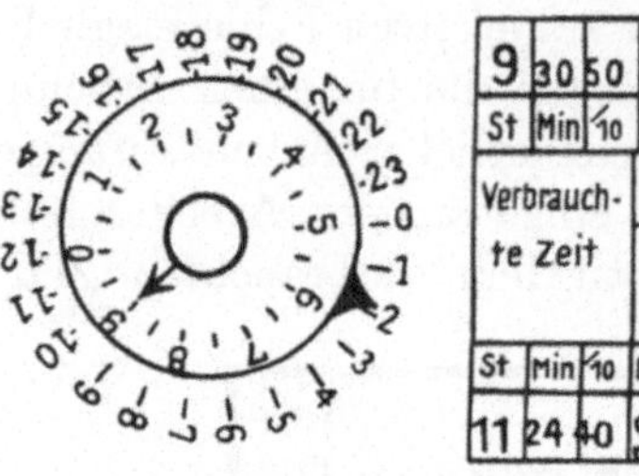

Abb. 133. Zeitstempel-Horograph.

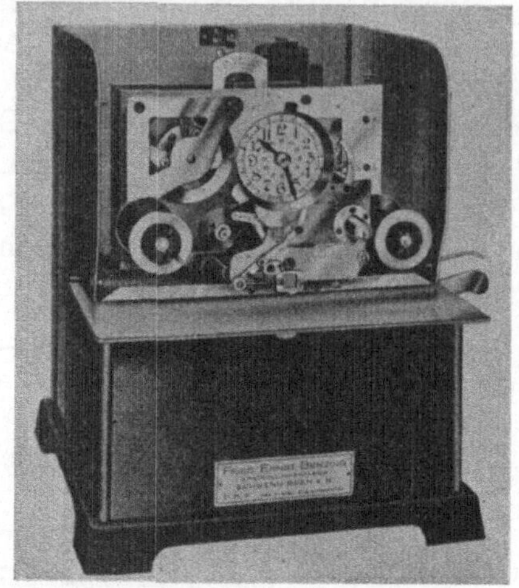

Abb. 134. Benzing-Zeitrechner. Innenansicht.

Nach ähnlichem Prinzip, ebenfalls mit selbsttätiger Schicht- und Pausenumschaltung, arbeitet der Benzing-Zeitrechner (Abb. 134). Die vom Beginn der Arbeitswoche, z. B. vom Montag früh bis zum Schichtende am Sonnabend, verflossene Zeit wird in Minuten oder Dezimalzahlen

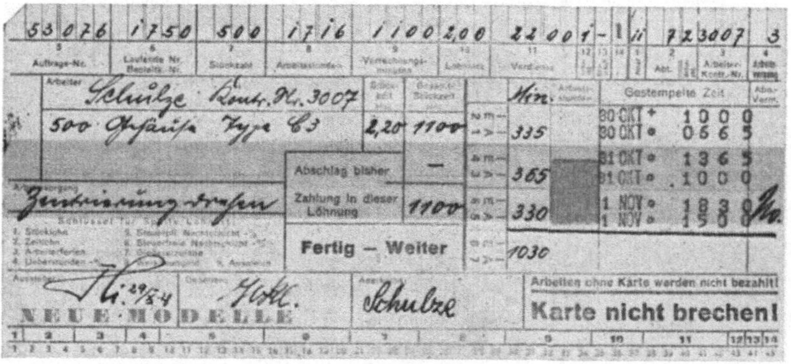

Abb. 135. Stückzeitschein auf Lochkarte (Dualkarte). Stempelung durch Benzing-Zeitrechner.

einer Stunde gezählt. Die Stempelung erfolgt durch Typenräder, die in bestimmten Zeitintervallen weiterschalten. Beim Beginn der zweiten Schicht schaltet sich der Apparat selbsttätig um eine Schicht zurück. Die Zeitzählung wird dann durch ein Pluszeichen als Doppelschichtzählung gekennzeichnet. Abb. 135 zeigt als Anwendungsbeispiel einer Arbeitszeitstempelung eine als Stückzeitschein benutzte Dualkarte nach dem Lochkartensystem. Bei Zeitstempeln darf die Schlußstempelung der beendeten Arbeit stets nur mit der Anfangsstempelung der neu anzufangenden Arbeit zusammen ausgeführt werden. Arbeitsunterbrechungen sind durch besondere Zwischenzeitstempelungen auf einem Sondervordruck zu belegen, damit eine lückenlose fortlaufende Zeitkontrolle aller geleisteten Arbeiten vom Beginn der Arbeitswoche bis zu ihrer Beendigung vorliegt.

Für die Unkostenermittlung ist die durchschnittliche Belastungszeit jedes Betriebsmittels als Anteil der Schicht-Soll-Zeit erforderlich. Für die Erfassung der Belastungszeiten gibt es eine Reihe statistischer Verfahren, die jedoch von der Gewissenhaftigkeit des Betriebspersonals abhängig sind. Aus diesem Grunde sind Einrichtungen geschaffen, die eine Überwachung der Betriebsmittel-Belastungszeit ermöglichen (Abb. 136). Dieser Apparat wird als Teil des elektrischen Einzelantriebes unmittelbar an die Werkzeugmaschine angebaut. Er zählt die für den Antrieb der Maschine verbrauchten kW-Stunden und die Zeit, während der der Antriebsmotor Strom verbraucht. Durch tägliches Ablesen und Eintragen der Angaben in einen Vordruck (Abb. 137) wird die wirkliche Ausnutzung des Betriebsmittels festgestellt. Die Auswertung der Aufzeichnungen erfolgt durch Vergleich der Soll- und Istzeit und der während der Istzeit verbrauchten kW. Istzeit (Sp. 6 und 9) und verbrauchte kWh (Sp. 5) erhält man durch Differenzbildung der Werte in den Spalten 1 und 3 bzw. 2 und 4. Durch Bildung des Verhältnisses I/S (Sp. 10) wird die täglich prozentuale Ausnutzung des Betriebsmittels nachgewiesen. Spalte 7 gibt den durchschnittlichen Leistungsverbrauch für jeden Tag an. Abweichungen vom Normalverbrauch lassen erkennen, ob das Betriebsmittel stärker oder schwächer als normal belastet war. Durch Beobachtungen über einen längeren Zeitraum wird der spezifische Leistungsbedarf festgesetzt und für den Belastungsbereich zugrunde gelegt.

Abb. 136. Kraft-Zeit-Zähler.

Auf dem unteren Teil des Vordruckes werden durch eine schaubild-

Firma:	Kraft-Zeit-Zähler	Monat: *Juli 31*
Abt.: *1* Meister: *Schmidt*	Masch.: *Rev.-Bk.*	Inv.-Nr. *73*

Bemerkungen: *Die Art der vorgegebenen Arbeit war während des laufenden Monats verhältnismäßig einheitlich.*

Datum	Ablesewerte						Auswertung			
	Schichtanfang		Schichtende		Verbrauch		kW	Sollzeit S	Istzeit I	I/S
	1	2	3	4	5	6	7=5/6	8	9	10
	kWh	h	kWh	h	kWh	h		h	h	
1.	*207,7*	*247,1*	*211,8*	*252,8*	*4,1*	*5,7*	*0,72*	*8*	*5,7*	*0,712*
2.	*211,8*	*252,8*	*214,4*	*256,5*	*2,6*	*3,7*	*0,703*	*8*	*3,7*	*0,463*
3.	*214,4*	*256,5*	*218,4*	*261,8*	*4,0*	*5,3*	*0,755*	*8*	*5,3*	*0,662*
4.										
5.										
6.	*218,4*	*261,8*	*221,2*	*265,5*	*2,8*	*3,7*	*0,756*	*8*	*3,7*	*0,463*
7.	*221,2*	*265,5*	*224,6*	*270,0*	*3,4*	*4,5*	*0,755*	*8*	*4,5*	*0,563*
8.	*224,6*	*270,0*	*227,9*	*274,5*	*3,3*	*4,5*	*0,733*	*8*	*4,5*	*0,563*
9.	*227,9*	*274,5*	*231,4*	*279,1*	*3,5*	*4,6*	*0,760*	*8*	*4,6*	*0,575*
10.	*231,4*	*279,1*	*235,2*	*285,0*	*3,8*	*5,9*	*0,644*	*8*	*5,9*	*0,737*
11.										
12.										
13.	*235,2*	*285,0*	*239,2*	*291,0*	*4,0*	*6,0*	*0,666*	*8*	*6,0*	*0,750*
14.	*239,2*	*291,0*	*243,4*	*297,2*	*4,2*	*6,2*	*0,678*	*8*	*6,2*	*0,775*
15.	*243,4*	*297,2*	*247,4*	*303,2*	*4,0*	*6,0*	*0,666*	*8*	*6,0*	*0,750*
16.	*247,4*	*303,2*	*251,4*	*309,2*	*4,0*	*6,0*	*0,666*	*8*	*6,0*	*0,750*
17.	*251,4*	*309,2*	*255,3*	*315,0*	*3,9*	*5,8*	*0,673*	*8*	*5,8*	*0,725*
18.										
19.										

20.	255,3	315,0	259,2	321,0	3,9	6,0	0,650	8	6,0	0,750
21.	259,2	321,0	263,8	327,7	4,6	6,7	0,686	8	6,7	0,836
22.	263,8	327,7	267,8	333,3	4,0	5,6	0,715	8	5,6	0,70
23.	267,8	333,3	272,1	339,7	4,3	6,4	0,672	8	6,4	0,80
24.	272,1	339,7	276,1	345,7	4,0	6,0	0,666	8	6,0	0,750
25.										
26.										
27.	276,1	345,7	280,3	352,1	4,2	6,4	0,656	8	6,4	0,80
28.	280,3	352,1	283,0	356,1	2,7	4,0	0,675	8	4,0	0,50
29.	283,0	356,1	285,9	359,8	2,9	3,7	0,784	8	3,7	0,463
30.	285,9	359,8	288,5	363,5	2,6	3,7	0,702	8	3,7	0,463
31.	288,5	363,5	291,5	367,7	3,0	4,2	0,715	8	4,2	0,525

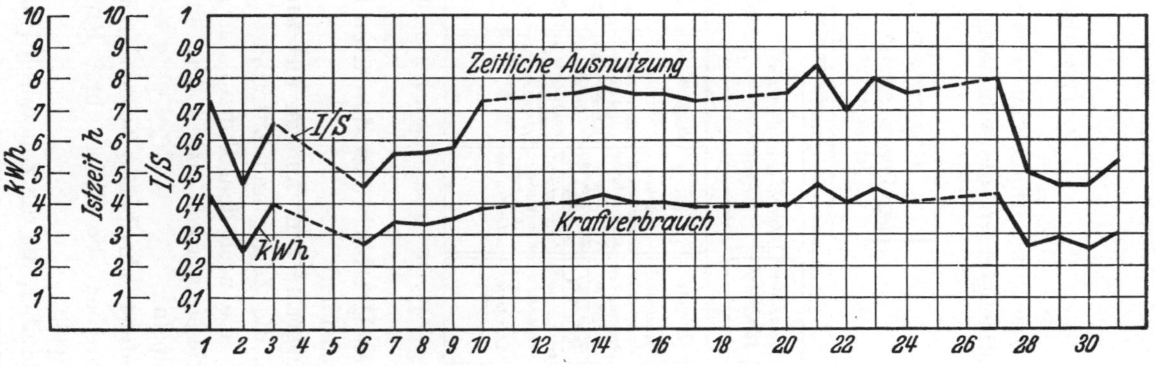

Abb. 137. Auswertungsbogen für Kraft-Zeit-Zähler.

liche Darstellung die verbrauchten kWh, die Istzeit und der Ausnutzungsfaktor täglich eingetragen. Diese Darstellung läßt den Verlauf des Leistungsbedarfes während eines Monats übersichtlich erkennen.

Zeitmeßgeräte.

Die Zeitmessung erfolgt mit verschiedenartigen Geräten, z. B. Stoppuhren, Zeitmeßgeräten, die selbsttätig registrieren usw. Abb. 118 und 138

Abb. 138. Registrierende Zeitschreiber. Antrieb und Schaltung.

geben einen Überblick über die Arten handelsüblicher Apparate. Es sind zu unterscheiden:

Zeitmeßgeräte zum Ablesen und zum Stempeln:

Uhren, die Zeiger und Zifferblatt haben und abgelesen werden;

Uhren, die nach dem Prinzip der springenden Ziffern arbeiten und abgelesen werden, bzw. solche, die die Zeit durch Handbetätigung stempeln.

Fortlaufend schreibende Zeitmeßgeräte:

Zeitschreiber, die Ziffern und Papierstreifen laufend drucken oder stempeln,

Zeitschreiber, die die Zeit durch Marken oder Striche auf Kreisblätter schreiben oder einritzen,

Zeitschreiber, die Marken oder Striche auf Papierstreifen mit farbigen Tinten schreiben.

Die Betätigung der Zeitschreiber erfolgt
durch den Zeitnehmer oder
durch Maschine oder Werkstück,
entweder unmittelbar durch Kupplung, Erschütterung oder Lichteinwirkung,
oder mittelbar durch Kontaktübertragung.

Die fortlaufend registrierenden Zeitschreiber arbeiten unabhängig von der Art ihres Antriebes und der Art ihrer Schaltung mit verschiedener schaubildlichen Darstellung. Es sind zu unterscheiden:
eindimensionale Schaubilder mit einem Antriebswerk und
zweidimensionale Schaubilder mit zwei Antriebswerken.

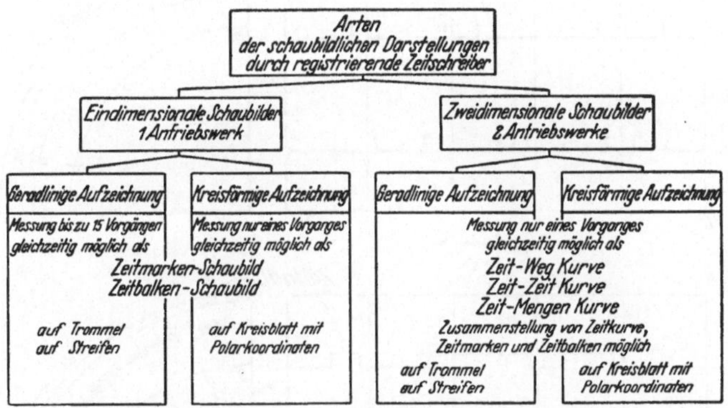

Abb. 139. Arten der schaubildlichen Darstellung.

Abb. 139 zeigt eine Gliederung der Arten schaubildlicher Darstellung. Die Zeit wird in Form von Zeitmarken oder Zeitbalken auf Papierstreifen oder Kreisblättern aufgezeichnet oder eingeritzt (Abb. 140a bis d). Das gradlinige Zeitmarkenschaubild (Abb. 140c) ermöglicht die gleichzeitige Aufzeichnung bis zu 15 verschiedenen Arbeitsgängen nebeneinander (Abb. 141). Bei Verwendung von einem durch Kontaktgebung betätigten Belichtungssystem können auf lichtempfindlichem Papier bis zu 50 verschiedene Betriebsvorgänge gleichzeitig registriert werden. Zeitmarken begrenzen die Dauer eines Vorganges durch je eine Zeitmarke am Anfang und Ende desselben, während sich Zeitbalken über die Dauer des ganzen Vorganges erstrecken. Das Zeitbalkenschaubild läßt sich auch durch Rüttelbewegung aufzeichnen (Abb. 140d).

Zur Gruppe der Zeitmeßgeräte mit eindimensionalen Schaubildern gehört z. B. der Siemens-Zeitschreiber (Abb. 141). Dieser wird an einen Kontakt angeschlossen, der sich an einer Maschine, einem Fördergerät oder einem Ofen befindet und durch Kontaktbetätigung Anfang und Ende eines Vorganges anzeigt, z. B. an einer Presse die Zahl der Hübe, an einem Fördergerät die Zahl der die Förderbahn durchlaufenden Wagen oder an einem Ofen die Zahl der Beschickungen. Zeitschreiber und Kontaktgeber können unabhängig voneinander an beliebigen Stellen untergebracht sein. Hängt der Zeitschreiber z. B. im Büro des Betriebsleiters, so kann dieser von dort aus erkennen, wie oft die einzelnen Betriebsmittel stillstehen oder dgl. Durch entsprechende Umschaltung können auch ver-

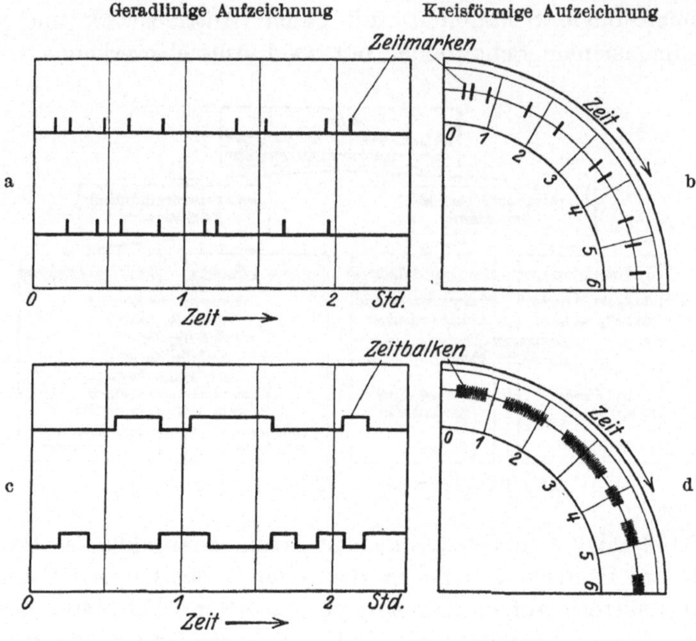

Abb. 140a bis d. Eindimensionale Schaubilder.

schiedene Maschinengruppen in wechselnder Reihenfolge überwacht werden.

Ähnliche Apparate, wie der in Abb. 141 dargestellte, sind in verschiedener Ausführung im Handel. Abb. 138 führt eine Anzahl handelsüblicher Zeitschreiber auf, die durch direkte oder indirekte Kontaktübertragung durch Licht-, Wärme- oder ähnliche Einflüsse betätigt werden.

Zu den registrierenden Zeitschreibern, die eindimensionale Schaubilder aufzeichnen, gehören auch Geräte, die durch Erschütterungen, die beim Lauf der Maschine entstehen, betätigt werden (Abb. 142a). Dabei schabt eine Nadel auf einem Kreisblatt eine hellere Deckschicht von einer dunkleren Grundschicht ab, wodurch Zeitbalken aufgezeichnet werden. Beim Stillstand der Maschine zeichnet die Nadel in Ruhestellung nur eine Kreislinie auf. Wird die Nadel in Form einer Spirallinie oder durch eine Reihe (z. B. 6 Stück) schraubengangähnlich hintereinander geklebter Kreisblätter gesteuert, so können auf einem Kreisblatt die Lauf- und Stillstandszeiten einer Maschine während einer ganzen Woche aufgezeichnet werden (Abb. 142b).

Abb. 143 zeigt den Diagnostiker A von Peiseler, der von Hand bedient wird. Der Apparat zeichnet rechtwinklig zur Länge des Papierstreifens Zeitbalken auf. Die Zeitbalkenhöhe entspricht der gemessenen Zeit. Die Schreibgeschwindigkeit kann durch Wechselräder so eingestellt werden, daß der Schreibstift über die ganze Breite des Papierstreifens in 1 Minute bzw. in 2,5 oder 10 Minuten hinwegläuft. Dauert der Vorgang länger als einer der angegebenen Zeitabschnitte, so geht der Schreibstift durch einen Federzug selbsttätig zurück und schreibt dann neben den bereits vorhandenen Zeitbalken die Fortsetzung. Mit dem Diagnostiker A können Arbeitsschaubilder nach zwei verschiedenen Arten aufgezeichnet werden.

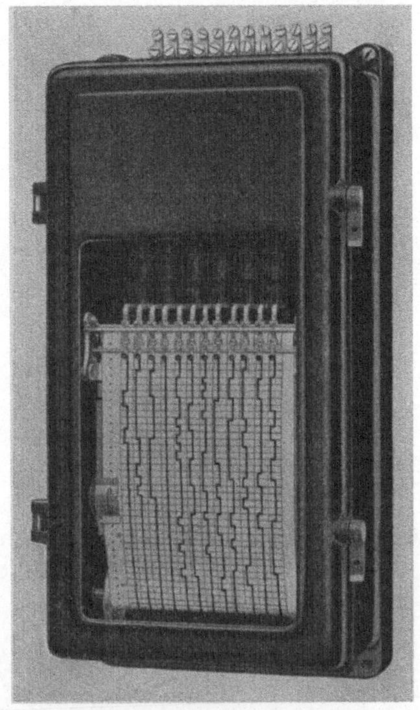

Abb. 141. Siemens-Zeitschreiber.

Bis zu 20 Arbeitsgängen wird das sogenannte Einschachtelungsdiagramm (Abb. 144) verwendet. Im vorliegenden Beispiel ist der Arbeitsgang in 8 Arbeitsunterteilungen zerlegt. Die verlangte Anzahl der aufzunehmenden Werkstücke ist einstellbar. Für jede Unterteilung liegen die gemessenen Einzelzeitwerte unmittelbar nebeneinander, z. B. die beim Aufspannen von 15 Werkstücken gemessenen Einzelzeiten. Diese Nebeneinanderstellung ermöglicht, die Größe der Zeitwerte sinnfällig zu erkennen. Z. B. ist beim Einspannen des 14. Werkstückes infolge einer Formabweichung eine wesentlich längere Zeit verbraucht worden. Diese Zeitschreibung nach dem Einschachtelungsverfahren gibt eine gute Übersicht und erleichtert die Auswertung der Aufnahmen.

In Abb. 145 ist der gleiche Arbeitsgang nach dem Zeitschreibprinzip der Hintereinanderschaltung der Arbeitsunterteilungen gezeigt. Diese Schreib-

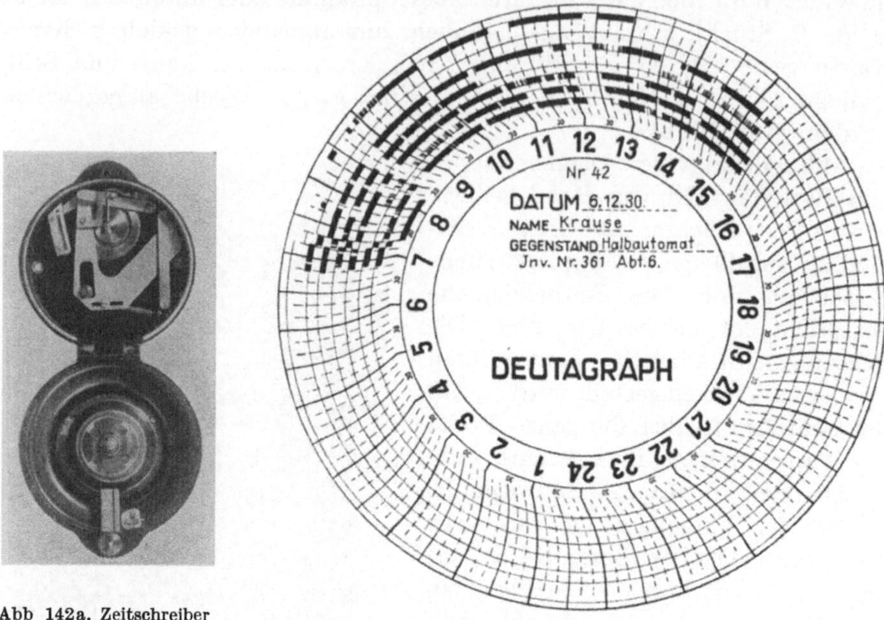

Abb 142a. Zeitschreiber Deutagraph.

Abb. 142b. Kreisblatt für Deutagraph.

art ist zu wählen, wenn der aufzunehmende Arbeitsgang aus wenigen Unterteilungen besteht. Ein anschauliches Arbeitsbild gewinnt man, wenn die

Abb. 143. Diagnostiker A.

Endpunkte der verschiedenen zueinander gehörenden Zeitbalken durch Linien zu einer Kurve verbunden werden.

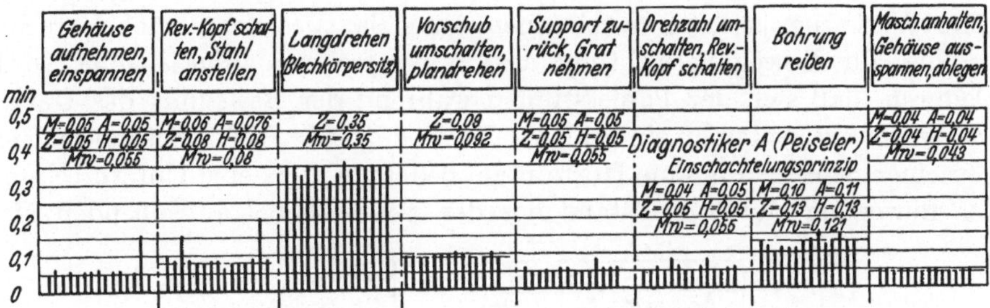

Abb. 144. Arbeitsschaubild des Diagnostiker A (Einschachtelungsdiagramm).

Werkstück: Motorgehäuse.
Werkstoff: Gußeisen.
Arbeitsgang: Drehen.

Arbeitsunterteilung:

1 Gehäuse aufnehmen, einspannen.
2 Rev.-Kopf schalten, Stahl anstellen.
3 Langdrehen (Blechkörpersitz).
4 Vorschub umschalten, plandrehen.
5 Support zurück, Grat nehmen.
6 Drehzahl umschalten, Rev.-Kopf schalten.
7 Bohrung reiben.
8 Maschine anhalten, Gehäuse ausspannen und ablegen.

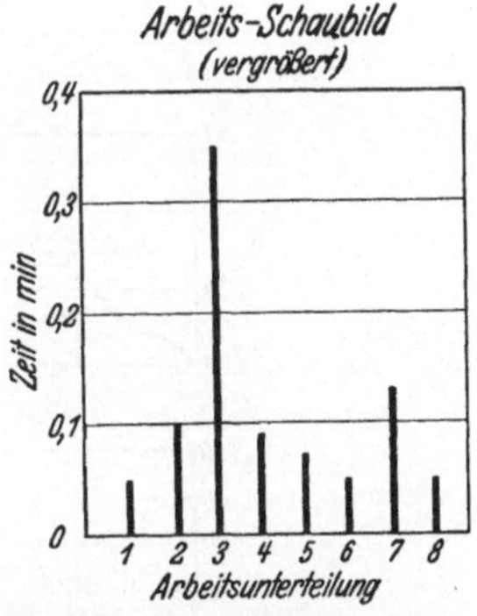

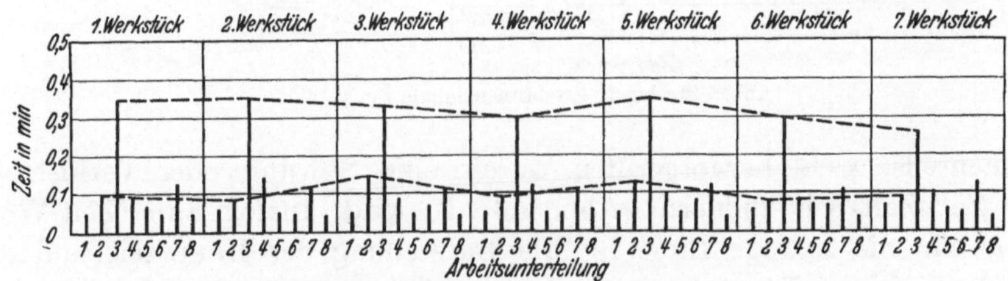

Abb 145. Arbeitsschaubild des Diagnostiker A (Hintereinanderschaltung).

Registrierende Zeitmeßgeräte

In Abb. 146a bis f sind die wichtigsten Arten zweidimensionaler Schaubilder dargestellt, die mit registrierenden Zeitschreibern aufgezeichnet werden können. Mit solchen Geräten kann stets nur ein Arbeitsgang aufgezeichnet werden. Er kann dargestellt werden entweder als Zeit-Weg-Kurve (Abb. 146a/b) oder als Zeit-Zeit-Kurve (Abb. 146c/d) oder als

Zeit-Mengen-Kurve (Abb. 146e/f) auf endlosen Papierstreifen oder Kreisblättern mit Polarkoordinaten. Zeit-Weg-Kurven stellen die Aufzeichnung der Bewegung in zwei Richtungen dar, während die Bewegung z. B. einer Werkzeugmaschine durch einen Ausschlag des Schreibhebels rechtwinklig zur Bewegungsrichtung des Papierstreifens aufgezeichnet wird. Dadurch, daß sich der Papierstreifen während der Bewegung des Hebels weiter bewegt, entsteht ein schräger Linienzug. Die Richtungsänderungen von einer Schrägen in eine Horizontale bedeuten stets eine Unterbrechung der Bewegung durch Stillstand des den Schreibhebel antreibenden Ma-

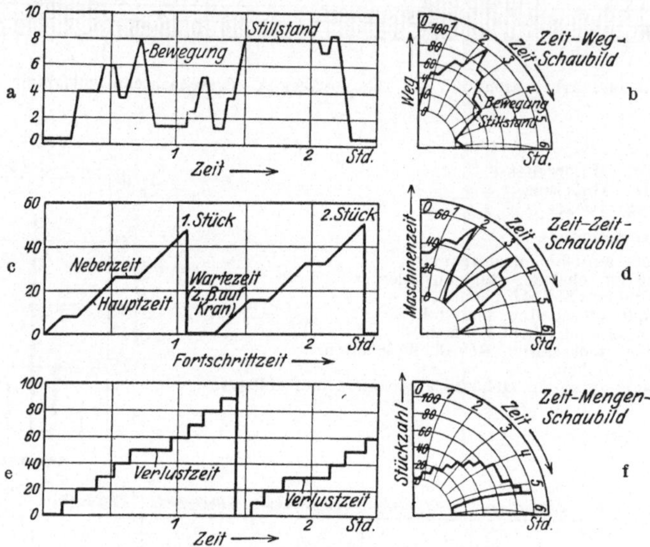

Abb. 146a bis f. Zweidimensionale Schaubilder.

schinenteils, z. B. hervorgerufen durch eine Störung oder Verlustzeit. Bei Zeit-Zeit-Schaubildern (Abb. 146c/d) wird analog zum Zeit-Weg-Schaubild die schräge Linie für die Darstellung der Hauptzeit und die gerade Linie zur Darstellung der Nebenzeit benutzt, während beim Zeit-Mengen-Schaubild (Abb. 146e/f) die einzelnen Stufen der vertikalen Linien die Mengeneinheit und die horizontalen Linien die zur Erzeugung der Mengeneinheit gebrauchten Zeiten darstellen.

Abb. 147 zeigt den Autograph nach Kienzle, der ein Zeit-Weg-Schaubild auf einem Kreisblatt aufzeichnet. Der Apparat wird viel im Förderdienst benutzt, z. B. an Lastautos oder Elektrokarren. Die Art der Darstellung läßt Stillstand und Bewegung des Fahrzeuges in Verbindung mit der Uhrzeit erkennen. — Gemeinsam ist allen durch Maschine oder Werk-

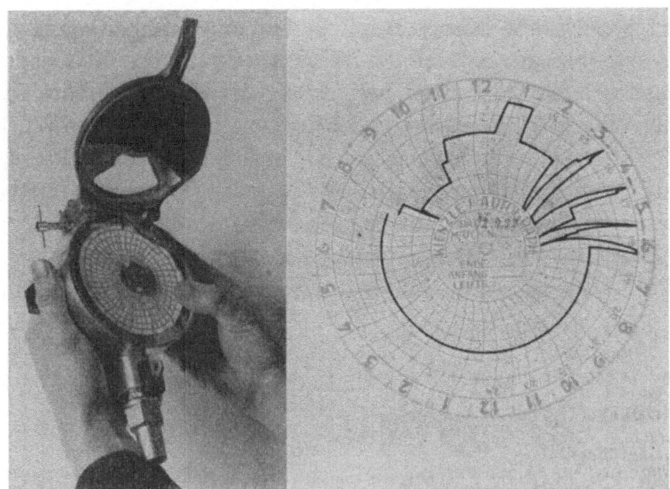

Abb. 147. Autograph nach Kienzle.

stück betätigten Zeitmeßgeräten, die auf Kreisblätter schreiben, daß das Kreisblatt durch ein Uhrwerk bewegt und der Schreiber mechanisch, z. B. durch eine biegsame Welle, angetrieben wird.

Ein Zeitmeßgerät, das auf endlosen Papierstreifen zweidimensionale Schaubilder nach der Art der in Abb. 146a gezeigten aufzeichnet, ist der Diagnostiker B von Peiseler[1] (Abb. 148). Der Apparat schreibt die Bewegung des angeschlossenen Maschinenteils verkürzt auf. Abb. 149 zeigt einen Streifen aus einer Zeitaufnahme, die mit diesem Apparat aufgenommen ist und die Unterteilung des Arbeitsganges erkennen läßt. Die

Abb. 148. Diagnostiker B an einer Fräsmaschine.

[1] Lit.-Verz. 82, 83.

vergrößert gezeichnete Kurve zeigt die für einen Arbeitsgang gemessenen Strecken. Auf der vorgedruckten Zeitskala kann die Zeit jedes Arbeitsganges abgelesen werden. Die Übertragung der Maschinenbewegung auf den Diagnostiker B erfolgt durch einen Schnurzug. Sind mehrere Werkstücke im Beisein des Zeitnehmers aufgenommen und ist das charakteristische Arbeitsschaubild festgelegt, so kann der Apparat ohne besondere Aufsicht zur weiteren Überwachung an der Maschine angeschlossen bleiben.

Zum Vergleich mit dem zweidimensionalen Schaubild des Diagnostikers B (Abb. 149) ist in den eindimensionalen Schaubildern (Abb. 150a, b)

Werkstück: Gehäuse-Rohling.
Material: Gußeisen.
Arbeitsgang: Zentrierung drehen und Bohrung schruppen.
Arbeitsunterteilung:

1 Einspannen.
2 Stahl heranführen.
3 Zentrierung drehen, a) mit Vorschub, b) von Hand gegen Anschlag.
4 Support zurückkurbeln und schalten.
5 Stahl heranführen.
6 Bohrung schruppen (Vorschub nach dem Futter zu).
7 Bohrung schruppen (Vorschub in entgegengesetzter Richtung).
8 Support zurückkurbeln und schalten.
9 Ausspannen.

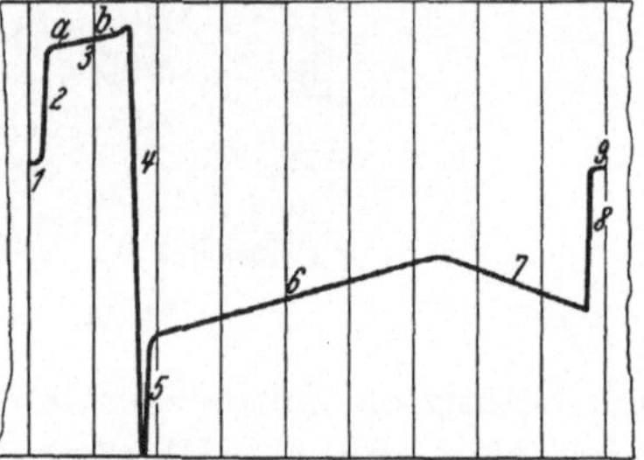

Arbeits-Schaubild (Vergrößert)

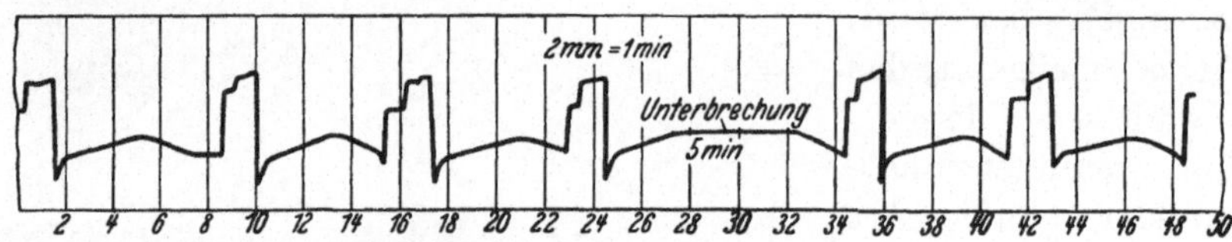

Abb. 149. Schaubild des Diagnostiker B.

derselbe Arbeitsgang mit gleicher Unterteilung mit dem oben beschriebenen Diagnostiker A (Abb. 143) aufgenommen. Die Aufnahme erfolgte mit beiden Zeitmeßgeräten gleichzeitig.

Abb. 151 zeigt das Zeitnehmermodell der Poppelreuterschen Arbeitsschau-Uhr[1]. Das Schreibgerät wird durch eine Reihe von Schaltknöpfen von Hand gesteuert, wobei bis zu 3 Schreibfedern betätigt werden können. Die mittlere Schreibfeder zeichnet das Arbeitsschaubild auf; die linke und die rechte Schreibfeder dienen zum Markieren bemerkenswerter Zeitpunkte, wie Anfang und Ende eingetretener Störungen, Anfang und Ende von Arbeitsgängen u. dgl. In Abb. 152 ist der gleiche Arbeitsgang wie in Abb. 149 und 150a, b aufgenommen. Die Größe der Zeitwerte wird dabei durch verschieden hohe Dreiecke dargestellt. Diese werden dadurch gebildet,

[1] Lit.-Verz. 87.

daß bei Beginn einer Nebenzeit durch einen Kontaktknopf die mittlere Schreibfeder in Bewegung gesetzt wird, wodurch bei gleichzeitiger Bewegung des Papierstreifens eine schräge Linie aufgezeichnet wird. Ist die Arbeitsstufe ausgeführt, so wird die Bewegung der Schreibfeder durch einen Kontaktdruck beendet, worauf sie in die Nullstellung zurückgeht. Markierungsstriche auf der oberen Seite des Registrierstreifens bezeichnen Anfang und Ende der einzelnen Arbeitsgänge. Die Nebenzeiten sind als Dreiecke dargestellt, die dazwischen liegenden Hauptzeiten, z. B. 3a, 6 und 7 als Horizontalen. Der Registrierstreifen ist über eine feste Unterlage

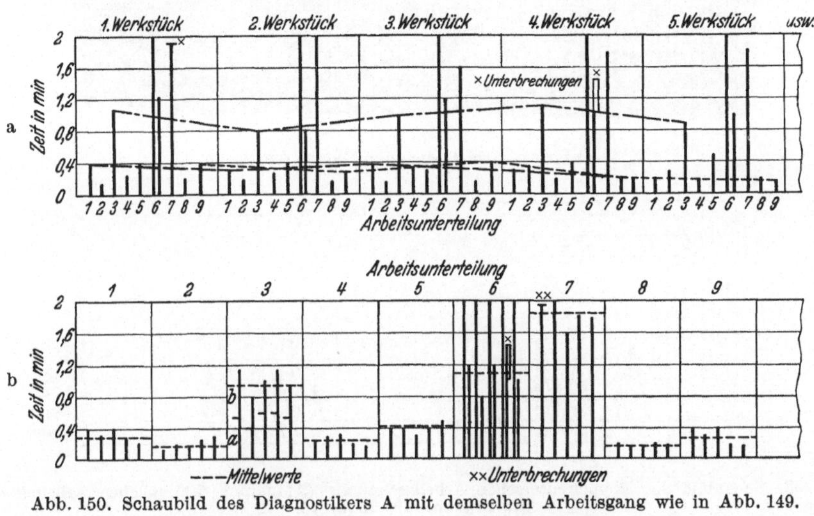

Abb. 150. Schaubild des Diagnostikers A mit demselben Arbeitsgang wie in Abb. 149. a Hintereinanderschaltung. b Einschachtelungsdiagramm.

geführt, so daß auf ihm handschriftliche Vermerke gemacht werden können. Die Schreibfeder wandert in einer Minute über die Streifenbreite. Die Zeit wird auf den vorgedruckten Zeitmaßstäben abgelesen. Zum besseren Vergleich können die entsprechenden Dreiecke durch Striche miteinander verbunden werden, z. B. Dreieck 1 mit 1 des nachfolgenden Werkstückes usw. Die Linien ergeben dann eine Kurve, die die Schwankungen der einzelnen Arbeitsunterteilungen darstellen. Abb. 153 zeigt den Zeitnehmer mit der Arbeitsschau-Uhr an einer Revolverbank.

Eine andere Ausführung der Poppelreuterschen Arbeitsschau-Uhr zeichnet Treppenschaubilder nach drei verschiedenen Verfahren auf. In Abb. 154 ist ein Treppenschaubild nach Zähleinheiten dargestellt. Jede Stufe bedeutet ein gefertigtes Stück. Die Stückzahl ist als Ordinate, die Zeit als Abszisse dargestellt, so daß aus dem Schaubild, das an einem

Abb. 151. Arbeitsschauuhr (Poppelreuter).

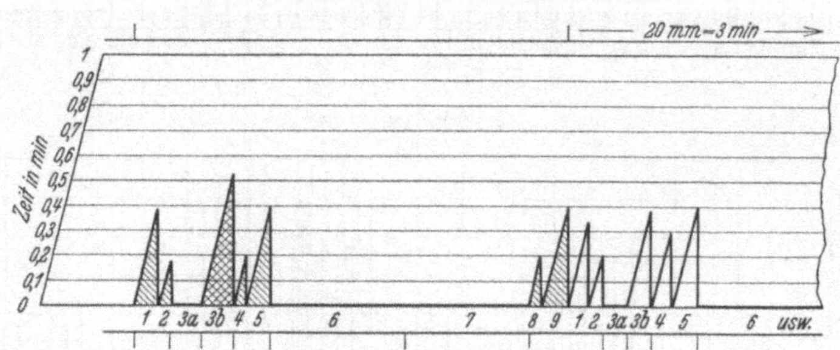

Abb. 152. Schaubild der Poppelreuterschen Arbeitsschauuhr (Aufnahme des gleichen Arbeitsganges wie in Abb. 149, 150a, b).

Abb. 153. Zeitaufnahme mit Poppelreuterscher Arbeitsschauuhr.

Schraubenautomaten aufgenommen ist, zu erkennen ist, daß die ersten 20 Schrauben in 11 Minuten gefertigt wurden, während die Herstellung der nächsten 20 Stück infolge einer Pause und kleinerer Störungen 18,5 Minuten gedauert hat. Die Gesamtzahl der in einer Schicht erzeugten Stücke wird durch Zählung der Dreiecke und Multiplikation mit 20 bestimmt.

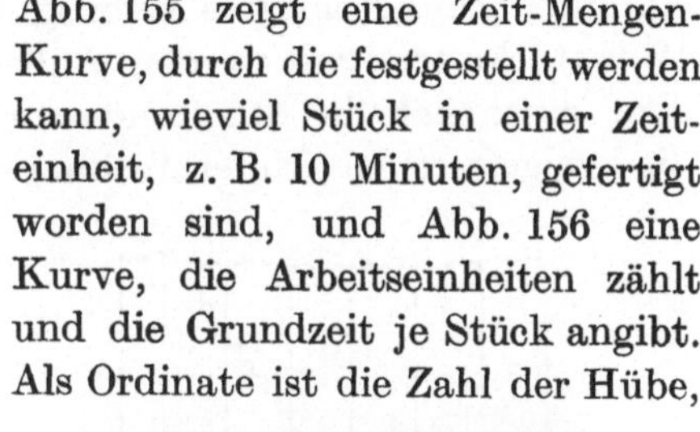
Abb. 155 zeigt eine Zeit-Mengen-Kurve, durch die festgestellt werden kann, wieviel Stück in einer Zeiteinheit, z. B. 10 Minuten, gefertigt worden sind, und Abb. 156 eine Kurve, die Arbeitseinheiten zählt und die Grundzeit je Stück angibt. Als Ordinate ist die Zahl der Hübe,

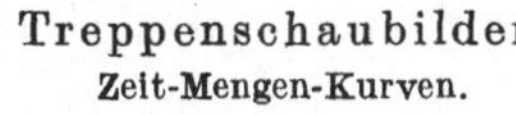
Treppenschaubilder.
Zeit-Mengen-Kurven.

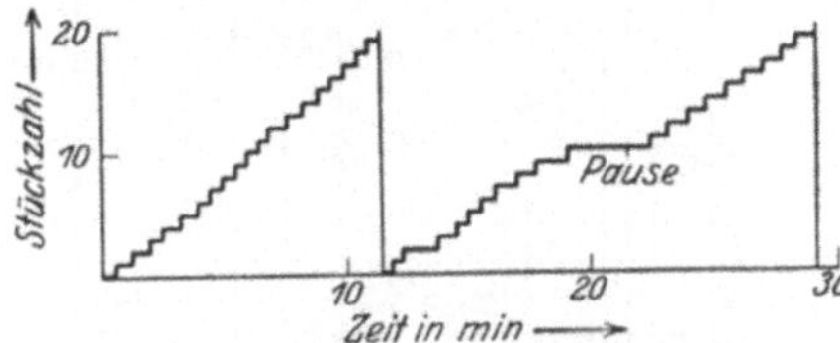

Abb. 154. Nach Zähleinheiten (Zählkurve). Verbrauchte Zeit je Mengeneinheit z. B. min für 20 Stück.

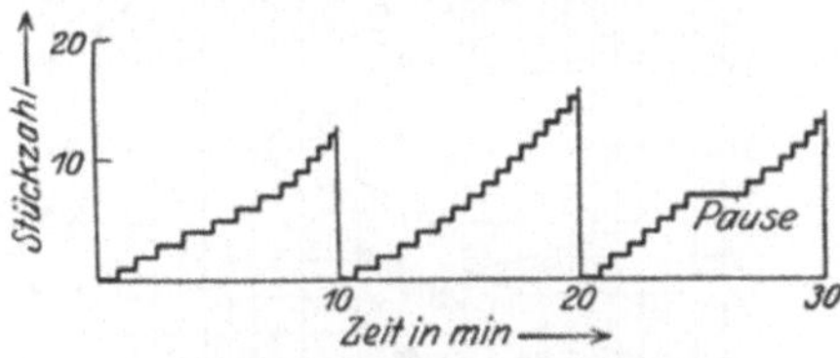

Abb. 155. Nach Zeiteinheiten. Erzeugte Menge je Zeiteinheit z. B. Stückzahl in 10 min.

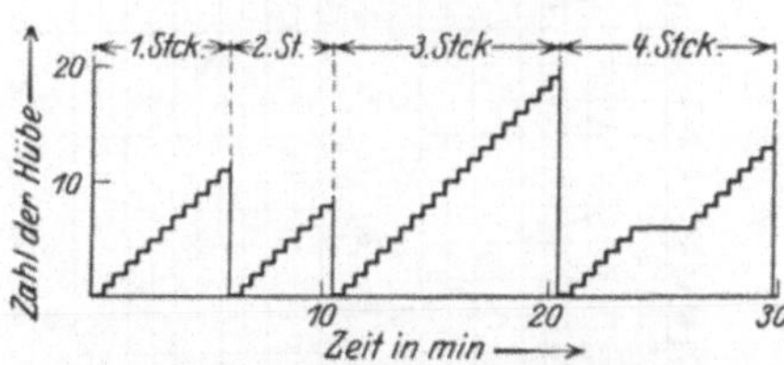

Abb. 156. Nach Arbeitseinheiten. Aufgewendete Arbeitseinheiten in Mengeneinheit z. B. Preßhübe je Stück.

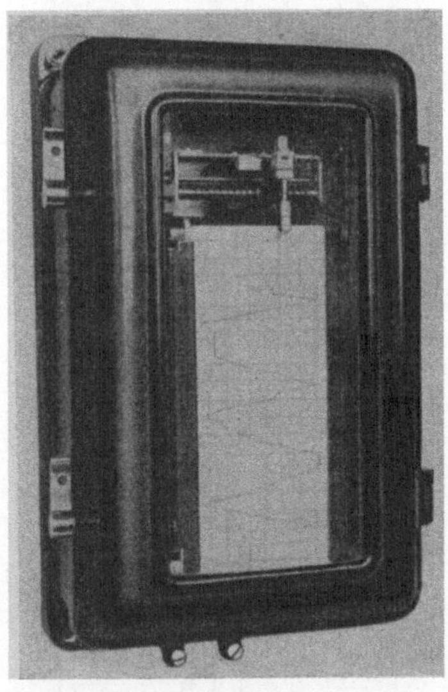

Abb. 157. Zeit-Stück-Bandschreiber.

als Abszisse die Zeit angenommen. Für Bearbeitung des 1. Stückes waren 12 Hübe, für die des 2. Stückes nur 8 Hübe und für das 3. Stück 18 Hübe erforderlich. Die in Abb. 154 bis 156 gezeigten Treppenschaubilder können durch elektrischen Kontaktanschluß an ein geeignetes Bewegungselement der Maschine auch bei räumlicher Trennung des Registrierapparates vom Arbeitsplatz aufgenommen werden.

In Abb. 157 ist ein registrierender Zeitschreiber dargestellt, der Zeit-Stück-Schaubilder (Abb. 158/159) aufzeichnet. Die Schreibvorrichtung schaltet in der Abb. 158 nach Durchlauf von 25 Stück um und arbeitet dann in gleicher Weise nach der anderen Seite weiter. Die Steuerung der Schreibfeder erfolgt durch Magneten. Durch Aufzeichnen der für je 25 Arbeitsgänge gebrauchten Zeit kann die Gesamtzahl der innerhalb eines bestimmten Zeitabschnittes gefertigten Werkstücke ermittelt werden. Außerdem lassen sich die Stückzeiten und die eingetretenen Unterbrechungen

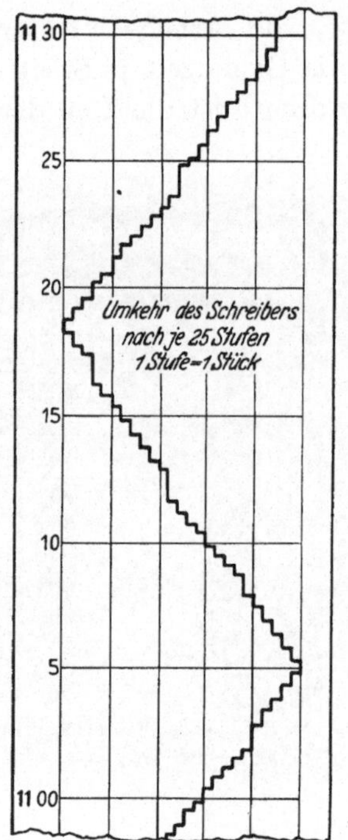

Abb. 158. Registrierstreifen mit Schaubild des Zeit-Stück-Bandschreibers.

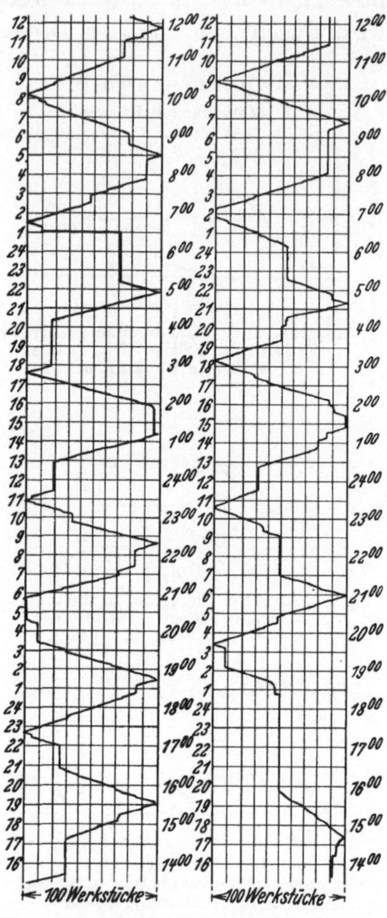

Abb. 159. Schaubild des Zeit-Stück-Bandschreibers mit geänderten Regelstufen.

ablesen. Durch Umstellung können die Regelstufen von 25 auf 100 umgeschaltet werden (Abb. 159). Der geringen Papiergeschwindigkeit wegen sind die Stufensprünge schwer erkennbar, trotzdem ist die Ermittlung der während eines bestimmten Zeitraumes gefertigten Werkstücke leicht möglich. Bei Arbeitszeiten, die kürzer als 1 Sekunde sind, kann durch Impulsreduktion, z. B. nur jeder 10. Vorgang registriert werden. Abb. 160

zeigt diese Einrichtung für eine Schreibmaschine und Abb. 161 das mit dieser Einrichtung gewonnene Schaubild. Die Umkehr des Schreibers erfolgt nach 2000 Buchstaben. Der Zeitstückschreiber kann bei Anschluß an Gleich- oder Wechselstromnetze auch fern bedient werden.

Die Möglichkeiten der Zeitbestimmung und -überwachung durch mechanisch arbeitende Zeitmeßgeräte sind zahlreich. Die Mannigfaltigkeit der Arten und die verschiedenen Anwendungsmöglichkeiten im Betriebe erschweren dem Betriebsmann

Abb. 160. Kontakt für Impulsreduktion an einer Schreibmaschine.

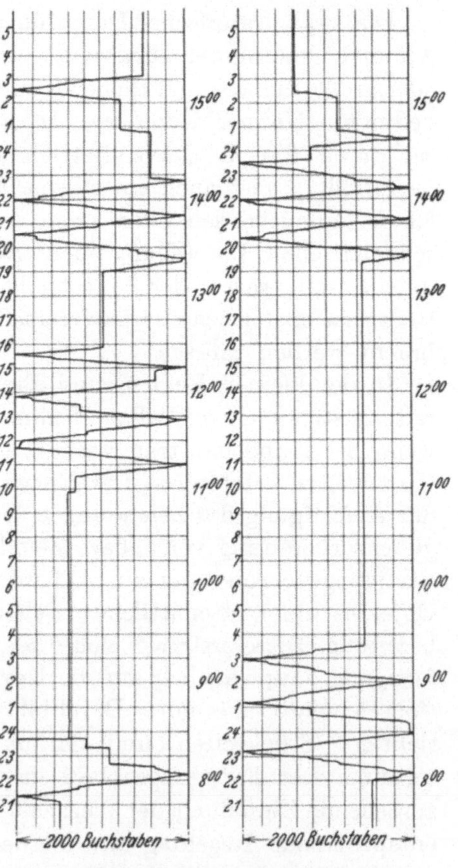

Abb. 161. Schaubild des Zeit-Stück-Bandschreibers mit reduziertem Impuls.

oft die richtige Auswahl, wenn ihm praktische Beispiele fehlen. Er darf vor allem nicht übersehen, daß auch das beste selbsttätig aufzeichnende Zeitmeßgerät nie ein Ersatz, sondern stets nur ein willkommener Helfer des Zeitnehmers sein wird.

VI. Einfluß der Fertigungsart auf die Durchführung des Fertigungsauftrages.

Die organisatorische Durchführung des Fertigungsauftrages ist von Art und Umfang der Fertigung — ob Einzel- und kleine Reihenfertigung oder große Reihen- und fließende Massenfertigung — und von den dadurch bedingten Unterschieden des Arbeitsablaufes abhängig. Außerdem wird sie durch die in jedem Betrieb anders ausgebaute Organisationsform beeinflußt. Es ist auch ein wesentlicher Unterschied, ob es sich um einen Neufertigungsbetrieb oder einen Ausbesserungsbetrieb handelt. Von der schematischen Darstellung eines Auftragsablaufes wurde deshalb abgesehen, weil wegen der Verschiedenartigkeit der Fertigungsarten bzw. Organisationsformen für jede derselben hätte ein besonderes Schema gebracht werden müssen.

In der kleinen Reihen- und Einzelfertigung ist eine Fertigungsvorbereitung stets nur von Fall zu Fall möglich und kann erst begonnen werden, wenn der Kundenauftrag vorliegt und die technische Klärung bis in alle Einzelheiten erfolgt ist. Der Entwurf der Vorrichtungen wird meist mit der Anfertigung der Zeichnungen Hand in Hand gehen. Die für die Fertigungsvorbereitung verfügbare Zeit läßt meist nur eine gröbere Form der Fertigungsvorbereitung zu. Außerdem beeinflußt Umfang und Wert des Objektes die wirtschaftlichen Belange einer planmäßigen Fertigungsvorbereitung. Diese erstreckt sich deshalb in der kleinen Reihen- und Einzelfertigung hauptsächlich auf die Normung und Typisierung der Konstruktionselemente, die gute Durchbildung der Werkzeuge, die Ermittlung richtiger Stückzeiten und darauf aufgebauter Einzel- bzw. Gruppentermine. Der Fertigungsablauf in der Werkstatt kann durch zweckentsprechende Einteilung der Werkzeugmaschinengruppen[1] und durch zweckentsprechende Regelung des Förderdienstes vorbereitet werden. Hierzu treten dann noch einzelne Maßnahmen besonderer Art, die sich mit dem Erzeugnis von Fall zu Fall ändern. Die Kosten dieser von Fall zu Fall anders liegenden Fertigungsvorbereitung sind von der Größe und dem Wert des Objektes abhängig. Bei planmäßiger Durchführung ist die Fertigungsvorbereitung auch in der kleinen Reihen- und Einzelfertigung wirtschaftlich, weil sich in der Regel eine nicht unerhebliche Verkürzung der Fertigungszeit durch sie ergibt.

---

[1] Vordrucke für Maschinenausnutzung (vgl. Anhang zum Lit.-Verz. S. 251), ferner Lit.-Verz. 35.

In der großen Reihen- und fließenden Massenfertigung[1] liegen die Voraussetzungen für eine weitergehende Durchführung der Fertigungsvorbereitung viel günstiger. Der größte Teil der Fertigungsplanung ist in der Regel schon durchgeführt, bevor ein Fertigungsauftrag vorliegt. Die Mustererzeugnisse sind fertiggestellt und auf Grund der Leistungsprüfungen wird die Konstruktion noch einer letzten Durchsicht unterzogen, ehe die Bestellung sämtlicher Vorrichtungen und Sonderwerkzeuge auf Grund der endgültigen Werkzeichnungen erfolgt. Sind die Vorrichtungen und Werkzeuge fertig und ist der Arbeitsablauf dann in großen Zügen bereits festgelegt, so erfolgt ein Durcharbeiten der Arbeitsgänge durch Zeitaufnahmen und die endgültige Bestimmung der Stückzeiten und die Aufstellung der Arbeitsunterweisungen. Fertigungsplan und Arbeitsplan bilden zusammen mit dem für bestimmte Zeitabschnitte festgelegten Fertigungsprogramm die Grundlage für die Aufstellung der Abteilungs- und Werkstattbelastungspläne, auf Grund deren sich dann die Arbeitsvorgabe und der Arbeitsablauf abwickelt. Die Kosten[2] einer derartigen Vorbereitung sind naturgemäß nicht unbeträchtlich. Durch die großen Stückzahlen in der Massenfertigung wird jedoch der Kostenanteil je Stück tragbar, so daß die Wirtschaftlichkeit auch einer weitergehenden Fertigungsvorbereitung gesichert ist. Die größte Verantwortung für die Durchführung der Fertigungsvorbereitung liegt in dem unter Beachtung der Marktanalyse aufzustellenden Fertigungsprogramm. An Stelle der Planmäßigkeit tritt in der Praxis oft eine zum Teil gefühlsmäßige Beurteilung auf Grund bewährter Erfahrungen.

Zwischen den vorstehend genannten Arten der Fertigung treten eine Reihe von Zwischenstufen auf, die sich von Fall zu Fall mehr der einen oder der anderen Art nähern.

Der Ablauf des Fertigungsauftrages in Ausbesserungsbetrieben unterscheidet sich grundsätzlich von den Neufertigungsbetrieben dadurch, daß dem eigentlichen Aufbau (der Ausbesserung) eine Zerlegung (Ausbau) bis zu einem von Fall zu Fall zu bestimmenden Grad vorausgehen muß. Es liegt im Wesen der Ausbesserung, daß alle selbst an gleichgearteten Gegenständen vorzunehmenden Ausbesserungen dem Umfang und der Art nach verschieden sind. Diese Verschiedenartigkeit des Arbeitsanfalles erschwert die Fertigungsvorbereitung beträchtlich.

In der Einzelausbesserung kann mit einem über Wochen hinaus auch nur einigermaßen gleichmäßig verteilten Auftragsbestand nicht gerechnet werden, vor allem auch infolge saisonbedingter Schwankungen. Die Liefer-

---

[1] Lit.-Verz. 23, 28, 68, 78, 88, 106a.
[2] Lit.-Verz. 79, 85, 112, 115.

zeiten können bei der Einzelausbesserung viel schwerer eingehalten werden als bei Neufertigung, weil bei Ausbesserungen häufig unvorhergesehene Arbeitserschwernisse auftreten. Um trotzdem die Aufträge nach den gestellten Lieferterminen zur Ausführung zu bringen, sind auf Grund der Arbeitsaufnahme ebenso wie bei Neufertigung Belastungspläne von der Arbeitsverteilungsstelle aufzustellen. Infolge der vielen Unsicherheiten können die Arbeitsplätze und Betriebsmittel nur kurzfristig im voraus bestimmt und die Verteilung von Arbeitsaufträgen nur auf kurze Sicht erfolgen. Als geeignetes Hilfsmittel für die Verteilung der Arbeiten auf die Arbeitsplätze werden Arbeitsverteilungstafeln benutzt.

Die Förderung von Werkstoffen in der Einzelausbesserung erfolgt auftragsweise, da es bei der Verschiedenartigkeit der auszuführenden Ausbesserungsarbeiten nicht anders möglich ist.

Ist infolge der anfallenden Mengen die Ausbesserung in Fließarbeit möglich, so bildet der größere Auftragsbestand eine bessere Grundlage für wirtschaftliche Fertigung auch in Ausbesserungsbetrieben. Nach dem aufgestellten Arbeitsfolgeplan regelt sich die Verteilung der Arbeiten auf die Arbeitsplätze zwangsläufig. Die Stückzeiten sind durch Zeitstudien bestimmt. Arbeitsunterweisungen, Stücklisten und Werkzeuglisten sind im voraus aufgestellt. Auf Grund der Stücklisten können alle erforderlichen Werkstoffe und Ersatzteile für einen bestimmten Zeitabschnitt in der dem Verbrauch angepaßten Menge auf Lager gehalten werden. Die Planung der Fertigung, so eingehend sie insbesondere bei Ausbesserungsarbeiten durchgeführt werden muß, braucht für Gegenstände gleicher oder ähnlicher Art ebenso wie in der Neufertigung nur einmal zu erfolgen. Die Termineinhaltung ist bei Ausbesserung in Fließarbeit verhältnismäßig einfach, weil die auszubessernden Gegenstände so über die festliegenden Arbeitsplätze geführt werden, daß die Auslieferung in der Reihenfolge des Eingangs erfolgen muß.

Der Ablauf des Fertigungsauftrages ist in organisatorischer Hinsicht bei Ausbesserung sowohl in Einzelfertigung als auch in Fließarbeit gleich.

Abschließende Betrachtungen.

Die in den Hauptabschnitten des vorliegenden Buches behandelten Probleme der Fertigungsvorbereitung zeigen die weitgehende Einwirkung planmäßiger Vorbereitung auf den Fertigungsablauf. Es gibt wohl keine Industrie, die eine planmäßige Vorbereitung ihrer Fertigung nicht notwendig hätte. Vom Beginn der Fertigungsplanung bis zum Versand der fertigen Erzeugnisse ist ein langer Weg. Unzählige Unvollkommenheiten des Materials, der Betriebsmittel und der ausführenden Menschen stellen sich, wenn auch bei letzteren meist unabsichtlich, dem planmäßigen Fertigungsablauf hemmend entgegen. Diese Widerstände mit einem Mindestmaß an wirtschaftlichem Aufwand zu überwinden, ist das höchste Ziel der Fertigungsvorbereitung.

Wo man im Betrieb seinen Blick auch hinlenkt, sei es Neufertigung oder Ausbesserung, überall müssen Maßnahmen getroffen werden, Vorschriften erlassen und Arbeitsunterweisungen gegeben werden, ehe sich der reibungslose Ablauf der Fertigung so vollzieht, wie er dem fortschrittlichen Betriebsmann vorschwebt. Auf die Einhaltung und Befolgung solcher Vorschriften und Unterweisungen zu achten, ist Aufgabe der dafür Verantwortlichen. Die Auswirkungen der planmäßigen Fertigungsvorbereitung beginnen mit der Materialbeschaffung[1] und -bereitstellung auf Grund der vorliegenden Fertigungsaufträge bzw. des Fertigungsprogrammes. Nicht wie in früheren Entwicklungsstufen der Fertigung kann es sich heute ein Betrieb leisten, mehr Material, als unbedingt nötig ist, zu beschaffen und bereitzuhalten. Die lagernden Materialien dürfen nicht im Betriebe einfrieren. Die Bewegung des Materials im einheitlich geleiteten schnellen Durchfluß durch die Werkstätten zum Versand ist eine der notwendigen Voraussetzungen für einen raschen Kapitalumlauf und für die Preisgestaltung.

Die Planung der Fertigung beginnt mitunter früher als der Eingang der Fertigungsaufträge und des Materials. Bei fließender Massenfertigung ist das sogar die Regel. Schon beim Konstrukteur beginnt der erste Aufbau des Fertigungsplanes. Die Unterteilung der Konstruktion in ihre Fertigungsgruppen muß Rücksicht nehmen auf die Ausgestaltung des späteren Arbeitsplanes. Aus diesem Grunde muß bei der Fertigungsvorbereitung die Zusammenwirkung zwischen dem Konstruktionsbüro und den Fertigungsingenieuren schon frühzeitig beginnen. Bereits die Entwürfe müssen den Stempel der Zusammenarbeit erkennen lassen, weil dann, wenn bereits die Vorbereitung fortgeschritten ist, das Versäumte nur noch unter Aufwand an Zeit und Kosten nachgeholt werden kann.

[1] Lit.-Verz. 1, 11, 58, 61, 90.

Ein weiterer Zweig der Fertigungsplanung liegt im Aufbau der Werkstatt, der zweckmäßigen Gestaltung der Arbeitsplätze[1], in der folgerichtigen Gruppierung der Betriebsmittel und der Fördereinrichtungen[2]. Wenn hier auch nur ein loser Zusammenhang mit dem Erzeugnis vorliegt, müssen bei der Fertigungsplanung die Möglichkeiten für einen planmäßigen Arbeitsablauf systematisch geschaffen werden.

Parallel mit der Fertigungsplanung ist im Betrieb die Auftragsdurchführung so zu organisieren, daß keine Papierflut entsteht, die infolge ihrer Unübersichtlichkeit einen erheblichen Teil der zur Verfügung stehenden Zeit kostet. Es muß das Bestreben jeder Betriebsleitung sein. die Fertigungsvorbereitung mit möglichst wenig Vordrucken und wenig Schreibarbeit durchzuführen. Im allgemeinen wird in normalen Zeiten für den Arbeitsablauf in der großen Reihen- und fließenden Massenfertigung eine gewisse Zwangläufigkeit erreicht werden können. Ausgangspunkt einer solchen Zwangläufigkeit ist die Aufstellung eines für einen bestimmten Zeitabschnitt festliegenden Fertigungsprogrammes. Hierauf läßt sich eine planmäßige Arbeitsverteilung sicher aufbauen: Überall da, wo ein Fertigungsprogramm aufgestellt werden kann, vereinfacht sich der Arbeitsablauf und verkürzen sich die Liefertermine. In der kleinen Reihen- und Einzelfertigung und in Ausbesserungsbetrieben läßt sich ein Fertigungsprogramm nur in besonderen Fällen aufstellen. Deshalb ist bei dieser Art der Fertigung die Vorbereitung auch schwieriger und kann nur im Rahmen der Wirtschaftlichkeitsgrenze durchgeführt werden. Für alle Fertigungsarten muß eine planmäßige Vorbereitung der Fertigungsunterlagen, Stücklisten, der Werkzeichnungen, durch Schaffung optimaler Arbeitsmethoden, ferner durch die Bereitstellung der Werkzeuge und Vorrichtungen durchgeführt werden. In engem Zusammenhang mit der Fertigungsvorbereitung stehen die Normungs- und Typisierungsbestrebungen[3] insbesondere auch der Werkstoffe und Halbfabrikate, ferner der Bearbeitungswerkzeuge und der für den Austauschbau[4] erforderlichen Passungswerkzeuge nach DIN-System. Alle diese zahlreichen Maßnahmen sind notwendig, um die Güte der Fertigung zu sichern, deren Bestätigung in der Arbeitsprüfung zwangläufig zum Ausdruck kommt. Selbst die weitgehendsten Vorschriften, die besten Werkzeuge[5] und neuesten Maschinen würden ohne die gleichzeitige Erziehung der Belegschaft nicht vollwertig sein. Die Aufwendungen zur Auslese und Erziehung eines leistungsfähigen

---

[1] Lit.-Verz. 48, 49.

[2] Lit.-Verz. 12—16a, 19—22, 32, 33, Vordrucke für Maschinenausnutzung (vgl. Anhang zum Lit.-Verz. S. 251), ferner Lit.-Verz. 36.

[3] Lit.-Verz. 80, 97. [4] Lit.-Verz. 3, 29, 65. [5] Lit.-Verz. 50.

Personals im Betriebe z. B. der Meister, der Fertigungs- und der Betriebsingenieure, sind Probleme, ohne deren gute Lösung eine dauernde Erhaltung eines Betriebes auf dem Stand wirtschaftlicher Bestleistung[1] nicht gesichert ist. Auslese des Personals und richtige Menschenführung[2] sind bei der Fertigungsvorbereitung wichtiger denn je. Wird diese mit ihren vielgestaltigen Zusammenhängen nicht von dem Geiste der Einheitlichkeit geleitet, der auch nicht organisiert, sondern in langer und schwieriger Erziehungsarbeit erst aufgebaut werden muß, so werden viele Fäden im Betrieb nicht verknüpft werden, sondern wirkungslos nebeneinander laufen. Jeder Betrieb soll eine Arbeitsgemeinschaft sein, bei der auch der letzte Mann sich eng mit dem Ganzen verbunden fühlt und verantwortungsbewußt den Teil der Aufgaben erfüllt, die ihm im Rahmen des Ganzen zugewiesen sind.

---

[1] Lit.-Verz. 106. [2] Lit.-Verz. 9, 77, 100, 109.

Anhang.

Literaturverzeichnis.

1. Ahlburg: Die Steuerung der Materialbewegung in Fabriken mit Einzel- und Massenfertigung. Berlin: Julius Springer 1929.
2. Andler: Rationalisierung der Fabrikation und optimale Losgröße. München: R. Oldenbourg 1928.
3. Arbeitsgemeinschaft Deutscher Betriebsingenieure (ADB) Bd. I: Der Austauschbau und seine praktische Durchführung. Herausgegeben von Dr.-Ing. Otto Kienzle. Berlin: Julius Springer 1923.
4. — Bd. II: Lehrbuch der Vorkalkulation von Bearbeitungszeiten. Herausgegeben von Dir. Hegner. Berlin: Julius Springer 1927.
5. — Bd. III: Spanabhebende Werkzeuge für die Metallbearbeitung und ihre Hilfseinrichtungen. Herausgegeben von Dr.-Ing. e. h. Reindl. Berlin: Julius Springer 1925.
6. — Bd. IV: Spanlose Formung. Schmieden, Stanzen, Pressen, Prägen, Ziehen. Herausgegeben von Dr.-Ing. V. Litz. Berlin: Julius Springer 1926.
7. — Bd. V: Schlosserei- und Montage-Arbeitszeitermittlung und Zeitbedarf verwandter Handarbeiten. Herausgegeben von Prof. K. Gottwein. Berlin: Julius Springer 1928.
8. — Bd. VI: Was muß der Maschineningenieur von der Eisengießerei wissen? Herausgegeben von Dr.-Ing. A. Lischka. Berlin: Julius Springer 1929.
9. — Bd. VII: Der Mensch im Fabrikbetriebe. Herausgegeben von Dir. Dr.-Ing. e. h. Ludwig. Berlin: Julius Springer 1930.
10. — Bd. VIII: Kontrollen der Betriebswirtschaft. Herausgegeben von Dr.-Ing. Otto Kienzle. Berlin: Julius Springer 1931.
11. Ausschuß für wirtschaftliche Betriebsführung Wien: Leitsätze für Lagerwesen und Inventur. Berlin: Julius Springer 1932.
12. Ausschuß für wirtschaftliche Fertigung (AWF) AWF 6: Vorschrift für Kranführer und Anbinder, 4. Aufl. Berlin: Beuth-Verlag.
13. — AWF 23: Seilbefestigung zum Materialtransport, 4. Aufl. Berlin: Beuth-Verlag.
14. — AWF 24: Kettenbefestigung zur Lastenbewegung, 5. Aufl. Berlin: Beuth-Verlag.
15. — AWF 27: Signale im Kranverkehr, 3. Aufl. Berlin: Beuth-Verlag.
16. — AWF 28: Regeln für Fahrer von Elektrokarren, 4. Aufl. Berlin: Beuth-Verlag.
16a. — AWF 29: Ladegestelle für Hubwagen. Berlin: Beuth-Verlag.
17. — AWF 100 bis 111: Richtwerte für spanabhebende Bearbeitung — Drehen von Stahl verschiedener Festigkeit, Gußeisen, Stahlguß, Temperguß, Rotguß, Messing, Aluminium, Elektron. Berlin: Beuth-Verlag.

18. — AWF 209: Arbeitsvorbereitung, Ausarbeitung und Verwaltung der konstruktiven Unterlagen. Berlin: Beuth-Verlag 1927.
19. — AWF 212: Akkumulatorenbatterien und Ladestationen für Elektrokleinfahrzeuge, 2. Aufl. Berlin: Beuth-Verlag.
20. — AWF 215: Grundlagen wirtschaftlicher Flurförderung. Berlin: Beuth-Verlag.
21. — AWF 216: Die Handfahrgeräte. Berlin: Beuth-Verlag.
22. — AWF 217: Die mechanisch angetriebenen Flurfördermittel. Berlin: Beuth-Verlag.
23. — AWF 221: Erfahrungen mit Fließarbeit, Teil I. Berlin: Beuth-Verlag 1928.
24. — AWF 222: „Graphisches Rechnen." Beispielsammlung und Richtlinien für Anfertigung und praktische Ausgestaltung von Rechentafeln, 2. Aufl. Berlin: Beuth-Verlag.
25. — AWF 224: Arbeitsvorbereitung, Richtlinien für Auftragsvorbereitung. Berlin: Beuth-Verlag 1928.
26. — AWF 225: Grundlagen für Arbeitsvorbereitung — Zeitstudien. Berlin: Beuth-Verlag 1929.
27. — AWF 225T: Verluste in der Fertigung (Tafel). Berlin: Beuth-Verlag 1929.
28. — AWF 226: Erfahrungen mit Fließarbeit, Teil II. Berlin: Beuth-Verlag 1931.
29. — AWF 227: Das Messen in der Werkstatt, Teil I. Berlin: Beuth-Verlag 1932.
29a. — AWF 234: Förderwesen in der Keramik und in den Betrieben der Industrie der Steine und Erden. Berlin: Beuth-Verlag 1929.
30. — AWF 235: Sonderrechenstäbe, ihre Anwendung und ihr Entwurf. Berlin: Beuth-Verlag.
31. — AWF 236: Reparaturwerkstätten für Landmaschinen von K. Paulsen. Berlin: Beuth-Verlag 1931.
32. — AWF 238: Termine, Festsetzung und Überwachung. Berlin: Beuth-Verlag 1932.
33. — AWF 242: Fußböden und Fahrbahnen für gewerbliche und industrielle Betriebe. Berlin: Beuth-Verlag.
34. — AWF 249. Einfache Fördereinrichtungen für Betriebe jeder Art. Berlin: Beuth-Verlag 1932.
35. — AWF 300: Anleitung für den Gebrauch von AWF-Maschinenkarten, 4. erweiterte Aufl. Berlin: Beuth-Verlag.
36. — AWF 314: Anleitung zur Benutzung der Fördermittelkarte (AWF 313). Berlin: Beuth-Verlag.
37. — AWF 400: Gebrauchsanleitung zu den AWF-Vordrucken für Arbeitszeitmessungen. Berlin: Beuth-Verlag.
38. — AWF 406: Beschreibung zu AWF-Beobachtungsbogen 405 und 407. Berlin: Beuth-Verlag.
39. — AWF 417: Anleitung für den Gebrauch des AWF-Beobachtungsbogens 404. Berlin: Beuth-Verlag.
40. — AWF 434: Beschreibung zu den AWF-Vordrucken für Arbeitszeit-Vorrechnung AWF 430 bis 433. Berlin: Beuth-Verlag.
41. Ausschuß für wirtschaftliche Verwaltung (AWV): Einkaufs- und Lagerwesen. Leipzig: Verlag Gloeckner 1929.
42. — Grundplan der Selbstkostenberechnung, 3. Aufl. Dortmund: Ruhfus 1930.
43. Beste: Die Verrechnungspreise in der Selbstkostenrechnung industrieller Betriebe. Berlin: Julius Springer 1924.
44. Buxbaum: Der Einkauf in der Metallindustrie. Berlin: VDI-Verlag 1931.

45. Clark: Leistungs- und Materialkontrolle nach dem Gantt-Verfahren. München: R. Oldenbourg 1925.
46. Le Coutre: Betriebsorganisation. Berlin u. Wien: Industrie-Verlag Spaeth & Linde 1930.
47. — Organisationslexikon. Berlin: Reimar Hobbing 1930.
48. Drescher: Der Arbeitssitz — Sonderveröffentlichung des Reichsarbeitsblattes, Teil III. Berlin 1929.
49. — Arbeitstisch und Arbeitssitz. Siemens-Jahrbuch 1930. Berlin: VDI-Verlag.
50. — Fortschritte der spanabhebenden Formung. Siemens-Jahrbuch 1926. Selbstverlag.
51. — Zeitkontrolle. In: Kontrollen im Betriebe, Abschnitt 3. Herausgegeben von der ADB. Berlin: VDI-Verlag 1928.
52. Dubbel: Taschenbuch für den Fabrikbetrieb. Berlin: Julius Springer 1923.
53. Fahr: Die Einführung von Zeitstudien in einen Betrieb für Reihen- und Massenfertigung der Metallindustrie. Berlin: R. Oldenbourg 1922.
54. Gantt: Organisation der Arbeit. Berlin: Julius Springer 1922.
55. Gilbreth: Bewegungsstudien. Berlin: Julius Springer 1921.
56. Girod u. Greven: Planmäßige Betriebsführung. ADB Essen und Gelsenkirchen. Düsseldorf: Industrie-Verlag 1931.
57. Gottwein: Schlosserei- und Montage-Arbeitszeitermittlung und Zeitbedarf verwandter Handarbeiten. Bd. V der Schriften der Arbeitsgemeinschaft Deutscher Betriebsingenieure. Berlin: Julius Springer 1928.
58. Hegner: Lehrbuch der Vorkalkulation von Bearbeitungszeiten. Bd. II der Schriften der Arbeitsgemeinschaft Deutscher Betriebsingenieure. Berlin: Julius Springer 1927.
59. Heidebroek: Industriebetriebslehre. Berlin: Julius Springer 1923.
60. Hennig: Betriebswirtschaftlehre der Industrie. Berlin: Julius Springer 1928.
61. Henzel: Erfassung und Verrechnung der Gemeinkosten in der Unternehmung. Berlin: Spaeth & Linde 1931.
62. Hippler: Arbeitsverteilung und Terminwesen in Maschinenfabriken. Berlin: Julius Springer 1921.
63. Holzer: Systematische Fabrikrationalisierung. Berlin - München: R. Oldenbourg 1928.
64. Hütte: Hütte-Taschenbuch für Betriebsingenieure. Abschnitt 11. Stückzeitbestimmung von C. W. Drescher. Berlin: Wilh. Ernst & Sohn 1928.
65. Kienzle: Der Austauschbau und seine praktische Durchführung. Bd. I der Schriften der Arbeitsgemeinschaft Deutscher Betriebsingenieure. Berlin: Julius Springer 1923.
66. — Kontrollen der Betriebswirtschaft. Bd. VIII der Schriften der Arbeitsgemeinschaft Deutscher Betriebsingenieure. Berlin: Julius Springer 1931.
67. Kleinböhl: Die wissenschaftliche Betriebsführung in Reparaturwerkstätten. Berlin: VDI-Verlag 1926.
67a. Köttgen: Das wirtschaftliche Amerika. Berlin: VDI-Verlag 1925.
68. — Fließarbeit. Berlin: Julius Springer 1928.
69. Konorski: Hilfsbuch für Betriebsberechnungen. Berlin: Julius Springer 1930.
70. Kresta: Lehrbuch der zeitgemäßen Vorkalkulation im Maschinenbau. Berlin: Julius Springer 1928.
71. Kummer: Zeitstudien bei Einzelfertigung. Berlin: Julius Springer 1926.
72. Lauke: Die Leistungsbestimmung bei Fließarbeit. München: R. Oldenbourg 1928.

73. Leitner: Die Selbstkostenrechnung industrieller Betriebe. Frankfurt a. M.: J. D. Sauerländer.
74. Lilienthal: Fabrikorganisation, Fabrikbuchführung und Selbstkostenberechnung der Ludw. Loewe & Co. A.-G., 3. Aufl. Berlin: Julius Springer 1925.
75. Lischka: Was muß der Maschineningenieur von der Eisengießerei wissen? Bd. VI der Schriften der Arbeitsgemeinschaft Deutscher Betriebsingenieure. Berlin: Julius Springer 1929.
76. Litz: Spanlose Formung. Bd. IV der Schriften der Arbeitsgemeinschaft Deutscher Betriebsingenieure. Berlin: Julius Springer 1926.
77. Ludwig: Der Mensch im Fabrikbetrieb. Bd. VII der Schriften der Arbeitsgemeinschaft Deutscher Betriebsingenieure. Berlin: Julius Springer 1930.
78. Mäckbach u. Kienzle: Fließarbeit, Beiträge zu ihrer Einführung. Abschnitt III: Organisatorische Vorbereitung der Fließarbeit von C. W. Drescher. Berlin: VDI-Verlag 1926.
79. Meyenberg: Einführung in die Organisation von Maschinenfabriken unter besonderer Berücksichtigung der Selbstkostenberechnung, 3. Aufl. Berlin: Julius Springer 1926.
80. — Über die Eingliederung der Normungsarbeit in die Organisation einer Maschinenfabrik. Berlin: Julius Springer 1924.
81. Michel: Arbeitsvorbereitung als Mittel zur Verbilligung der Produktion. Berlin: VDI-Verlag 1924.
82. Peiseler: Ein praktischer Weg zur Rationalisierung der Fertigung. München: R. Oldenbourg 1929.
83. — Richtige Akkorde. Berlin: Julius Springer 1929.
84. Peiser: Grundlagen der Betriebsrechnung in Maschinenbauanstalten. Berlin: Julius Springer 1923.
85. — Der Einfluß des Beschäftigungsgrades auf die industrielle Kostenentwicklung. Berlin: Julius Springer 1929.
86. Plaut: Fabrikationskontrolle auf Grund statistischer Methoden. Berlin: VDI-Verlag 1930.
87. Poppelreuter: Zeitstudien und Betriebsüberwachung im Arbeitsschaubild. München u. Berlin: R. Oldenbourg 1929.
88. Prachtl: Von der Reihenfertigung zur Fließarbeit. Berlin: VDI-Verlag 1926.
89. Prion: Ingenieur und Wirtschaft: Der Wirtschaftsingenieur. Berlin: Julius Springer 1930.
90. Rahm: Das Material im Fabrikbetrieb. Stuttgart: C. E. Poeschel 1929.
91. Reichsausschuß für Arbeitszeitermittlung (Refa): Refabuch: Einführung in die Arbeitszeitermittlung. Berlin: Beuth-Verlag 1928.
92. — Refamappe: Spanabhebende Fertigung. Berlin: Beuth-Verlag.
93. — Refa-Ergänzungsmappe. Berlin: Beuth-Verlag.
94. — Refamappe: Hobeln. Berlin: Beuth-Verlag.
95. — Refamappe: Schleifen. Berlin: Beuth-Verlag.
96. — Refamappe: Gießereiwesen. Berlin: Beuth-Verlag.
97. Reichskuratorium für Wirtschaftlichkeit (RKW): Handbuch der Rationalisierung, 3. Aufl. Abschnitt: Die Arbeitszeitbestimmung. Berlin: Spaeth & Linde 1932.
98. — RKW-Veröffentlichung Nr. 37. Das Formblatt- oder Vordruckwesen, Richtlinien für Privatbetriebe und Behörden. Leipzig: G. A. Gloeckner.
99. — RKW-Veröffentlichung Nr. 50. Vereinheitlichung der Betriebsstatistik. Berlin: Reimar Hobbing 1930.

100. — RKW-Veröffentlichung Nr. 71. Der Mensch und die Rationalisierung. Jena: Gustav Fischer 1931.
101. Reindl: Spanabhebende Werkzeuge für die Metallbearbeitung und ihre Hilfseinrichtungen. Bd. III der Schriften der Arbeitsgemeinschaft Deutscher Betriebsingenieure. Berlin: Julius Springer 1925.
102. Rode: Arbeitsvorbereitung im Baugewerbe. Berlin: Bauweltverlag 1930.
103. Rosenberg: Auswirkung der Arbeitsvorbereitung auf die Herstellungskosten. Sonderdruck des RKW. Berlin: Beuth-Verlag 1931.
104. Sachsenberg: Grundlagen der Fabrikorganisation, 3. Aufl. Berlin: Julius Springer 1922.
105. — Ausgewählte Arbeiten des Lehrstuhles für Betriebswissenschaften in Dresden. Berlin: Julius Springer.
106. Schlesinger: Technische Vollendung und höchste Wirtschaftlichkeit im Fabrikbetrieb. Berlin: Julius Springer 1932.
106a. Schmidt: Die Taylorsche Organisation als Mittel zur Verbesserung der Betriebsführung in einer Akkumulatorenfabrik (Doktorarbeit, hinterlegt bei der Technischen Hochschule Aachen).
107. Seyderhelm: Unkostensätze und Nebenbetriebskosten in Maschinenfabriken und verwandten Betrieben unter Berücksichtigung des Beschäftigungsgrades. Berlin: Verein Deutscher Maschinenbau-Anstalten (VDMA).
108. Siegerist-Föllmer: Die neuzeitliche Vorkalkulation in Maschinenfabriken, 7. Aufl. Berlin: M. Krayn 1929.
109. Soziales Museum e. V. Frankfurt a. M.: Industrielle Arbeitsschulung als Problem. Berlin u. Wien: Spaeth & Linde 1930.
110. Stauch: Hütte, Taschenbuch für Betriebsingenieure.
111. Ulbrich: Das Wesen der Rationalisierung. Stuttgart: C. E. Poeschel 1930.
112. Verein Deutscher Ingenieure (VDI): Afir-Mappe. Berlin: VDI-Verlag.
113. Verein Deutscher Maschinenbau-Anstalten (VDMA): Normalkontenplan für Fabrikbetriebe. Berlin: Maschinenbauverlag 1930.
114. — Abschreibungssätze für Anlagen in Maschinenfabriken. Berlin: VDMA 1930.
115. — Leitsätze für Abschreibungen auf Produktionsmittel, insbesondere in Maschinenfabriken. Berlin: VDMA.
116. — Selbstkosten-Kalkulationsschema. Berlin: VDMA.
117. Winkel: Die Auftragsorganisation insbesondere der Klein- und Mittelbetriebe. Wittenberg: A. Ziemsen 1923.
118. Wolfensberger: Organisation der Maschinenfabrik. Berlin: VDI-Verlag 1925.

Übersicht der für die Fertigungsvorbereitung wichtigen AWF-Vordrucke.

Vordrucke für Maschinenausnutzung[1].

Bestellzeichen	
AWF 301	Maschinenstammkarte
AWF 301a	Maschinenstammkarte mit Liniennetz
AWF 302	Allgemeine Maschinenkarte
	Besondere Maschinenkarte für:
AWF 303	Drehbank
AWF 304	Revolverbank
AWF 305	Langhobelmaschine
AWF 306	Bohrmaschine
AWF 307	Rundschleifmaschine
AWF 308	Fräsmaschine
AWF 309	Stoßmaschine
AWF 310	Flächenschleifmaschine
AWF 311	Bohrwerk
AWF 312	Elektromotor
AWF 313	Fördermittelkarte
AWF 315	Exzenterpresse
AWF 316	Ziehpresse
AWF 317	Reibtriebpresse
AWF 318	Hydraulische Ziehpresse
AWF 319	Stanzereiwerkzeugkarte
AWF 320	Nebenkarte zur Stanzereiwerkzeugkarte
AWF 321	AWF-Vorrichtungskarte
AWF 326	AWF-Formmaschinenkarte
AWF 328	Modellkarte

Bestellzeichen	
AWF 329	Formgußkarte
AWF 331	Webstuhl
AWF 332	Windemaschine
AWF 333	Schärmaschine
AWF 334	Spulmaschine
AWF 340	Verbrennungsmotor
AWF 341	Kompressor (Doppelkarte)
AWF 342	Drucklufthammer
AWF 343	Anlagenkarte
AWF 344	Ergänzungskarte
AWF 345	AWF-Kraftwagenkarte
AWF 361	Kreissäge
AWF 361a	Kreissägeblatt
AWF 362	Abkürzkreissäge
AWF 363	Pendelsäge und Querkreissäge mit Geradführung
AWF 364	Bandsäge
AWF 365	Abricht- und Dicktenhobelmaschine
AWF 366	Holzfräsmaschine
AWF 367	Zinkenfräsmaschine
AWF 368	Zapfenschneid- und Schlitzmaschine
AWF 369	Senkrecht-Bohrmaschine
AWF 370	Holzschleifmaschine
AWF 371	Ziehklinge- u. Putzmaschine

Vordrucke für Arbeitszeit-Messungen[2].

Bestellzeichen	
AWF 435	Zeitaufnahmeantrag
AWF 414	Beobachtungsbogen für 20 Aufnahmen der gleichen Teilarbeit (Querformat) zweiseitig (12 Unterteilungen)
AWF 415	Beobachtungsbogen für 20 Aufnahmen der gleichen Teilarbeit (Querformat) vierseitig (36 Unterteilungen)
AWF 427	Beobachtungsbogen für 10 Aufnahmen der gleichen Teilarbeit (Querformat) zweiseitig (12 Unterteilungen)
AWF 428	Beobachtungsbogen für 10 Aufnahmen der gleichen Teilarbeit (Querformat) vierseitig (36 Unterteilungen)

[1] Erläuterung s. Lit.-Verz. 35, 36.

[2] Erläuterung s. Lit.-Verz. 37, 38, 39.

Bestellzeichen	
AWF 429	Beobachtungsbogen für 5 Aufnahmen der gleichen Teilarbeit (Hochformat) zweiseitig (16 Unterteilungen)
AWF 416	Beobachtungsbogen für 5 Aufnahmen der gleichen Teilarbeit (Hochformat) vierseitig (50 Unterteilungen)
AWF 403	Auswertungsbogen
AWF 404	Beobachtungsbogen für Fördervorgänge (Anleitung für den Gebrauch s. S. 247 AWF 417)
AWF 405	Vordruck für allgemeine Verlustzeitaufnahmen
AWF 407	Beobachtungsbogen, verwendbar in allen Betrieben für allgemeine Aufnahmen z. B. für Beobachtung verschiedener Verlustzeiten, Einrichtezeiten, Fahrzeiten, Wartezeiten usw. nebst Vordruck für Auswertung

Vordrucke für Arbeitszeit-Vorrechnung[1].

Bestellzeichen	
AWF 430	Arbeitsplan
AWF 431	Fortsetzungsblatt zu AWF 430
AWF 432	Arbeitszeit-Vorrechnungsbogen
AWF 433	Fortsetzungsblatt zu AWF 432

Vordrucke für Arbeitsunterweisung[2].

Bestellzeichen	
AWF 411	Arbeitsunterweisungskarte für Maschinenarbeit mit Raum für Skizze
AWF 412	Arbeitsunterweisungskarte für Maschinenarbeit ohne Raum für Skizze
AWF 413	Arbeitsunterweisungskarte für Handarbeit

[1] Erläuterung s. Lit.-Verz. 40. [2] Erläuterung s. Lit.-Verz. 26.

Sachverzeichnis.

Technische Vollendung und höchste Wirtschaftlichkeit im Fabrikbetrieb. Von Dr.-Ing. **G. Schlesinger,** Professor an der Technischen Hochschule Berlin. Mit 80 Textabbildungen. IV, 106 Seiten. 1932. RM 4.80

---

* **Betriebswirtschaftslehre der Industrie.** Von Professor Dr.-Ing. **Karl Wilhelm Hennig,** Hannover. Mit 57 Textabbildungen und 6 Anlagen. VII, 167 Seiten. 1928. RM 11.—; gebunden RM 12.50

---

* **Industriebetriebslehre.** Die wirtschaftlich-technische Organisation des Industriebetriebes mit besonderer Berücksichtigung der Maschinenindustrie. Von Professor Dr.-Ing. **E. Heidebroek,** Darmstadt. Mit 91 Textabbildungen und 3 Tafeln. VI, 285 Seiten. 1923. Gebunden RM 17.50

---

* **Einführung in die Organisation von Maschinenfabriken** unter besonderer Berücksichtigung der Selbstkostenberechnung. Von Dipl.-Ing. **Friedrich Meyenberg,** Berlin. Dritte, umgearbeitete und stark erweiterte Auflage. XIV, 370 Seiten. 1926. Gebunden RM 10.—

---

* **Hilfsbuch für Betriebsberechnungen.** Mit besonderer Berücksichtigung nomographischer Methoden. Von Ingenieur **B. M. Konorski.** Mit 46 Nomogramm- und 13 Kurventafeln und einem Lineal in einer Mappe sowie mit 71 Zahlentafeln und 35 Textabbildungen. IV, 137 Seiten. 1930. In Mappe RM 28.50

---

* **Lehrbuch der zeitgemäßen Vorkalkulation im Maschinenbau.** Von Ingenieur **Friedrich Kresta,** Beratender Ingenieur, Wien, unter Mitarbeit von Oberingenieur **Theodor Käch,** Betriebsleiter, Ravensburg (Württemberg). Zweite, umgearbeitete Auflage. Mit 132 Textabbildungen, 116 Tabellen und 7 logarithmischen Tafeln. IX, 294 Seiten. 1928. Gebunden RM 22.—

---

* **Richtige Akkorde.** Zugleich ein praktischer Weg zur Rationalisierung der Fertigung besonders im Maschinenbau. Von Dr.-Ing. **G. Peiseler.** Mit 64 Textabbildungen. VII, 157 Seiten. 1929. RM 9.—; gebunden RM 10.50

---

* **Ingenieur und Wirtschaft: Der Wirtschafts-Ingenieur.** Eine Denkschrift über das Studium von Wirtschaft und Technik an Technischen Hochschulen. Von Professor Dr. rer. pol. **W. Prion,** Berlin. VI, 172 Seiten. 1930. RM 6.—

* *Auf alle vor dem 1. Juli 1931 erschienenen Bücher wird ein Notnachlaß von 10% gewährt.*

Schriften der Arbeitsgemeinschaft Deutscher Betriebsingenieure.

*Band I: **Der Austauschbau** und seine praktische Durchführung. Bearbeitet von Prof. Dr. G. Berndt, Obering. Th. Damm, Obering. C. W. Drescher, Obering. G. Frenz, Obering. M. Gohlke, Prof. K. Gottwein, Obering. K. Gramenz, Direktor Dr.-Ing. e. h. E. Huhn, Dr.-Ing. O. Kienzle, Obering. G. Leifer, Direktor Dr.-Ing. e. h. J. Reindl. Herausgegeben von Dr.-Ing. **Otto Kienzle.** Mit 319 Textabbildungen und 24 Zahlentafeln. VIII, 320 Seiten. 1923. Gebunden RM 8.50

*Band II: **Lehrbuch der Vorkalkulation von Bearbeitungszeiten.** Von **Kurt Hegner,** Direktor der Ludwig Loewe & Co. A.-G., Berlin. Erster Band: **Systematische Einführung.** Zweite, verbesserte Auflage. Mit 107 Bildern. XII, 188 Seiten. 1927. Gebunden RM 15.—

*Band III: **Spanabhebende Werkzeuge für die Metallbearbeitung** und ihre Hilfseinrichtungen. Bearbeitet von Direktor R. Bussien, Obering. A. Cochius, Prokurist K. Güldenstein, Ing. E. Herbst, Direktor W. Hippler, Dr.-Ing. R. Koch, Ing. H. Mauck, Direktor Dr.-Ing. e. h. J. Reindl, Prof. Dr.-Ing. O. Schmitz, Dipl.-Ing. E. Simon, Prof. E. Toussaint. Herausgegeben von Dr.-Ing. e. h. **J. Reindl,** Techn. Direktor der Schuchardt & Schütte A.-G. Mit 574 Textabbildungen und 7 Zahlentafeln. XI, 455 Seiten. 1925. Geb. RM 28.50

*Band IV: **Spanlose Formung.** Schmieden, Stanzen, Pressen, Prägen, Ziehen. Bearbeitet von Dipl.-Ing. M. Evers, Dipl.-Ing. F. Großmann, Direktor M. Lebeis, Direktor Dr.-Ing. V. Litz, Dr.-Ing. A. Peter. Herausgegeben von Dr.-Ing. **V. Litz,** Betriebsdirektor bei A. Borsig G. m. b. H., Berlin-Tegel. Mit 163 Textabbildungen und 4 Zahlentafeln. VI, 152 Seiten. 1926. Gebunden RM 12.60

*Band V: **Schlosserei- und Montage-Arbeitszeitermittlung** und Zeitbedarf verwandter Handarbeiten. Bearbeitet von Kalkulator M. Belke, Abteilungsvorsteher P. Bothe, Obering. O. Flacker, Dr.-Ing. H. Freund, Prof. K. Gottwein, Direktor K. Hegner, Betriebsdirektor G. Laufs, Ing. Fr. Schleif, Kalkulator W. Schulz, Kalkulator A. Wartus, Dr.-Ing. A. Winkel, Dr.-Ing. E. Wüstehube. Herausgegeben von **K. Gottwein,** o. Prof. an der Techn. Hochschule zu Breslau. Mit 139 Textabbildungen und 106 Zahlentafeln. VII, 312 Seiten. 1928. Gebunden RM 26.—

*Band VI: **Was muß der Maschineningenieur von der Eisengießerei wissen?** Bearbeitet von Dipl.-Ing. A. Blotenberg, Obering. H. R. Henning, Dipl.-Ing. F. Janssen, Dr.-Ing. H. Jungbluth, Obering. R. Lehmann, Prof. Dipl.-Ing. U. Lohse. Herausgegeben von Dr.-Ing. **A. Lischka †.** Mit 243 Abbildungen im Text und auf 8 Tafeln sowie 38 Tabellen. VI, 272 Seiten. 1929. Gebunden RM 25.50

*Band VII: **Der Mensch im Fabrikbetrieb.** Beiträge zur Arbeitskunde. Bearbeitet von Prof. Dr. med. E. Atzler, Dr. H. Hildebrandt, Prof. Dr. E. Horneffer, Dir. G. Leifer, Dr.-Ing. R. Meldau, Prof. Dr.-Ing. P. Rieppel, Dr.-Ing. e. h. F. Rosenberg, Dr. W. Ruffer, Dr. R. W. Schulte. Herausgegeben von **F. Ludwig,** Direktor der Siemens-Schuckertwerke A.-G., Berlin-Siemensstadt. Mit 147 Textabbildungen und 22 Zahlentafeln. V, 204 Seiten. 1930. Gebunden RM 16.50

*Band VIII: **Kontrollen der Betriebswirtschaft.** Bearbeitet von E. Th. Bickel, Obering. P. Brauer, Dr.-Ing. B. Buxbaum, Dipl.-Ing. W. Eckenberg, Dr.-Ing. K. H. Fraenkel, Dipl.-Ing. H. Grässler †, Prof. Dr.-Ing. G. Keinath, Dr.-Ing. O. Kienzle, Prof. Dr.-Ing. E. H. Schulz, Dr. F. H. Zschacke. Herausgegeben von Dr.-Ing. **Otto Kienzle.** Mit 321 Textabbildungen. VII, 379 Seiten. 1931. Gebunden RM 26.50

---

* *Auf alle vor dem 1. Juli 1931 erschienenen Bände wird ein Notnachlaß von 10%₀ gewährt.*